新媒体设计系列

New Media Design

用户体验设计

李万军 / 主编

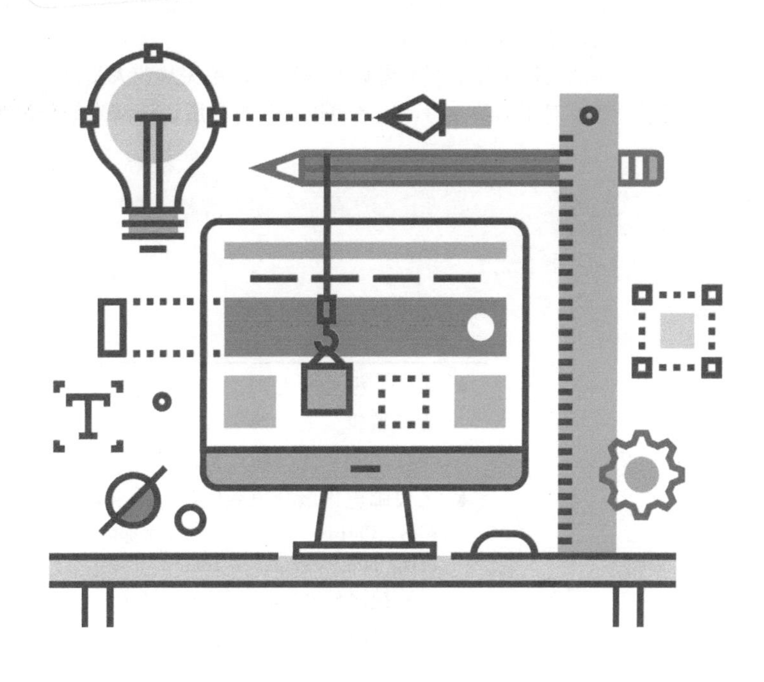

人民邮电出版社
北京

图书在版编目（CIP）数据

用户体验设计 / 李万军主编. -- 北京 : 人民邮电出版社，2018.8（2023.1重印）
ISBN 978-7-115-48161-0

Ⅰ. ①用… Ⅱ. ①李… Ⅲ. ①人-机系统－系统设计
Ⅳ. ①TP11

中国版本图书馆CIP数据核字(2018)第056777号

内 容 提 要

网站彻底改变了传统媒体的艺术创作及传播模式，将用户作为参与主体引入到网络艺术的创作和传播过程中，从而使网站设计在考虑传统美学特征和传播特点的同时，还符合用户的心理感受，即用户体验。

本书针对网站用户体验的概念和设计要点进行了深入的介绍和分析。全书共分为 7 章，从用户体验相关理论和设计基础开始，逐步讲解了用户体验设计基础、用户体验设计要素、视觉体验要素、交互体验要素、内容体验要素、情感体验要素以及移动端用户体验等专业知识。知识点的讲解与商业案例分析相结合的方式使读者能够更轻松地理解和应用相关知识，培养读者在网站用户体验设计方面分析问题和解决问题的能力。

本书结构清晰、内容翔实、文字阐述通俗易懂，与案例分析结合进行讲解，具有很强的实用性，是一本用户体验设计的学习宝典。

本书适合网页设计爱好者以及网页设计相关从业人员阅读，也可以作为设计专业学习者的参考用书。通过对本书的学习，读者可以有效提高所设计网站的用户体验。

◆ 主　　编　李万军
　责任编辑　刘　博
　责任印制　沈　蓉　彭志环

◆ 人民邮电出版社出版发行　　北京市丰台区成寿寺路 11 号
　邮编　100164　　电子邮件　315@ptpress.com.cn
　网址　http://www.ptpress.com.cn
　北京捷迅佳彩印刷有限公司印刷

◆ 开本：787×1092　1/16
　印张：14.5　　　　2018 年 8 月第 1 版
　字数：379 千字　　2023 年 1 月北京第 7 次印刷

定价：79.80 元

读者服务热线：(010)81055256　印装质量热线：(010)81055316
反盗版热线：(010)81055315

前 言

什么是用户体验？用户究竟在乎什么样的使用体验？用户体验是心理需求还是功能需求？这些问题一定困扰着很多网站设计人员。网站用户体验是指用户在访问网站时享受网站提供的各种服务的过程中建立起来的心理感受。一个好的网站除了内容精彩、定位准确以外，还要方便用户浏览，使用户可以方便快速地在网站中找到自己感兴趣的内容。

本书针对网站设计中的用户体验细节要素进行了全面的详细分析和介绍，并通过案例分析使读者更容易理解。

本书内容安排

本书在借鉴国内外交互设计和用户体验的前沿理念和实践成果的基础上，对用户体验设计进行了全面而详细的介绍。作为专业人才培养教材，本书力图以清晰的、有条理的语言和生动翔实的案例向读者系统地介绍网站的用户体验设计。本书的主要内容如下 。

第 1 章　用户体验设计基础。本章介绍了有关用户体验的相关基础知识，包括什么是用户体验，用户体验的范畴、特点，以及网站与用户体验的关系和用户体验的设计原则等相关内容，使读者对用户体验有一个全面、清晰的认知。

第 2 章　用户体验设计要素。本章详细地介绍了用户体验要素的 5 个层面，并且分别对这 5 大层面中的相关要素以及设计重点进行了分析讲解，使读者对用户体验设计的细节能够了然于胸；同时提醒读者在设计过程中要注意这些用户体验细节的处理。

第 3 章　视觉体验要素。视觉体验是呈现给用户视听上的体验，强调的是用户使用网站的舒适性。本章详细介绍影响用户视觉体验的相关要素，包括网站的图标、导航、布局、风格等多方面，使读者能够掌握不同元素的设计方法和技巧。

第 4 章　交互体验要素。交互体验是呈现给用户操作上的体验，强调网站的可用性和易用性。本章详细介绍影响用户交互体验的相关要素，以及如何对这些交互要素进行设计处理，这些方面的交互体验设计可提升网站的易用性。

第 5 章　内容体验要素。内容体验从某种意义上来说与视觉体验有点相似，但是并不完全相同。内容体验强调的是如何使网站内容的层次更加清晰、明确，如何使用户在浏览网站的过程中感觉更加流畅，强调的是如何使网站中的内容更加具有吸引力。

第 6 章　情感体验要素。情感体验是偏向于呈现给用户心理上的体验，强调网站的友好度问题。本章向读者详细介绍影响用户情感体验的相关要素，包括心流体验、沉浸感、情感化设计、色彩情感等多个方面的内容。情感化体验要素的设计使网站能够真正打动用户的心。

第 7 章　移动端用户体验。随着移动互联网的兴起，智能移动设备已经成为人们日常生活中不可或缺的产品，移动设备的用户界面及体验得到用户越来越多的关注。本章全面介绍了有关移动端用户体验设计的相关知识，从而提升移动端应用界面的用户体验。

本书特点

本书内容丰富、通俗易懂、实用性很强，几乎涵盖了网站用户体验设计的方方面面。本书全部章节均围绕网站用户体验设计的主题进行展开，并结合案例的分析讲解，使读者能够更加容易理解，在了解用户体验设计基础的同时，能够综合运用所学内容，实用性很强。

本书适合正准备学习或者正在学习网站设计的初中级读者，本书充分考虑到初学者可能遇到的困难，讲解全面深入，结构安排循序渐进，使读者在掌握了知识要点后能够有效总结，并通过实例分析巩固所学知识，提高学习效率。

本书作者

本书由李万军主编，另外张晓景、李晓斌、解晓丽、孙慧、程雪翩、刘明秀、陈燕、胡丹丹、杨越、陶玛丽、张玲玲、王状、赵建新、胡振翔、张农海、聂亚静、曹梦珂、林学远、项辉、张陈等也为本书的编写提供了各种帮助。书中难免有错误和疏漏之处，希望广大读者朋友指正。

编　者

目 录

第 7 章 移动端用户体验

第 1 章 用户体验设计基础

网络的诞生，为交互设计打开了新的窗口。网站则是用户参与到网络交互中最直接的途径。在传统设计（如视觉设计或工业设计）中，通常都是以美观或实用作为该设计的衡量标准；而在网站交互设计中，用户体验成了全新的衡量标准。如何使用户在网站中获得良好的用户体验，是网站设计中非常重要的考量标准。

1.1 关于用户体验设计

在网络发展的初期，由于技术和产业发展的不成熟，交互设计更多地追求技术创新或者功能实现，很少考虑用户在交互过程中的感受。这就使得很多网站交互设计过于复杂或者过于技术化，用户理解和操作起来困难重重，因而大大降低了用户参与网络互动的兴趣。随着数字技术的发展以及市场竞争的日趋激烈，很多交互设计师开始将目光转向如何为用户创造更好的交互体验，从而吸引用户参与到网站交互中来。于是，用户体验（User Experience）逐渐成为交互设计的首要关注点和重要的评价标准。

1.1.1 用户体验概述

用户体验是用户在使用产品或服务的过程中建立起来的一种纯主观的心理感受。从用户的角度来说，用户体验是产品在现实世界的表现和使用方式，渗透到用户与产品交互的各个方面，包括用户对品牌特征、信息可用性、功能性、内容性等方面的体验。不仅如此，用户体验还是多层次的，并且贯穿于人机交互的全过程，既有对产品操作的交互体验，又有在交互过程中触发的认知、情感体验，包括享受、美感和娱乐。从这个意义上来讲，交互设计就是创建新的用户体验的设计。

专家提示

用户体验设计的范围很广，而且在不断地扩张。本书主要讨论网站中的用户体验设计。关于用户体验概念的定义有多重描述，不同领域的人有不同的阐述。

用户体验这一领域的建立，正是为了全面地分析和透视一个人在使用某个产品、系统或服务时的感受。其研究的重点在于产品、系统或服务给用户带来的愉悦度和价值感，而不是其性能和功能的表现。

1.1.2 用户体验设计的发展

用户体验设计作为设计领域一个蓬勃兴起的分支，得到社会各界特别是互联网领域的重视。其发展历史并不长，从早期设计中以产品为中心的设计理念到后来的以用户为中心（User Centered Design，UCD）的设计思想的转变，都是人类思想的设计方法论演化。它的发展产生出惊人的影响，并迅速辐射到人类社会众多领域中，国内外许多知名企业也对用户体验给予了足够的重视。

用户体验设计中以人为本的设计思想最早出现在20世纪工业设计飞速发展时期，其目的是取得产品与人之间的最佳匹配。即不仅要满足人的使用需求，还要与人的生理、心理等各方面需求达到恰到好处的匹配。以人为本是指在设计中将人的利益和需求作为考虑一切问题的最基本的出发点，并以此作为衡量活动结果的尺度。

以用户为中心作为一种思想，就是在进行产品设计、开发、维护时，从用户的需求和用户的感受出发，围绕用户进行产品设计、开发及维护，而不是让用户去适应产品。广义的设计核心思想是关注用户。当然UCD的外延一直在扩张，但是其出发点在于对用户的研究，高度关注用户的特点、产品使用方式以及使用习惯等。从产品周期上来看，在产品生命周期的最初阶段，产品的策略应该以满足用户的需求为基本动机和最终目的；在其后的产品设计和开发过程中，对用户的研究和理解应当被作为各种决策的依据；同时，产品在各个阶段的评估信息也应该来源于用户的反馈。

用户体验从表象上理解，是将UCD的思想具化到用户的主观感受上。即体验的形成需要两个基本体（主观与客体）和一个核心（即交互）。用户体验作为用户在使用产品的过程中产生的主观感受，可能涉及用户在产品使用前、中、后各个阶段相关的感官刺激、交互刺激和价值刺激等。

1.1.3　用户体验设计相关术语

了解用户体验设计领域的相关专业术语，如 GUI、UI、ID 和 UE 等，可以帮助我们进一步加深对该领域的认识。

- UI

用户界面（User Interface，UI）包含用户在整个产品使用过程中相关界面的软硬件设计，囊括了 GUI、UE 以及 ID，是一种相对广义的概念。

- GUI

图形用户界面（Graphic User Interface，GUI），可以简单地理解为界面美工，主要完成产品软硬件的视觉界面部分，比 UI 的范畴要窄。目前国内大部分的 UI 设计其实做的就是 GUI，大多出自美术院校相关专业。

- ID

交互设计（Interaction Design，ID），简单地讲就是指人与计算机等智能设备之间的互动过程的流畅性设计，一般是由软件工程师来实施。

- UE

用户体验（User Experience，UE），更多关注的是用户的行为习惯和心理感受，即研究用户怎样使用产品才能够更加得心应手。

- 用户体验设计师

用户体验设计师（User Experience Designer，UED）或 UXD，用户体验设计师的工作岗位在国外企业产品设计开发中十分受重视，这与国际上比较注重人们的生活质量密切相关；目前国内相关行业特别是互联网企业在产品开发过程中，越来越多地认识到这一点，很多著名的互联网企业都已经拥有了自己的 UED 团队。

专家提示

由于用户体验设计师这个工作岗位出现时间不久，专业知识涉及面很广，培养过程比较复杂，专业人才需求量大，因此国内外用户体验设计师相对较为稀缺，很多人都是从相关专业改行过来从事该项工作的。

1.2　网站与用户体验设计

网站的用户体验是指，由于网站的作用、品牌形象、操作的便利性、网速的流畅性以及细节设计等综合因素，最终影响到用户访问网站时的主观体验，包括用户是否能成功完成任务，是否喜欢网站，是否还想再来。随着互联网的迅猛发展，用户体验也成为影响网站竞争力的一个越来越重要的因素，也逐渐被越来越多的网站所重视。

1.2.1　网站结构

一个网站往往包含了很多的元素，对网站的结构需要从整体入手，并逐渐细化到各个细节元素。从整体来看，网站最重要的就是信息架构、内容安排和视觉设计。信息架构作为网站最核心的骨架，代表了产品内容的组织形式，表现为产品功能信息分类、分层的关系。在设计上主要体现为界面布局和导航，在视觉上体现为网站的配色方案。

网站功能区是网站除了整体布局外，组成页面的主要区域，通常按照其功能来进行划分，主要包括头部区、页尾区、导航区、搜索区、用户登录区、主要信息展示区、广告区等功能区域。

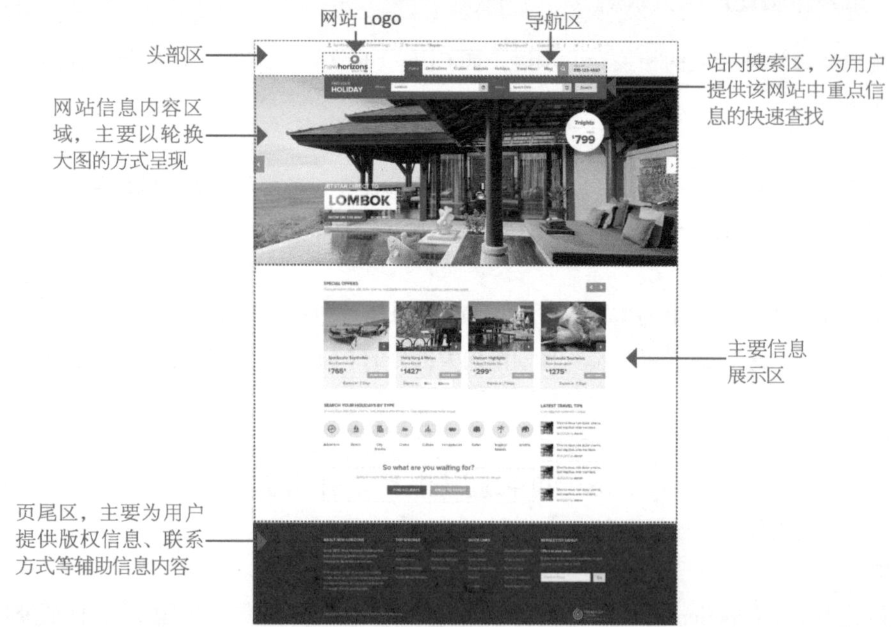

虽然所有网站都会包括以上所描述的各个模块和元素，但不同类型的网站，不同设计师设计的网站，所展现出的形式是不同的。在符合设计原则和满足用户体验需求的基础上，网站的形式可以是多种多样的。

1.2.2 网站页面的构成元素

与传统媒体不同，网站界面除了文字和图像以外，还包含动画、声音和视频等新兴多媒体元素，更有由代码语言编程实现的各种交互式效果。这些极大地增加了网站界面的生动性和复杂性，同时也使得网页设计者需要考虑更多的页面元素的布局和优化。

1. 文字

文字元素是信息传达的主体部分，从网页最初的纯文字界面发展至今，文字仍是其他任何元素所无法取代的重要构成。这首先是因为文字信息符合人类的阅读习惯，其次是因为文字所占存储空间很少，节省了下载和浏览的时间。

该网站页面中的文字内容较多，整个页面中的图像修饰较少，但是文字内容的分类很有条理，内容清晰，并没有单调的感觉。通过字体大小、粗细以及小段落的设置，使得页面中的文字内容非常易读。可见，合理的文字排版，同样可以使网站页面具有生动、清晰的视觉效果。

网站页面中的文字主要包括标题、信息、文字链接等几种主要形式。标题是内容的简要说明，一般比较醒目，应该优先编排。文字作为占据页面重要比率的元素，是信息的重要载体，它的字体、大小、颜色和排列对页面整体设计影响极大，应该多花心思去处理。

2．图形符号

图形符号是视觉信息的载体，通过精练的形象代表或表现某一事物，表达一定的含义。图形符号在网站界面设计中可以有多种表现形式，可以是点，也可以是线、色块或是页面中的一个圆角处理等。

为各导航菜单项搭配相同设计风格的图标，有效突出各导航菜单项的表现

图形符号的设计使得选项的表现更加生动

在该企业网站的设计中，为了能够有效区分导航菜单中的各个菜单选项，为各导航菜单选项设计了一系列风格相同的简洁图形符号。在页面中一些主要选项的表现上，不仅使用了不同的背景色块加以区别，并且搭配了能够表现该选项内容的图形符号。这比单纯的文字介绍更加能够吸引用户的关注，也在一定程度上丰富了网站页面的视觉效果。

3．图片

图片几乎是每个网站页面中都不可或缺的重要元素之一。通过图片的设计处理，可以有效地突出网站页面视觉效果的表现。图片在网站页面设计中有多种形式，图片具有比文字和图形符号都要强烈和直观的视觉表现效果。图片受指定信息传达内容与目的约束，但在表现手法、工具和技巧方面具有比较高的自由度，从而也可以产生无限的可能性。网站设计中的图片处理往往是网页创意的集中体现，图片的选择应该根据传达的信息和受众群体来决定。

在该汽车品牌的宣传网站中，页面的布局非常简洁、直观，几乎没有什么文字内容，而是使用大幅展示该汽车产品的创意海报，从而有效地吸引用户的关注。通过对产品图片的创意设计，整个网站页面表现出很强的立体空间感，给用户带来视觉上的冲击和享受。

在该图片摄影网站的设计中，使用高清晰的时尚人物摄影图片作为整个页面的背景，给人很强的视觉冲击力与感染力；搭配简洁的细线条以及简洁的文字内容，使网站页面整体给人一种美感，达到传递摄影之美的目的。

4．多媒体

网站界面构成中的多媒体元素主要包括动画、声音和视频。这些都是网站界面构成中最吸引人的元素。但是网站界面还是应该坚持以内容为主，任何技术和应用都应该以信息的更好传达为中心，不能一味地追求视觉化的效果。

在与滑雪运动相关的网站页面设计中，直接以刺激的滑雪视频作为整个页面的背景，在页面中搭配简洁的主题文字和相关图片，使得用户进入网站就能够感受到滑雪运动带给人们的刺激与激情，从而更有效地吸引浏览者。

5．色彩

网站页面中的配色可以为浏览者带来不同的视觉和心理感受。它不像文字、图像和多媒体等元素那样直观、形象，它需要设计师凭借良好的色彩基础，根据一定的配色标准，反复试验、感受之后才能够确定。有时候，一个好的网站界面往往因为选择了错误的配色而影响到整个网站的设计效果；而如果色彩使用得恰到好处，就会有意想不到的效果。

色彩的选择取决于“视觉感受”，例如，与儿童相关的网站可以使用绿色、黄色或蓝色等一些鲜亮的颜色，让人感觉活泼、快乐、有趣、生机勃勃；与爱情交友相关的网站可以使用粉红色、淡紫色和桃红色等，让人感觉柔和、典雅；与手机数码相关的网站可以使用蓝色、紫色、灰色等体现时尚感的颜色，让人感觉时尚、大方、具有时代感。

当用户在浏览网站页面时，首先给用户留下印象的一定是网站页面的配色，不同的色彩能够给用户带来不同的心理感受。该网站页面使用了黄色、绿色和蓝色等多种鲜艳的色彩进行搭配，重点突出的是黄色和蓝色。多种鲜艳色彩的搭配给人一种活泼、快乐、生机勃勃的感受，非常适合儿童教育网站的特点。

专家提示

要想使网站拥有好的用户体验，不仅需要有更快的访问速度，更好的网站内容，还需要从细节入手，设身处地从用户的角度来思考问题，体现出网站对用户的尊重和体贴，避免给用户带来沮丧感。

1.2.3 网站页面的视觉层次

要想设计出好的网页作品，需要考虑很多东西。视觉层次就是网页设计背后最重要的原则之一。通过合理设计，网页各部分内容层次分明，用户可以在众多信息中快速找到自己需要的信息。

1．通过元素尺寸表现视觉层次

设计中，可以通过调整对象的大小来突出重点，可以引导用户的视觉到页面的重点位置。通过调整页面中不同元素的大小，可以很好地组织页面，达到预期效果。页面中最大的部分或最小的部分是最重要的部分。

产品大图，突出产品和促销主题

该沙发产品的宣传销售网站使用无彩色搭配，给人一种高贵的印象。页面采用了极简的设计风格，在网站页面中沙发图片占据了页面中较大的范围，非常显眼，很好地突出了产品外形。在沙发图片中使用半透明黑色与较大的折扣信息文字，很好地突出了该产品的促销信息，从而刺激用户购买。

2．通过丰富的色彩划分层次

颜色是一个非常有趣的工具，它既可以作为组织层工具，也可以是实现极富个性的页面效果的工具。颜色可以影响网站品牌的象征意义，例如百事可乐的网站采用了代表清凉、清爽的蓝色。

蓝色是一种容易令人产生遐想的色彩，使人联想到大海、蓝天，给人一种舒适、清爽的感受

这是百事可乐系列饮料产品在移动端的网站页面设计，运用了其企业的标准色——蓝色作为页面的主色调，与其企业品牌形象一致，并且与其竞争对手的色彩印象完全不同，实现品牌的差异化。

大胆地使用对比强烈的颜色，可以增强页面中特定元素的关注度，例如按钮、错误提示和链接。当作为个性的工具使用时，颜色可以使层次延伸出更丰富的情感类型。例如使用充满生机的颜色，可以给浏览者带来轻松愉悦的感受，甚至可以通过颜色将各种信息进行分类。

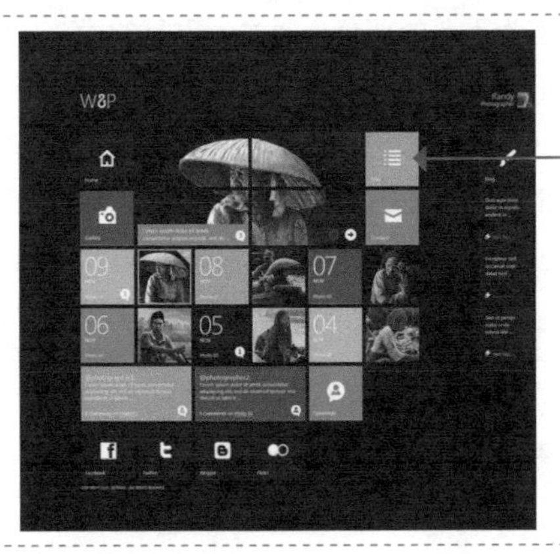

使用不同颜色的矩形色块来划分页面内容，清晰、醒目

这是某图片摄影网站的页面设计。其设计风格模仿了 Windows 8 系统的磁贴设计风格，使用明度较低的纯色作为页面背景，与页面中高明度的色块以及白色的文字形成强烈的对比，有效突出页面内容。在页面中通过多种不同颜色的矩形色块来划分不同的内容，使得页面内容的层次表现非常清晰、明确。

3．通过应用对比增加层次

在页面中合理地应用对比，可以增强页面的层次感。对比具体包括对象大小的对比和颜色的对

比。页面中采用不同大小的文字和不同的颜色，传递给用户的信息也都是不同的。

除了可以通过对比提高用户对页面某一部分的关注度外，使用对比还可以将页面信息很好地分类，方便用户阅读。在表现页面的主体和版底时，可以采用从浅颜色过渡到深颜色的方式。

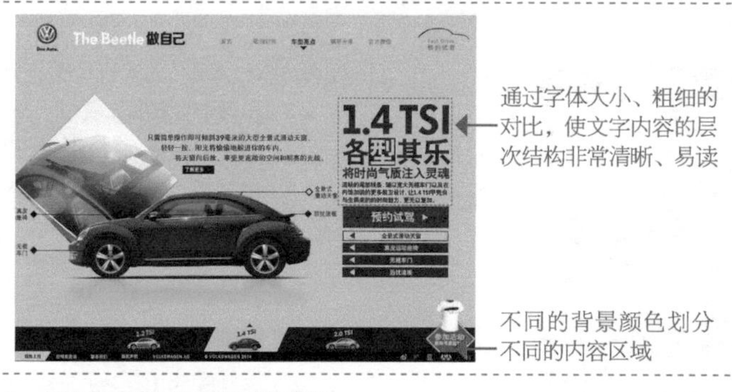

通过字体大小、粗细的对比，使文字内容的层次结构非常清晰、易读

不同的背景颜色划分不同的内容区域

该汽车宣传网站页面使用黄色作为页面的背景主色调，在页面中通过对文字大小、粗细对比的设置，很好地体现出文字内容的层次，使内容部分清晰、易读。版底信息部分则使用了与整体背景不同的黑色背景，有效地区分了页面中不同的信息区域。

4．通过对齐页面实现层次

对齐页面中的元素可以实现不同位置的层次感，可以让用户很好地区分页面中的“内容栏”和“侧边栏”，从而选择阅读的页面内容。

比较常见的网页对齐方式是三栏排列，也有一些网站采用了特殊的对齐方式，页面效果更加独特。这样既可方便用户浏览，又可刺激了用户的好奇心。

设置快捷导航菜单，方便用户查找

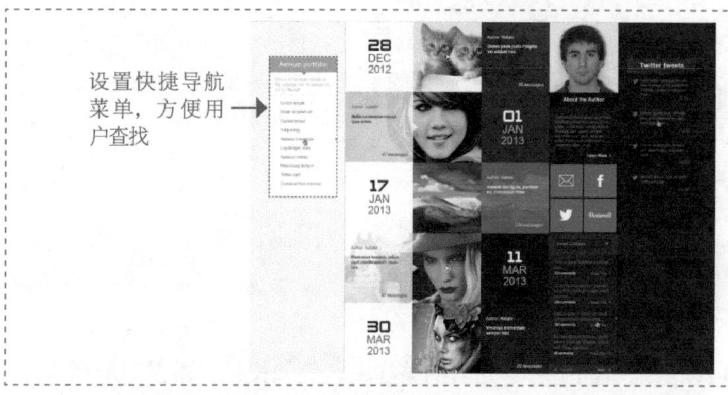

在该网站页面的内容区域采用了一种独特的极富灵感的网格对齐方式，图片与文字色块相结合，增强了用户浏览的视觉层次，给用户一种新鲜感。页面中无论是网格色块还是文字内容，都进行了对齐处理，使得页面内容整齐、统一。

5．通过重复分配元素凸显层次

在处理页面中的对象时，例如页面中多段的文本时，用户会由于内容的重复出现而觉得所有文本在讲解同样一个问题，这样就有可能忽略了文本段落中较为重要的部分。通过为重复的段落中的某一段指定不同的颜色或为其添加不同颜色的链接，将文本的这种重复性打破，凸显某一段文本内容。

设计网页时，经常会应用重复排列。但在众多排列的对象中，总有最新发布的、最多访问的和最受欢迎的对象。通过对它们采用不同的表现手法，增加用户视觉上的层次感，获得更好的用户体验。

不同字体、不同字号和粗细的设置，突出重点

菱形图片的重复排列，增强页面视觉层次

该网站页面的设计非常简洁，在页面中间位置使用大小不一的菱形图片进行重复组合排列，展示其设计的不同细节，给人一种新颖的图片表现效果，并且能够增强视觉层次。

6．注意元素的分开与接近

将页面中类似的内容整齐地排列在一起，这就是页面元素的接近。这是处理内容相似的元素并将它们相关联的最快方式。元素的分开指的是页面中有些内容是相互分离的，在这些分离的对象中有单独的标题、副标题和一个新的层次结构。

在该活动促销页面的设计中，采用了多个商品图像的组合排版。浏览者首先会被页面顶部的广告图片以及图片中的主题文字所吸引，因为其在页面中所占面积较大，并且位于页面顶部。然后视线向下移动到文字描述内容以及相关的商品列表部分，这些元素的亲密与对比形成一种平衡，视觉层次清晰，给人一种舒适感。

7．合理安排页面密度和空白

页面中的元素如果紧密地排列在一起，那整个页面就会感觉“重”且杂乱；当页面中的元素间距太大时，又有可能显得散漫，彼此之间失去联系。只有“恰到好处”地运用密度和空白，才可以获得良好的视觉效果，用户可以很容易地识别相关的元素。

该网站页面的内容区域划分非常明确，使用不同的背景色块在垂直方向上将页面划分为 3 个部分。在页面中运用了大量的空白区域来突显页面的内容，不同功能区域的内容又聚集在一起，使用户很容易识别和操作。

8．巧用样式和纹理

通过为对象设置不同的样式和纹理，可以形成更为明显的层次感。在众多平淡页面中，富有质感的页面通常会引起人们的注意。例如，为汽车网站添加金属质感，为建筑网站添加沥青质感。

在页面中适当添加纹理特效可以增加页面的感染力。但是过度地使用会误导用户，使用户的注意力被特效所吸引，而忽略了网站真正想要表现的东西。所以在设计页面时，要将样式和纹理应用到网站的局部元素中，例如字体、按钮和标签等；还要注意页面元素效果的平衡。

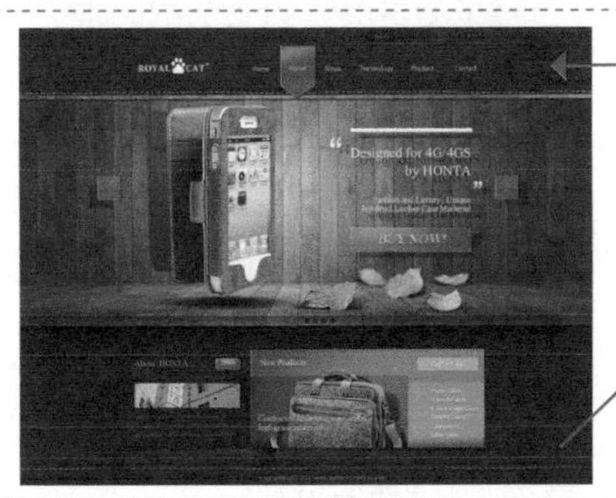

使用皮质和木质纹理作为页面背景，增强了整个页面的质感

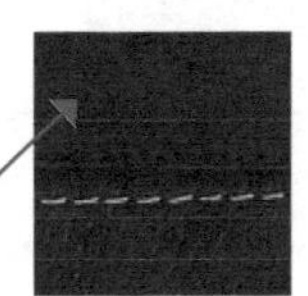

在该产品的宣传网站中使用了皮质的纹理与木纹背景相结合，使页面表现出很强的质感，并且能够与该企业所生产的皮质产品形成良好的呼应，也表现出了产品的质感。

专家提示

如果网站中包含了很多 Flash 动画、弹出广告和闪闪发光的横幅，虽然这些广告可以成功地吸引用户的注意，但是却不能打动用户。如果设计师创建网站的视觉层次，但是用户却不能在页面中找到他们需要的任何信息，那这个设计方案是完全失败的。一个具有良好视觉层次的页面，应该是一个实用、方便、合理组织信息、具有逻辑性的页面。

1.2.4 基于用户体验的网站设计原则

基于网站的特点，结合用户体验的要求，在网站设计开发过程中需要注意以下的设计原则，从而为用户提供一个良好的网站用户体验。

1．高质量的内容

网站最为关键的是内容，如果不能提供用户所需要的信息和功能，那么这些用户可能不会再次访问你的网站。如果你的网站是一个销售网站，但网站上连商品的价格、商品参数、可供选择的型号和送货时间这些关键的信息都没有，那么潜在的消费者就会感到失望，并转而寻找其他网站进行购买。

“站酷网”是一个专注设计文章与设计资源的网站。进入该网站的“文章”频道中，在“类别”分类中“原创 / 自译教程”“站酷专访”“站酷设计公开课”这几个分类中的内容都是高质量的原创内容。这些原创内容有许多都是该网站的注册会员整理上传再通过网站审核的，这样就能够保证网站中源源不断的原创内容。在“类别”分类下方的“子类别”中，可以看到每个子类别都是与设计相关的，网站中所有的内容都是围绕着设计展开，这样也显得更加专业。

2．经常更新的内容

大部分网站都是需要经常更新内容的，更新的频率取决于网站的性质。例如，新闻类网站可能需要一天更新几次；小型商品销售类网站，一般只需要在有价格变动或有新产品加入的时候进行更新，每周更新一次就足够了；个人网站只需要在网站管理者认为有必要的时候进行更新即可。

对于综合性新闻门户网站来说，新闻内容的实时更新就显得更加重要。用户每天都希望通过新闻网站来获得最新的新闻资讯，所以新闻网站的内容每天都需要更新，甚至一天都会更新几次。如果发生什么重大事件，甚至会开辟专题页面，实时更新事件的最新进展，时刻保持新闻资讯的新鲜度。

技巧点拨

更新对于用户的重要性取决于网站的性质。例如，网上百科全书的内容就应该保持相对固定，因为更新并不是大多数用户访问这类网站的主要原因。相反，新闻类网站则是靠它的即时更新来吸引用户的。

3. 快速的页面加载

浏览者倾向于认为，打开速度较快的网站质量更高，更可信，也更有趣。相应地，网页打开速度越慢，访问者的心理挫折感越强，就会对网站的可信性和质量产生怀疑。在这种情况下，用户会觉得网站的后台可能出现了一种错误，因为在很长一段时间内，他没有得到任何提示。而且，缓慢的网页打开速度会让用户忘了下一步要做什么，不得不重新回忆，这会进一步恶化用户的使用体验。

> **专家提示**
>
> 网站页面的打开速度对于电子商务网站来说尤其重要，页面载入的速度越快，就越容易使访问者变成你的客户，降低客户选择商品后，最后却放弃结账的比例。

4. 更易使用的网站

用户在访问网站时，需要能够快速、轻松地找到自己所需要的信息或者服务。如果在一个电商网站中，面对成千上万的商品，用户忽然发现，网站并没有为用户提供详细的商品分类导航，或者没有站内搜索功能，这将是怎样的一种灾难。

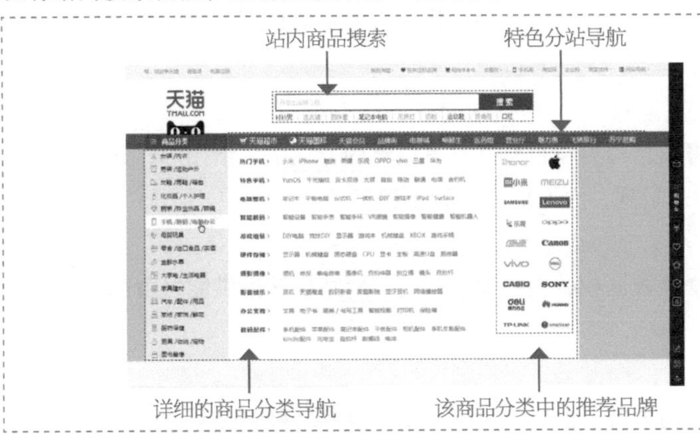

"天猫"是一个大型综合电商网站，其网站中拥有上千种商品，并且需要面对各种不同层次的用户。所以在其网站中为不同层次的用户提供了各种查找商品的方式，包括非常详细、清晰的商品分类导航，以及为高级用户提供的站内商品搜索功能。使不同操作水平的用户都能够轻松地在网站中找到所需要的商品。

5. 与用户的需求密切相关

除了有好的内容以外，网站还必须帮助用户完成他们想要完成的任务。例如，如果用户正在网站中选购一台计算机，那么我们应该让用户可以轻松地在同一个屏幕中比较不同计算机的配置情况。在设想用户希望使用网站信息的方式时需要充满想象力。

例如"苏宁易购"网站的商品页面中，不仅为用户提供了商品分享、商品收藏、用户评论、在线咨询等交互操作，还为用户提供了商品对比的功能，单击商品名称右侧的"对比"按钮，即可将该商品加入到页面右侧的对比栏中，充分满足用户各方面的需求。

6. 独特的在线媒体

为什么很多企业都需要创建网站？网站不仅是企业宣传的窗口，更应该发挥很多其他的作用，在网站背后的企业需要把网站置于多方面运营之首。口头上热衷于技术是不够的，在现在竞争激烈的国际环境下，网站的优秀与否决定着企业的成败。

高清晰的美食图片具有极大的吸引力，使用户一看就知道该网站与餐饮有关

例如该餐厅网站，其不仅仅是餐厅对外宣传的窗口，更重要的功能是在网站中实现在线订餐。这样就能够充分发挥网站作为在线媒体的优势，将品牌宣传与商品销售结合在一起，实现企业利润的最大化。

7．良好的可用性

拥有良好的可用性，是提升网站用户体验的重要原则。网站良好的可用性主要表现在以下多个方面。

（1）系统状态可见性

网站应该让用户了解正在发生的事情，在用户对网站操作的过程中应该即时地为用户提供合理的反馈信息。

（2）系统与真实世界的关联性

网站应该遵循真实世界的转换，将信息内容以自然并具有逻辑的方式呈现给用户，并且需要以用户所熟悉的语言、文字、词汇和概念来呈现，而不是使用系统导向。

（3）用户的控制度及自由度

网站应该给用户提供充分的自由度和控制权，当操作出错时，网站应该提供能自由离开的“出口”，支持返回与撤销等操作。

（4）一致性和标准

同一产品或同类产品中，对于相同的内容、操作等应该采用一致的名称和交互方式，用户不应该猜测同一动作是否使用不同的词汇、状态或动作。保持一致性能够使用户利用已有的知识来执行新的操作任务，并可以预期操作结果，增加用户学习和理解操作界面的速度。除此之外，还要考虑到浏览器的兼容性，使内容能够对全部或尽可能多的用户正确显示。

（5）错误预防

第一时间预防错误发生的谨慎设计比显示错误信息更好，可以使用消除式检查有错误倾向的状态，然后在用户提交前提供确认的选择。

（6）识别，而非回忆

尽量减少用户需要记忆的内容，在网站表单填写过程中，系统应该在合适的位置进行提示，或者直接提供相应的选项，让用户可以直接识别并进行选择，而不需要记忆太多的信息和操作步骤。

（7）使用的灵活性与高效性

网站需要迎合有经验的用户和经验不足的新用户，提供一些高级功能，以加速高级用户和网站之间的交流互动。网站也应该允许用户调整其常用的动作和操作。

（8）视觉美化与简化设计

视觉美化不仅可以给用户带来视觉的享受，也可以提高网站的可用性。对于不必要的或者优先级别低的信息和功能，操作应该尽量简化。

（9）帮助用户诊断并从错误中恢复

错误信息应该以清晰易懂的叙述文字呈现，而不是错误代码，并且精确地指出问题以及提出建设性的解决方案，帮助用户从错误中恢复。

（10）帮助与说明文件

即使是最好的网站系统，也需要为用户提借助必要的帮助和说明文件，并且这些信息应该很容易被用户找到，以协助用户完成任务。

1.3 用户体验设计范畴及其特点

用户体验设计首先是要解决用户的某个实际问题，其次是让问题变得更容易解决，最后给用户留下深刻的印象，让用户在整个过程中产生美好的体验。视觉只是用户整体体验的一部分，因此外观的美丑、是否有创意，仅是设计中的一部分内容，并不是设计的全部。

因此，用户体验设计首先应该是理性的（帮助用户解决问题等），其次才是感性的（设计的美观性等）。只要你的方案能够解决用户的实际问题，又能够带给用户美感，用户就会很容易感到满足。

1.3.1　6 种基础体验

用户体验是主观的、分层次的和多领域的，我们可以将其分为以下 6 种基础体验。

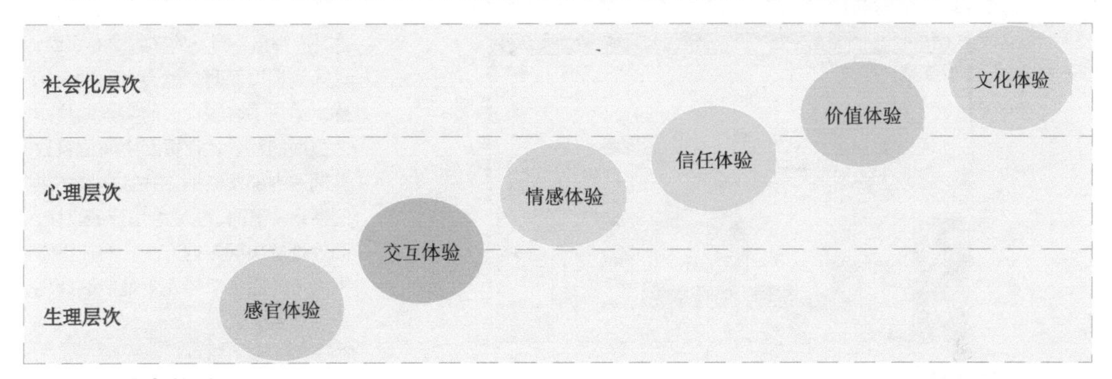

1．感官体验

感官体验是用户生理上的体验，强调用户在使用产品、系统或服务过程中的舒适性。关于感官体验的问题，涉及网站浏览的便捷度、网站页面布局的规律、网页色彩的设计等多个方面，这些都给用户带来最基本的视听体验，是用户最直观的感受。

这是某品牌冰箱产品的宣传网站设计。网站页面中的信息内容很少，页面采用了一种卡通式的设计风格，将各种新鲜水果设计为卡通形象，从而突出该产品的品质。并且，卡通的形象设计使得页面更富有趣味性，吸引浏览者的关注，从而达到品牌产品宣传推广的目的。

2．交互体验

交互体验是用户在操作过程中的体验，强调易用性和可用性，主要包括最重要的人机交互和人与人之间的交互两个方面的内容。针对互联网的特点，将涉及用户使用和注册过程中的复杂度与使用习惯问题、有关数据表单的可用性设计安排问题，还包括如何吸引用户的表单数据提交以及反馈意见的交互流程设计等问题。

该品牌服饰定位为时尚年轻人士，在其品牌宣传网站的设计中，充分运用交互式操作，吸引用户参与到网站中。在网站页面中以最新款的服饰大图展示为主，用户不仅可以通过左右两侧的箭头图标进行顺序切换，并且还可以通过页面底部的缩览图，快速跳转到需要查看的图片，界面非常清晰、易用。内容的切换都会有相应的交互动画效果，给用户很好的提示和反馈，这些都能够为用户带来良好的用户体验。

3．情感体验

情感体验是用户心理方面的体验，强调产品、系统或服务的友好度。首先产品、系统或服务应该给予用户一种可亲近的心理感觉，在不断交流过程中逐步形成一种多次互动的良好的友善意识，最终希望使用户与产品、系统或服务之间固化为一种能延续一段时间的友好体验。

这是“腾讯”网站的客服中心页面，进入到该页面时，就会有一种亲切感。运用了客服代表的实景图片作为页面的背景，在页面中间位置放置问题内部搜索框，并且提供了热门搜索关键词，呈现给用户最直接、高效地解决问题的方法。而在搜索框上方的服务口号，更是能够让用户感觉到温暖。

4．信任体验

信任体验是一种涉及从生理、心理到社会的综合体验，强调其可信任性。由于互联网世界的虚拟性特点，安全需求是首先被考虑的内容之一，信任也就理所当然被提升到一个十分重要的地位。用户信任体验，首先需要建立心理上的信任，在此基础上借助于产品、系统或服务的可信技术以及网络社会的信用机制，逐步建立起来。信任是用户在网络中实施各种行为的基础。

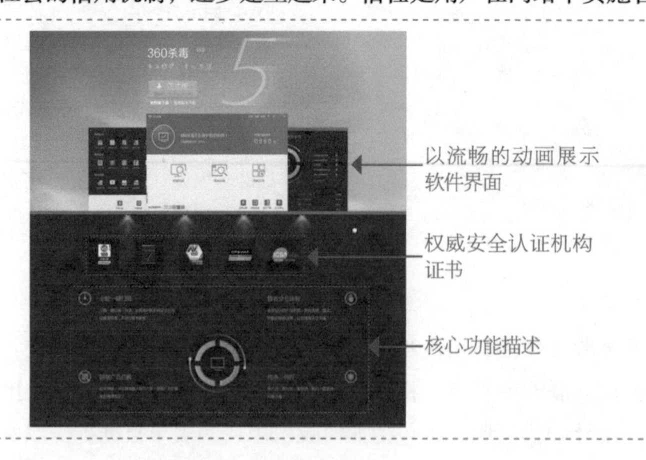

这是某杀毒软件的网站宣传下载页面。该网页使用了与杀毒软件界面相同的蓝色作为页面的主色调。蓝色给人一种清爽、洁净和很强的科技感，向用户传达一种可信任的感觉。在页面中使用动画方式对软件界面进行展示，并且展示了该杀毒软件所获得的权威安全认证机构证书，从而进一步地增强用户对该软件的信任感。

技巧点拨

设计精致的网站界面，会给人们视觉感官以良好的体验，也代表着开发团队对产品的用心。而粗糙杂乱的网站界面设计，让人看起来很不舒服，不免会使人产生不安全感。

5．价值体验

价值体验是一种用户经济活动的体验，强调商业价值。在经济社会中，人们的商业活动以交换为目的，最终实现其使用价值。人们在产品使用的不同阶段中借助感官、心理和情感等不同方面和层次，以及在企业和产品品牌、影响力等社会认知因素的共同作用下，最终得到与商业价值相关的主观感受，这是用户在商业社会活动中最重要的体验之一。

6．文化体验

文化体验是一种涉及社会文化层次的体验，强调产品的时尚元素和文化性。绚丽多彩的外观设计、诱人的使用价值、超强的产品功能和完善的售后服务固然是用户所需要的，但依然可能缺少那种令人振奋、耳目一新或“惊世骇俗”的消费体验。如果将时尚元素、文化元素或某个文化节点进行发掘、加工和提炼，并与产品进行有机结合，将会给人一种完美、享受的文化体验。

这是一个房地产项目的宣传介绍网站。在该网站的设计中充分运用了多种中国传统文化元素，无论是图片素材、网站配色，还是排版方式等，都能够表现出非常浓厚的中国传统文化印记。虽然这样的网站设计并不能够给人带来很强的视觉震撼，但是其独特的表现方式和浓厚的文化氛围依然能够给用户留下深刻印象。

这 6 种不同基础体验基于用户的主观感受，都涉及用户心理层次的需求。需要说明的是，正是由于体验来自人们的主观感受（特别是心理层次的感受），对于相同的产品，不同的用户可能会有完全不同的用户体验。因此，不考虑用户需求的用户体验一定是不完全的，在用户体验研究中尤其需要关注人的心理需求和社会性问题。

1.3.2　用户体验设计范畴

用户体验设计是以改善企业的理念行为在用户心目中的感受为目的，以用户为中心，创造影响用户体验的元素，并将之和企业目标同步。这些元素可以来自生理的、心理的和社会各个层面，包括听到、看到、感受到和交互过程中体会到的各种过程。

用户体验设计的范围非常广泛，而且还在不断地扩张中。本书主要讨论互联网环境中的用户体验设计，尤其是网站等的交互性媒体。

用户体验设计工作需要从产品概念设计时就加入。在互联网环境下，用户体验必须考虑来自用户和人机界面的交互过程，但其核心还是应该围绕产品的功能来设计。

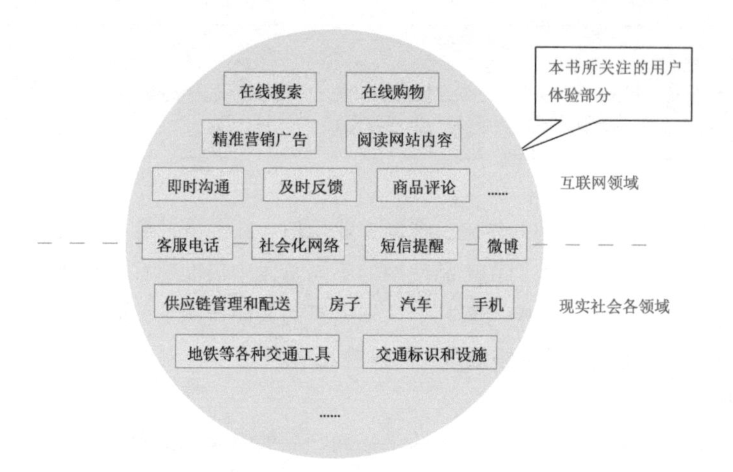

技巧点拨

产品在具体的开发过程中，要想成功，产品的用户体验设计必须考虑项目的商业目标、产品用户群体的需求以及任何可能影响产品生存力的因素。

在早期的网站设计过程中，人机界面仅仅被看作一层位于核心功能之外的“包装”，而没有得到足够的重视。人机界面的开发独立于功能核心的开发，甚至是在整个产品开发过程的尾声才会加入进来。这种方式极大地限制了人机交互的设计，其结果带有很大的风险性，最后往往会以牺牲人机交互设计为代价。这种带有猜测性和赌博性的开发几乎是难以获得令人满意的用户体验的。

当前，用户体验设计业界提出了以用户为中心的设计理念。这种理念从开发的最早期就开始进入整个流程，并贯穿始终，其目的就是保证：

（1）对用户体验有正确的预估；

（2）认识用户的真实期望和目的；

（3）在核心功能开发的过程中及时地进行调整和修正；

（4）保证核心功能与人机界面之间的协调工作，减少 BUG；

（5）满足用户各层次的基础体验需求。

专家提示

用户体验体现在用户与产品互动的方方面面，贯穿于交互设计的整个过程，每个环节的失误都可能影响用户体验。因此要考虑用户与产品互动的各种可能性，并理解用户的期望值和体验的最佳效果。

技巧点拨

在用户研究和用户体验设计具体的实施上，可以包括早期的用户访谈、实地拜访、问卷调查、焦点小组、卡片分类和开发过程中的多次可用性实验，以及后期的用户测试等多种用户研究方法。在“设计——测试——修改”这个反复循环的开发流程中，可用性实验往往提供了大量可量化的指标。

1.3.3 用户体验设计特点

通过前面对用户体验的分析，我们可以总结出一些关于用户体验设计的特点。

1. 严谨、理性、创意

用户体验设计离不开理性和严谨，因为它首先关注于解决用户的问题，同时也需要优质的创意，以帮助用户获得更好的体验。

2．提供特定问题的解决方案

为了避免把设计当作自己无限发挥创意的舞台，以至于出现糟糕的体验。设计师在设计前请先问问自己，这次设计的目标是什么？要为什么样的人解决什么样的问题？如何解决？

3．不需要用户思考

很多设计师喜欢找这样的借口：我这个设计很有创意，用户第一眼看到的时候不会用没有关系，他第二次不就会了吗？可惜的是，用户可不会这么想。用户第一次遇到挫折的时候，很可能会头也不回地扬长而去，你再也没有第二次的机会了。

图片切换显示图标，鼠标移上去会显示下一张图片缩览图

这是一个与摄影相关的网站。页面的设计非常简洁、直接。在页面中直接将摄影图片以方格状进行排列展示，仅仅在页面中的左上角放置网站 Logo，右上角放置菜单图标，没有其他任何多余的装饰元素。单击任意一张图片，则在页面中满屏显示该摄影图片，仅在左右两侧显示图片切换图标，当鼠标移至图标上方时还会出现下一张图片的缩览图。整个网站的操作简单、直接，完全不需要用户思考。

4．增加了趣味性

趣味性的东西更容易吸引用户，趣味性可以为你的设计加分，让用户产生难以忘怀的奇妙体验。这就好像一个人，如果他的存在能够解决你的实际问题，你一定会对他产生好感；如果他还能够给你带来欢乐，那你一定会对他留下深刻的印象。

这是某企业营销网站页面的设计，该页面的设计同样非常简洁。但是该页面头部的宣传大图则选择了富有戏剧冲突的两张图片，以一种诙谐、幽默的形式突出网页主题的表现。这种富有趣味性的图像设计，充分吸引用户的关注，给用户留下有趣而深刻的印象。

1.3.4　用户体验设计的 5 个着手点

当互联网产业到了下半场，人口红利逐渐减少作用的时候，相信用户体验一定是产品设计的重点内容之一了。良好的用户体验不仅仅可以保证用户的数量，同时也能够保证优秀的用户黏度。想要做好产品的用户体验设计，我们可以从以下 5 个方面着手。

1．掌握需求

一个产品存在的意义就在于满足用户的需求。如何掌握产品对应用户的核心需求，无疑是至关重要的。对于用户体验设计来说，如果设计不能达到满足用户核心需求的效果，这个设计就是不成功的。掌握用户核心需求的方法有哪些？最基础的应该就是用户调查了。当需要完成一次用户调查时，你需要正确的目标群体、合适的调查形式以及明确的调查内容。

2．留下彩蛋

彩蛋的意义在于给用户惊喜，进而增强用户对于产品的体验。这种惊喜会让产品更加地吸引新用户，让老用户在蜜月期过后仍然有机会体验到新鲜感。

但是我们在产品中所留下的彩蛋需要避免以下两个问题。

（1）彩蛋功能不是必要功能。即使用户没有找到彩蛋，也不会觉得产品在功能上不尽如人意。

（2）彩蛋不要埋得太深。这不是在做游戏，埋得太深可能永远都没有人知道，你的心思也就毫无意义了。

3．使结果可预测

如果说彩蛋是额外的惊喜，那么给用户他们能预测到的交互结果则是取悦用户、提高用户体验的基本功。一个按钮表达的意思要和实际点击之后产生的结果是一样的。确定就是确定，取消就是取消。不要试图和用户玩文字游戏，一旦激怒用户，得不偿失。这里还要提到的一点就是，不符合预期的交互结果和彩蛋是有差别的，就像惊吓和惊喜存在着根本的区别一样。

4．细节上保持一致性

从全局上说，保持细节的一致性要全面。细节方面主要包括颜色、字体等。其中，颜色和字体尤为重要。这两项几乎主导了用户的视觉感受，从而决定了用户体验的优秀与否。如果在执行切换跳转之后，整个界面风格突变，我相信大多数用户是理解不了的。这些虽然是细节，但在挑剔的用户眼中会被无限放大，甚至成为他们放弃使用该产品的重要原因。

5．应用设计工具

针对设计师们侧重的方向不同，这里列举了一些优秀的设计工具来应对不同的使用场景。

（1）界面设计工具

Photoshop 和 Illustrator 仍然是设计师最常用的工具。Sketch 在 Mac 上也是搞得风生水起，势头越来越好，相信 Adobe 也一定感受到了很大的压力。如果你觉得这三款还是不够用，OmniGraffle 也是相当优秀的设计工具，而且还带有一点交互，虽然效果很有限，但还是挺有趣的。

（2）交互设计工具

说到交互设计工具，很多人首先会想到 Axure，这款工具凭借着早期的开疆拓土，有着原型设计工具中最大的用户数量。但是不得不承认，原型设计工具早已不是之前的一枝独秀。现在的工具主要分为两类：第一类是 Mockplus 等创造线框图以实现交互，第二类是 Flinto for Mac、InVision 这种依托在图像设计工具和文件上以创建热区实现交互。

1.4 用户体验设计的原则

在开始设计网站之前，首先要深思熟虑，多参考同行的页面，汲取前人的经验教训，然后在纸上写下来。随着工作经验的积累，在设计、架构、软件工程以及可用性方面都会积累很多有益的经验，这些经验可以帮助我们避免犯前人所犯的错误。

设计网站时，可以通过遵守以下 8 个原则，来获得好的用户体验。

1.4.1 快速引导用户找到需要的内容

对于一个刚刚进入网站的用户，为了确保能够找到他们感兴趣的内容，通常需要了解以下 4 个方面的内容。

1．用户位置在哪里

首先通过醒目的标示以及一些细小的设计提示来指示位置。例如 Logo 图标，提醒访问者正在浏览哪一个网站；也可以通过面包屑轨迹或一个视觉标志，告诉访问者处于站点中的什么位置。当然简明的页面标题，也是指出浏览者当前浏览什么页面的好方法。

这是“网易”网站中的某个新闻内容页面。可以看到，该页面给用户提供了非常清晰的指引。首先在页面左上角显示网站 Logo，Logo 图标的右侧使用红色背景突出显示当前的频道版块名称，然后在新闻标题的上方还使用面包屑路径的方式指示用户当前的位置，给用户明确、清晰的指引。

2．用户要寻找的内容在哪里

在设计网站导航系统时，要问问自己“访问这个网站的人究竟想要得到什么？”，还要进一步考虑“希望访问者可以快速找到哪些内容？”。确认了这些问题并将它们呈现在页面上，会对提高用户体验的满意度有很大帮助。

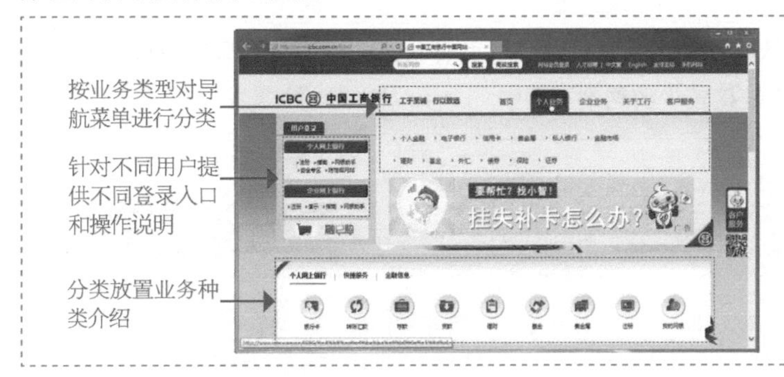

这是“工商银行”的官方网站，在导航菜单中按照业务类型对导航菜单选项进行分类放置，方便用户的查找。在页面左侧为不同的用户提供了不同的登录入口。再往下是通过图标的方式来分类展示相应的业务种类，这种选项的设置方式是为了方便用户快速找到自己想要的信息，为用户提供最便捷的查找信息方式。

3．用户怎样才能得到这些内容

“怎样才能得到？”可以通过巧妙的导航设计来实现。将类似的链接分组放在一起，并给出清晰的文字标签。特殊的设计（如下画线、加粗或者特效字体）使其看起来是可以单击的，起到有效的导航作用。

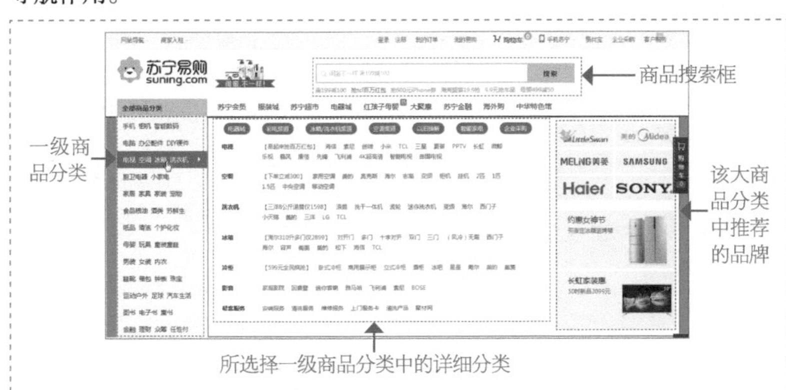

电商网站中由于商品种类繁多，在这方面的设计尤其突出。针对不同水平的用户，在网站中既提供了便于高级用户直接查找特定商品的商品搜索框，又为初级用户提供了非常详细和易操作的商品分类导航，并且在商品详细分类中还对一些热销或活动类商品使用了特殊颜色进行表现，用户在网站中查找起来非常方便。

4. 用户已经找过哪些地方

这一点通常是通过区分链接的“过去”和“现在”状态来实现。要显示出被单击过的链接，这种链接被称为“已访问链接”。通常的做法是将访问过的链接设置为一种新的颜色，用来保证用户不在同一区域反复寻找。

（默认状态）　（鼠标悬停和点击状态）　（点击过后状态）

在“新浪”网站中为文字超链接设置了3种状态：默认状态，新闻标题超链接文字显示为蓝色无下画线的效果；鼠标悬停和点击状态，新闻标题超链接文字显示为橙色有下画线效果；点击后状态，新闻标题超链接显示为灰蓝色无下画状态。这样用户能够轻松地分辨出哪些信息已经阅读，哪些信息还没有阅读。

专家提示

之所以点击过后状态与默认状态的超链接文字颜色比较相似，主要是从页面的整体视觉风格来考虑的，如果将点击过后状态的超链接文字设置为一种其他颜色，那么在这种文字链接较多的新闻网站中，就会破坏整个页面的视觉效果。

还有一些网站只使用链接的默认状态和鼠标悬停状态这两种状态，主要是提醒用户该文字是可点击的超链接文字，通常应用于文字链接较少的网站页面中。

技巧点拨

移动端页面中，超链接文字有些时候只有一种状态，也可以称为静态链接。在不同的使用场景会因为当时的情形选择合适的交互体验设计。有时还会加上音效，使用户体验更畅快，这在移动端使用的情况下会较多一些。

1.4.2 设置期望并提供反馈

用户在网页上单击链接、按下按钮或者提交表单时，并不知道将出现什么。这就需要设计者为每一个动作设定相应的期望，并清楚地显示这些动作的结果。同时时刻提醒用户正处在过程中的某一阶段也很重要。

这是“天猫”购物网站中的某商品详情页面。当用户将鼠标移至按钮上方悬停时，会给用户反馈当单击该按钮后将出现的页面提示，这样及时的信息反馈可以很好地满足用户的期望，为用户的下一步操作提供指引。

技巧点拨

有时候用户必须等待一个过程完成，而这可能会耗费一些时间。为了让用户知道这是由于他们的计算机运行太慢造成的这种等待，可以通过提示信息或动画提醒用户，以避免用户由于等待而产生焦虑。

1.4.3　基于人类工程学设计

浏览网站的用户数以亿计，每个人的情况都不相同。为了能够为不同的用户尽可能提供良好的用户体验，在设计页面的时候也要充分考虑人体器官如手、眼睛和耳朵的感受。

例如根据大多数人都是右手拿鼠标的习惯，为页面右侧增加一些快速访问的导航。针对眼睛进行设计时，要考虑到全盲、色盲、近视和远视的情况。设计网站时，要确认网站的主体用户是视力极佳的年轻人，还是视力模糊的老年人。然后确定网站中的文字大小。针对耳朵进行设计时，不仅要考虑到聋人，还要考虑到人在嘈杂环境中倾听的情况，保证背景音乐不会让上网的人感到厌烦。

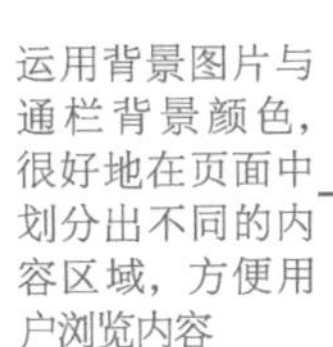

在该美食网站的设计中，因页面内容较多，所以运用了不同的背景图像或背景颜色来划分页面的内容区域，并且各部分都采用了图文相结合的方式，方便用户的浏览以及查找相应的内容。在页面的设计中遵循了文字内容与背景高对比的配色原则，即使是色彩分辨较弱的人群，依然可以非常清晰地阅读。

1.4.4　页面设计的一致性

一致的标签和设计给人一种专业的感觉。在设计页面时，首先要明确你的网站有哪些约定，想打破这些常规一定要三思。同时还要事先制定好样式指南，约束设计，从而确保设计风格的一致。

该网站是一个酒类产品宣传介绍网站，可以看到该网站的不同页面，页面的布局、配色、表现形式等各方面都保持了一致性，从而使整个网站的视觉风格统一，也便于用户在网站中不同页面进行操作。网站中一致的设计和细节表现，能够有效增强用户的浏览体验。

1.4.5　及时提供错误提示

为了避免用户在浏览网页时出现不能处理的错误，并产生悲观情绪，可以在网站页面中设计预防、保护和通知功能。

首先是通过在页面添加注释，明确告知用户选择的条件和要求，避免出现错误，例如用户的注册页面。也可以通过添加暂存功能保护用户的信息，例如电子邮箱的保存草稿功能。当用户在操作中出现错误时，要及时以一种客观的语气明确地告诉用户发生了什么状况，并尽力帮助用户恢复正常，例如未能正确输入用户信息等。

网站中的表单填写提示和错误纠正提示，是为用户提供纠错支持应用最为广泛的地方。例如，在该用户注册表单页面中，在各表单元素文本框中使用浅灰色文字首先给了用户相应的填写提示（左图），引导用户正确填写表单内容。当用户完成某表单项内容的填写时，系统会自动检测用户所填写的内容是否符合要求，当不符合要求时会马上在该表单元素的右侧使用特殊颜色的图标与文字及时指出用户的错误（右图），并指出所出现的问题，便于用户及时纠正，体现了“处处为用户着想”的思想。

1.4.6 帮助用户记忆

对于互联网上的用户来说，大多数人的记忆是不可靠的，大量的数据如果只通过记忆保存，是很难实现的。在设计页面时可以通过计算机擅长的记忆功能帮助用户记忆，例如用户登录后的用户名和搜索过的内容等。将记忆的压力转嫁给计算机，用户对你的网站的体验就会更胜一筹。

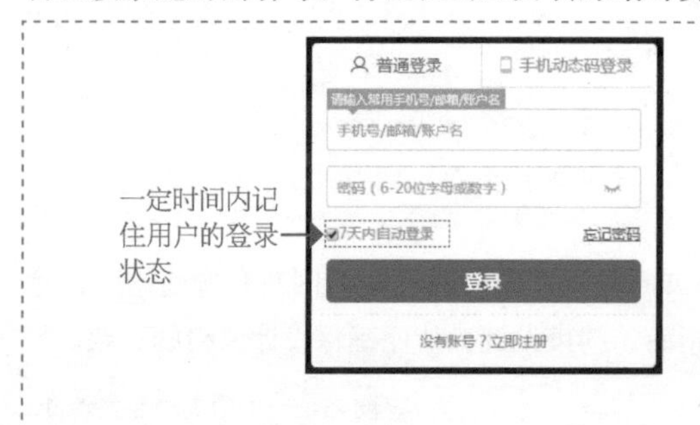

历史搜索

热门搜索

关键词联想

如果用户需要经常使用某个网站，而每次使用都需要进行登录操作会非常烦琐。很多网站会为用户登录添加几天内自动登录的功能，就是通过系统记住用户的登录状态，避免了用户在短时间内频繁的登录操作，非常实用、方便。

在很多 App 应用中，当用户进入到搜索界面，会自动在搜索框下方列出用户最近的历史搜索记录以及推荐的热门搜索关键词，方便用户快速搜索。当用户在搜索文本框中输入内容时，系统会根据用户所输入的内容在搜索文本框下方列出相应的联想关键词。这些细节都大大地提高了用户体验。

1.4.7 考虑用户的操作水平

首先应该正确理解“用户”。“用户”是一个随时间而变化的真实的人，他会不断改变和学习。网站的设计应该有助于用户自我提升，达到一个让他满意的级别，帮助用户上升到自我感觉更理想的程度，并不需要用户都成为专家。

例如“淘宝网”针对不同的用户采用了不同的操作界面，同时又提供了丰富的辅助工具，帮助新用户购物或管理店铺，老用户则可以完善美化店铺，获得更好的销量。

1.4.8 为用户提供实用的帮助

用户在完成某个可能很复杂的任务时，不可避免地需要帮助，但往往又不愿请求帮助。作为设计者，要做的就是在适当的时候以最简练的方式提供适当的帮助。应当把帮助信息放在有明确标注的位置，而不要统统都放到无所不包的 Help 之下。例如为首次登录网站页面的用户制作一个简单的索引页面，引导用户快速进入网站，找到所需要的内容。

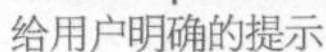

给用户明确的提示　　分步骤展示说明新功能

这是一个邮箱改版的提示说明，这种方式在网站与 App 改版和添加新功能时非常常用。当用户进入到该邮箱时，即给用户明确的提示，用户可以根据指引一步步了解新版的功能与相应的操作，帮助用户快速了解和熟悉新功能的操作。并且，将新功能的操作说明与整个界面相结合，这与纯文字的帮助相比更加便于用户的理解，很好地提高了用户体验。

1.5 用户体验设计的一般流程

决定用户体验的要素有很多，合理应用这些要素可以设计出完美的网站页面。但实际的设计工作中包含了太多未知的因素，这些因素直接或间接地影响设计师的设计。所以我们在设计时需要按照一定的流程进行，每完成一步都需要对其进行完善和检测，从而尽可能保证最终的产品能够获得良好的用户体验。

1．原型

设计的第一个阶段，我们称为原型设计，主要是设计产品的功能、用户流程、信息架构、交互细节、页面元素等。如果你觉得这些概念听上去都比较抽象，也可以简单地理解为：原型设计，就是完全不管产品长得好不好看，只把它要做的事情和怎么做这些事情想清楚，把它怎么和用户交互想清楚，而且把所有这些都画出来，让人可以直观地看到。

技巧点拨

至于怎么画原型，那就有很多的方法可供选择。用纸笔画，用 Photoshop 画，用 Visio 画，或者使用专业的原型创建软件 Axure 画，都是可以的。只要把上面提到的这些都事无巨细地在原型中表达出来。

在原型的交付物中，最重要也是最常见的就是线框图，这在本章前面的内容中已经进行了介绍。

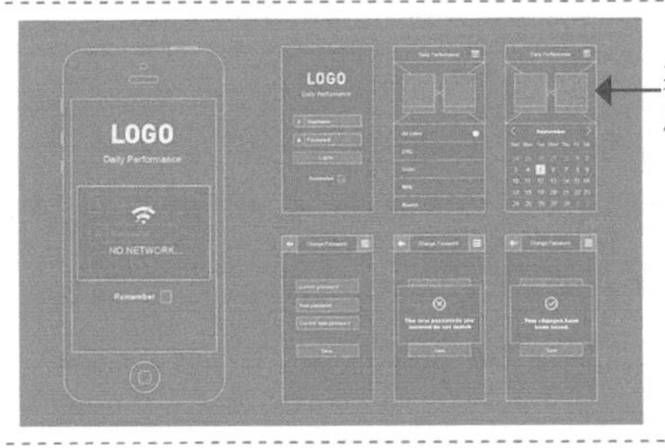

某移动端 App 应用的原型设计

在画线框图的时候，要把握好细节的刻画程度。有些元素只要画个框就可以了，而有些元素需要把文案都设计好，以免被老板或需求方揪住诸如角落里的广告 banner 该有多大等细节问题与你纠缠不休，而忽视了最重要的页面主体部分。

此外，还需要牢记：原型就是用来让人修改的，它存在的价值就体现在被修改了几次，被更新了几次，以及它的下一步被少改了几次。

2. 模型

在原型被大家接受之后，就该关心产品长得好不好看了，我们以“模型”这个词来统称该步骤的交付物。和原型相比，模型关注产品的视觉设计，包括色彩、风格、图标、插图等。

要清楚的是，这不是一种由“美工”来“美化”的工作。视觉设计师需要对原型设计有深刻的理解，对交互设计和尚未进行的 HTML、CSS 和 JavaScript 的代码都要有充分的了解。如果不能从全局的角度来做视觉设计，则对产品本身没有任何价值。

例如通过原型，大家一致认为页面中 A 元素比 B 元素重要，那么视觉设计师的脑海中就要有十七八种可以表现 A 元素比 B 元素重要的视觉语言可供选择，这是对设计原型的视觉设计师的基本要求。

更高一些的要求才是视觉设计的原始功能，“到底使用什么样的设计风格？”“这个按钮使用什么颜色好？”等，这一类的思考和选择，应该着眼于产品的气质、品牌等，在各种企业的各种产品间保持一定的特色，在用户心里打下视觉的烙印。

进一步的更高的要求，有些问题用交互设计是很难解决的，这时就需要一个有创造力的视觉设计师，可以从视觉设计的角度来创造性地解决问题。

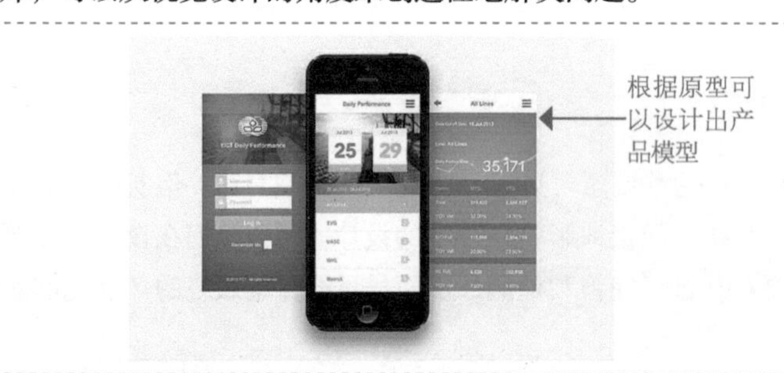

总的来说，模型设计是件非常困难的事情。它的工具是感性的，但设计过程又要求非常理性，必须在各种约束条件中解决问题。而目前能从较高的角度来看视觉设计的人并不多，大多还停留在效果、风格等表面上。

3. 演示版

演示版就是按照原型和模型，使用 HTML、CSS、JavaScript 等前端技术将网站实现出来，以便后端的开发工程师可以接手功能的开发。这个过程比较复杂，前端开发从很大程度来说是对用户体验的提升和保证，开发只是它的一个形式和手段。

4. 中间步骤

居然还有很多个中间步骤？是的，这是我们的用户研究过程。在各个阶段的前后，可以根据具体情况选择是否投入精力到用户研究上。用户研究的形式也很自由，可以采用多种方式对用户进行调研，听取用户的意见。关键是，用户研究的结果如何表现到产品上？如何吸收少数用户的意见来服务所有用户？

最后……

关于流程，要注意：

设计流程的目标在于保证“无论谁来做这个产品的设计，都能达到 80 分”；

100 分的完美作品，很有可能没有遵循流程，而是天才融合了创新、传承和执行力的作品；

“流程”这种东西，只有与环境相匹配才能够带来正面的作用。

1.6 本章小结

好的用户体验既能帮助用户达成用户所期望的目的，又能让用户的所有操作都是在无意识之下进行的。在浏览网页时，用户的注意力不应该停留在界面和设计上，更应该关注的是自己的目的。作为设计师，你的职责是事先清除障碍，为用户提供一条更直接的路径，帮助他们完成目标。

第 2 章 用户体验设计要素

越来越多的企业已经开始意识到，对所有类型的产品和服务来说，提供优质的用户体验是一个重要的、可持续的竞争优势。用户体验形成了用户对企业的整体印象，界定了企业和竞争对手的差异，并且决定了用户是否还会再次光临。在本章中，将向读者介绍用户体验设计的模型和相关要素，从而使用户对用户体验设计有更深入的认识。

2.1 用户体验分类

在互联网产品，特别是网站设计中，用户体验比任何其他产品都显得更为重要。不管用户访问的是什么类型的网站，它都是一个自助式的产品，没有事先可以阅读的说明书，没有任何操作培训，没有客户服务代表来帮助用户了解这个网站。用户只能依靠自己的智慧和经验，独自面对这个网站。

从用户的角度来看，如果网站在视觉上具有吸引力，他可能会花更多的精力来了解如何使用这个网站；同样，如果用户觉得网站的设计很人性化，使用起来非常方便，也会促使他更多地访问该站点。这些都是良好的用户体验。

专家提示

可以举出很多类似的例子，但是，很难一下子定义清楚什么是良好的用户体验，因为从网站按钮的放置，到网页的配色方案，到引发的关联，到页面的布局结构，再到客户支持，用户体验可以覆盖用户与产品交互时的方方面面。

就互联网产品而言，用户体验主要包含以下 3 类工作。

（1）信息架构：针对产品试图传达的信息而创建基本组织系统的过程。

（2）交互设计：向用户呈现组织系统结构的方式。

（3）形象设计：彰显产品的个性和吸引力。

2.1.1 信息架构

信息架构的英文全称为 Information Architecture，简称 IA，是在信息环境中，影响系统组织、导览及分类标签的组合结构。简单来说，就是对信息组织、分类的结构化设计，以便于信息的浏览和获取。信息架构最初应用在数据库设计中，在交互设计，尤其是网站设计中，主要用来解决内容设计和导航的问题，即如何以最佳的信息组织方式来诠释网站内容，以便用户能够更加方便、快捷地找到所需要的信息。因此，通俗地讲，信息架构就是合理的信息展现形式。通过合理的信息架构，网站内容能够有组织、有条理地呈现，从而提高用户的交互效率。

1. 信息架构的方法

信息架构可以通过从上至下和从下至上两种方法进行构建。

（1）从上至下

从对网站目标和用户需求的理解出发直接进行结构设计。先从最广泛的、满足决策目标的潜在内容与功能进行分类，然后依据逻辑细分出次组分类。这样，主要分类与次级分类提供了一个层级结构，内容和功能可以按照顺序一一添加。

这是一个学校的网站页面，通过该网站页面顶部的主导航菜单可以看出，该网站中的栏目和内容分类采用的就是从上至下的信息架构方法，这也是很多企业网站所采用的信息架构方法。先决定大的分类，再从每个大分类中细分出小的分类层次，信息结构清晰明了。

（2）从下至上

根据对信息内容和功能设计的分析而来的。先从已有的资料开始，把这些资料统统放到最低级别的分类中，然后再将他们逐层归属到高一级别，从而逐渐构建出能够反映网站目标和用户需求的结构。

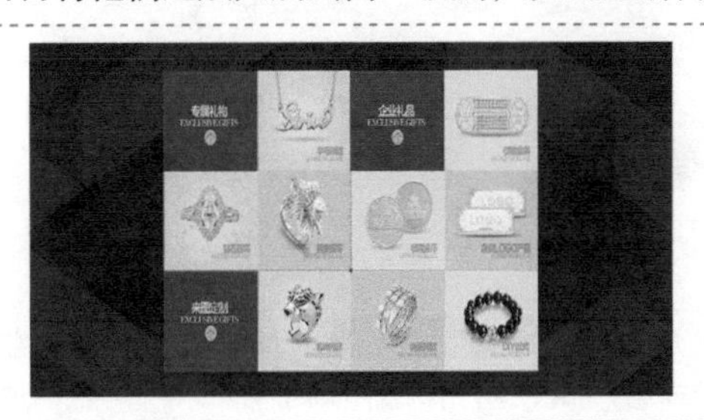

这是某淘宝页面中的产品分类导航，主要是根据网站中现有的商品类型来自下而上地对信息内容进行架构，用户可以清楚地了解到网站中现有的商品类型并做出选择。

技巧点拨

这两种信息架构的方法都有一定的局限性。从上至下的方法可能导致内容的重要细节被忽略，从下至上的方法可能导致架构过于精确地反映现有的内容，而不能灵活地容纳未来变动的内容。因此，应该在从上至下和从下至上的设计方法之间寻找到平衡。通常，从上至下的信息架构方法用于网站的整体结构组织和框架上，而从下至上的方法则用于局部设计细节的处理上。

2．信息架构的结构类型

信息架构的基本单位是节点，节点可以对应任意的信息单位，可以小到一个数字，或者大到整个公司。设计要处理的就是这些节点，而不是特定的页面、文档或组件。节点的抽象性使设计师能够将注意力放在结构的组织上，而忽略内容带来的影响。常见的节点组织结构类型有下面几种。

（1）层级结构

层级结构也称为树状结构或中心辐射结构。在这种结构中，节点与其他相关节点之间存在父级与子级的关系。子节点代表更狭义的概念，从属于代表着更广义类型的父节点。不是每个节点都有子节点，但是每个节点都有一个父节点。最顶层的父节点也被称为根节点。

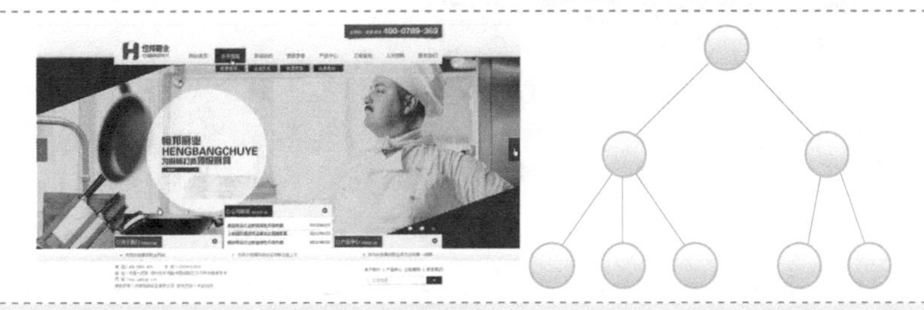

层级结构是网站导航菜单中最常用的结构方式，将相应的信息栏目进行分类，划分为相应的主导航菜单，在每个主导航菜单中又包含其相应的二级导航菜单。这种层级结构的信息架构非常容易理解，对于网站中栏目和内容的层次表现也非常明确、直观。

专家提示

层级结构对于用户来说很容易理解，计算机也倾向于层级的工作方式，因此这种信息结构类型在网站设计中最为常见。

（2）矩阵结构

矩阵结构的节点按照矩形结构连接，允许用户在节点与节点之间沿着两个或者更多的维度移动。矩阵结构通常能够帮助那些有不同需求的用户在相同的内容中寻找他们想要的东西，因为每一个用户的需求都可以和矩阵中的一个轴联系在一起。

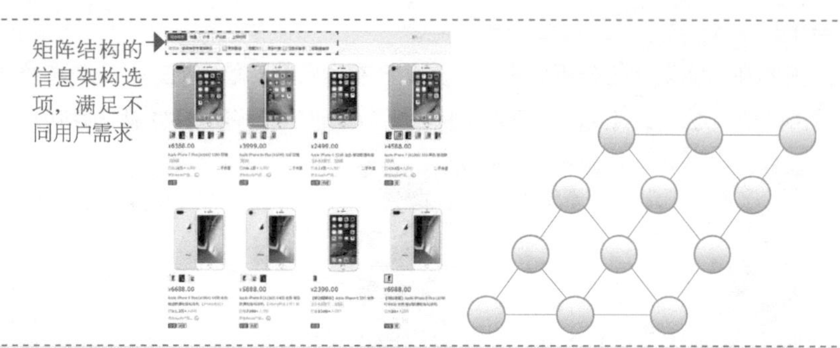

这是某电商网站的产品列表页面，在商品列表的上方提供了多个选项，供用户选择不同的商品排列方式。有些用户希望通过销量浏览商品，有些则喜欢通过价格来浏览商品，那么矩阵结构就能同时容纳多种用户的需求。

专家提示

如果网站的导航采用矩阵结构进行设计，超过三个维度可能就会引起问题。当达到四个或者更多的维度时，矩阵结构的复杂性反而降低了信息结构的可视性，造成信息组织的混乱，降低了用户查找信息的效率。

（3）自然结构

自然结构没有太强的“分类”概念，节点是逐一被链接起来的，不会遵循任何一致的模式。该结构适合于探索一系列关系不明确或者一直在演变的主题。但是由于组织的无规律性，该结构没有给用户提供一个清晰的指示，帮助用户定位他们在结构中的哪个部分。所以自然结构常用于鼓励自由探险与体验的网站，如娱乐、教育网站或者在线小游戏中。

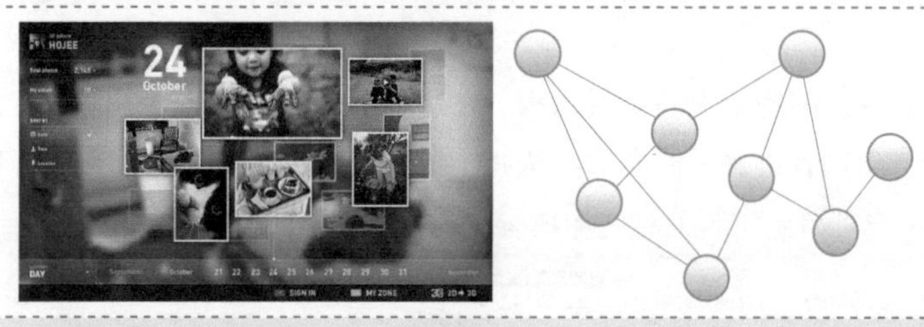

该摄影图片网站使用模糊处理的图片作为页面的背景，在页面中通过交互动画的方式来展示多张大小不一、相互叠加的最新摄影作品，表现出强烈的立体空间感以及交互感。网站页面中的信息内容则采用了自然结构的信息架构形式，没有给用户提供清晰的指示，鼓励用户在页面中进行体验和探索，发现相应的信息内容。

（4）线性结构

线性结构是传统媒体的信息结构方式，也是用户最为熟悉的信息架构方式。在网站交互设计中，线性结构常用于小范围的组织结构中，如用于限制产品内容的线性显示顺序。例如分段的教育视频就必须以线性结构组织，从而确保视频内容的连贯与流畅。

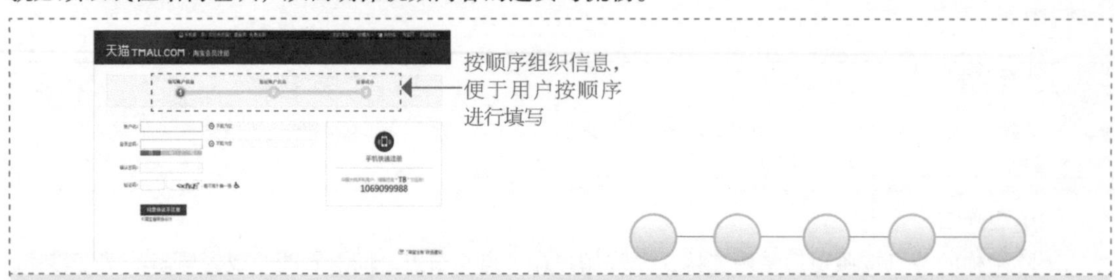

这是“天猫”购物网站的会员注册页面。在该页面中，将需要用户填写的注册信息划分为 3 个部分，以线性结构的信息架构方式来按顺序显示相应的注册选项，并且为用户提供了清晰的步骤指引，从而确保用户必须按照该线性结构来填写相应的信息内容。

3．信息架构的组织原则

节点在信息架构中是依据组织原则来排列的，可以按照精确性或模糊性的组织原则进行分类。其中，精确性组织原则是将信息分成定义明确的区域或互斥区域，例如按照字母顺序或者按照地理位置。以网站为例，可以根据用户使用语言的不同将网站信息分为“English”和“中文版”，也可以根据网站面向用户的地域不同将网站内容按照“亚洲”“欧洲”等分类。

这是 Adobe 公司的官方网站，用户在访问该网站时，网站会根据用户的 IP 地址自动判断用户来自哪个地区，从而显示该地区的官方网站页面。在网站页面的底部提供了“更改地区”的文字链接，单击该链接，以弹出窗口的形式选择地区列表，用户可以自由选择需要访问不同地区的 Adobe 官方网站。不同地区的 Adobe 官方网站不但提供了不同的语言文字，还提供了不同的网站内容。

模糊性组织原则是按照信息的意义进行分类的，例如新闻网站中按照主题分类，电商网站中按照产品类型进行分类等，相对比较主观。

通常情况下，网站结构中高层的信息组织应该符合网站的目标和用户需求，低层的分类应该考虑产品的内容与功能。例如，新闻网站经常以时间顺序作为主要的组织原则，因为实时性对于新闻来说是最重要的。在确定了高层的组织原则后，下一级结构可以与内容紧密相关，因此可以按照不同的内容组织分类，如“政治”“经济”“文化”等。

新闻类网站最重要的就是新闻内容的时效性。例如某新闻版块中，按时间顺序来组织排列新闻内容标题，显示最新的新闻资讯；同时，在该栏目标题中，还提供了按不同内容划分的新闻分类名称，便于用户在区域中看到不同类别的最新新闻资讯。

错误的信息组织原则会给用户查找信息带来不便。例如一个在线化妆品销售网站，按照产品生产日期组织信息，对于一般消费者来说，这就是一种错误的组织原则。尽管生产日期是一个重要的购买因素，但是大多数人更倾向于通过品牌或者价格来选择产品，而不是生产日期。

技巧点拨

对于交互网站来说，可能同时具有多个信息组织原则，最好能够按照每一个可能的组织原则架构信息，以便帮助用户按照自己的需求去选择合适的浏览方式。

除此之外，一个有效的信息架构应该具备容纳成长和变动的能力。交互产品尤其是网站也会随着时间的流逝而成长、改变。在许多情况下，满足新的需求不应该导致产品信息架构的重新设计，而是在原有信息分类的基础上增加新的分类或者重新分类。例如，网站在只有几个月的新闻量时，可以将新闻按照日期分类，并允许用户翻页查找，这样的信息组织结构已经足够了；但是几年后，当信息大量积累，按照主题来组织新闻或许更加实用。

专家提示

信息架构是在符合设计目标，满足用户需求的前提下，将信息条理化，不管采用何种原则组织分类信息，重要的是要能够反映出用户的需求。通常，在一个信息架构合理的交互网站中，用户不会刻意注意到信息组织的方式，只有在他们找不到所需要的信息或者在寻找信息时出现困惑了，才会注意到信息架构的不合理性。

2.1.2 交互设计

交互设计又称为互动设计，英文全称为 Interaction Design，简称 ID，是人工制品、环境和系统的行为，以及传达这种行为的外形元素的设计与定义。人们在使用网站、软件、消费产品或种种服务的时候，实际上就是在同它们进行交互。这种使用过程中的感觉就是一种交互体验。随着网络和新技术的发展，各种新产品和交互方式越来越多，人们也越来越重视对交互的体验。

从用户角度来说，交互设计本质上是一种如何让产品易用、有效且让人愉悦的技术，它致力于了解目标用户和他们的期望，了解用户在同产品交互时彼此的行为，了解“人”本身的心理和行为特点；同时，还包括了解各种有效的交互方式，并对它们进行增强和扩充。交互设计的目的在于，通过对产品的界面和行为进行交互设计，让产品和它的使用者之间建立一种有机关系，从而可以有效达到使用者的目标。

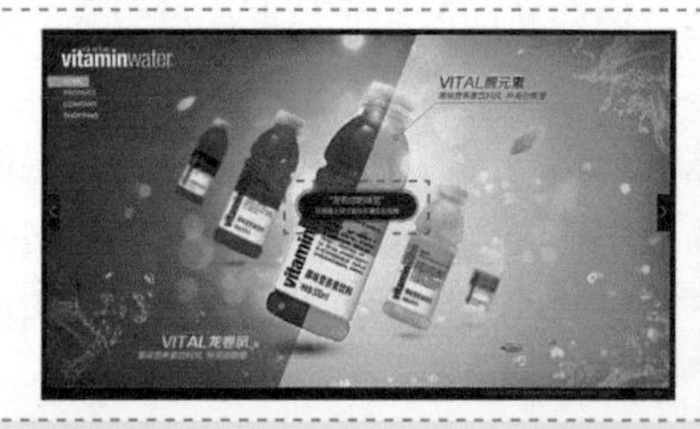

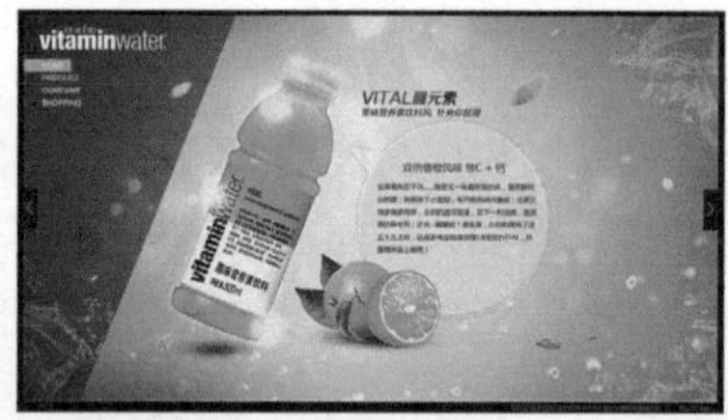

这是一个交互式的果汁饮料产品宣传介绍网站。该网站的设计非常简洁，通过倾斜拼接的产品形象，给人强烈的运动感和欢乐感，并且，页面中的产品形象展示采用了交互设计的方式。当用户进入到该网站页面时，在页面中间位置显示出相应的交互操作提示，提示用户通过拖动鼠标在网站中进行交互操作，单击产品本身则会显示该产品的相关介绍信息。这种采用交互操作的方式提供商品宣传展示，可以有效增强用户与产品的互动，使用户得到一种愉悦感。

专家提示

交互设计直接影响着用户体验，它决定如何根据信息架构进行浏览，如何安排用户需要看到的内容，并保证用最清晰的方式及适当的重点来展现合适的数据。交互设计不同于信息架构，就像设计和放置路标不同于道路铺设过程一样，信息架构决定地形的最佳路径，而交互设计放置路径并画出地图。

1. 交互设计需要 4 个方面的信息

交互设计所需要的信息一般包括以下 4 个方面。

（1）任务流

指进行有意义的事情所必需的一连串动作。研究任务流包括了解人们按照什么顺序查看要素；对下一步有什么期望，他们需要什么反馈，结果是否符合他们的预期。

（2）界面的可预见性和一致性

确定用户需要多少可预见性操作，才能顺畅执行任务流，以及不同任务流需要多少一致性才能够让用户感到熟悉。

（3）网站特征和特定界面要素重点之间的关系

例如，网站页面右侧的大幅图解是否会导致用户注意力从左侧核心功能发生转移，在界面不同位置重复出现某个特征是否会影响人们的使用频率。

（4）不同受众

与熟练用户相比，初次使用的用户具有不同特性，他们的使用方法也不同。如果产品要服务于不同目标市场，应该知道市场需要什么以及他们能用什么产品。

提示用户可使用键盘方向键和鼠标来控制页面

该自行车宣传介绍网站使用全交互的表现方式，以产品图片作为页面背景，搭配简洁的文字介绍和图片。在页面的左下角位置用图标来提示用户可以使用键盘上的方向键和鼠标来操作页面。页面中的菱形图片也采用了交互的方式，鼠标移上去后翻转并显示相应的内容，非常容易理解和操作。

2．交互设计的一般步骤

通常来说，交互设计都会遵循如下的步骤进行设计，为特定的设计问题提供某个解决方案。交互设计的一般步骤包括以下 7 点。

（1）用户调研	通过用户调研了解用户及其相关的使用场景，以便对其有深刻的认识（主要包括用户使用时的心理模式和行为模式），从而为后续设计提供良好的基础。
（2）概念设计	通过综合考虑用户调研的结果、技术可行性以及商业机会，为交互设计的目标创建概念（目标可能是新的软件、产品、服务或系统）。整个过程可能来回迭代进行多次，每个过程可能包含头脑风暴、交谈、细化概念模型等活动。
（3）创建用户模型	基于用户调研得到的用户行为模式，设计师创建场景或者用户故事来描绘设计中产品将来可能的形态。通常，设计师设计用户模型来作为创建场景的基础。
（4）创建界面流程	交互设计师通常需要绘制界面流程图，用于描述系统的操作流程。
（5）开发原型以及用户涔涔	交互设计师通过设计原型来测试设计方案。原型大致可以分为 3 类：功能测试的原型、感官测试原型和实现测试原型。总之，这些原型用于测试用户和设计系统交互的质量。
（6）实现	交互设计师需要参与方案的实现，从而确保方案实现是严格忠于原来的设计的；同时，也要准备进行必要的方案修改，从而确保不伤害原有设计的完整概念。
（7）系统测试	系统实现完毕的测试阶段，可以通过用户测试发现设计的缺陷，设计师需要根据情况对方案进行合理的修改。

2.1.3　视觉形象设计

产品的形象能够传达产品价值，形象设计独立但又贯穿在产品信息架构和产品交互设计过程的始终。产品形象的设计和评价系统复杂而变化多端，有许多不确定因素，特别是涉及人的感官因素等，包括人的生理和心理因素。就网站而言，网站的视觉形象代表着网站的风格和感觉，它代表着一些独特的、令人难忘的东西。在某些情况下，它甚至会超越产品功能的重要性。

这是某知名的茶饮料产品的宣传网站，使用大自然的茶园图片作为整个页面的背景，给人一种清爽、自然的印象。页面中使用与该品牌形象统一的黄色作为主色调，整个网站页面的视觉形象与品牌形象相统一，加深该品牌给消费者留下的印象。

网站的视觉形象受到许多因素的影响，例如整个页面的颜色是否协调，如果不协调，可能会给人刺眼的感觉；网页上的文字是否易于阅读，文字太小、颜色太浅、页面太长或超出屏幕宽度都会给人带来阅读上的困难；图片能给网站增色，但图片太大、太多、太模糊都会让用户反感；还有动态与静态是否配合得当，无节制地滥用动画、滚动字幕等效果会让人眼花缭乱，但死气沉沉、毫无生气的页面也会让人感到乏味。

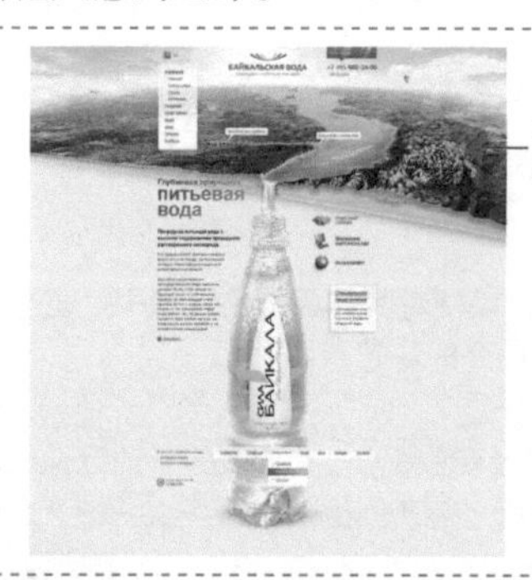

创意图形的设计，使页面形成一个整体

该网站页面的设计非常富有创意，将大自然的图片与产品巧妙地结合在一起，表现出产品的自然、纯净。使用创意图片作为页面的背景，使整个页面形成一个整体，将页面中的主体图形放置在两边，用户的浏览视线会跟随着图形向下移动。富有创意的网站视觉设计，非常吸引浏览者的关注。

专家提示

设计师的工作是传达区别于竞争对手且同时和公司其他产品保持一致的形象。虽然设计师的工作与网站营销密切相关，但二者还是有本质的区别，即设计师的目标是让用户的网站体验独特而愉快，人们不用的时候也能够记住网站。设计师关心产品的直接体验，而不是市场对产品品牌的认知和接受程度。

如果已经定义了网站的目标受众，设计师需要知道诸如与其他同类网站相比，我们的竞争优势在哪里；用户在看到页面时关心哪些内容，忽视哪些内容以及他们认为重要的交互部分；网站的实际当前用户主要是哪些人，与我们的目标受众是否吻合等信息。

无论从当前看，还是从长期看，视觉设计的目标都是要创造令人满意而难忘的用户体验。

2.2 用户体验的要素模型

用户体验是一种用户在使用一款产品或服务的过程中建立起来的主观心理感受。由于是主观感受，就带有一定的不确定性。同时，个体差异也决定了每个用户的真实体验是无法通过其他途径来完全模拟或再现的。

网站用户体验的整个开发流程都是为了确保用户在你的网站上的所有体验不会发生在你明确的、有意识的意图之外。这就是说，要考虑到用户有可能采取的每一个行动的每一种可能性，并且去理解在这个过程的每一个步骤中用户的期望值。这听上去像是一份很庞大的工作，而且在某种程度上来讲也的确如此。但是，我们可以把设计用户体验的工作分解成几个组成要素，从而帮助我们更好地了解整个问题。

2.2.1 用户体验的 5 个层面

我们很多人都有在网上购物的经历，过程几乎是一样的：你访问购物网站，用站内搜索引擎或者分类目录寻找你想要购买的商品，把你的付款方式和邮寄地址告诉网站，而网站则保证将商品递送到你的手中。

这个清晰、有条不紊的体验，事实上由一系列完整的决策组成：网站看起来是什么样子？它如何运转？它能让用户做什么？这些决策彼此依赖，告知并影响用户体验的各个方面。如果我们去掉这些体验的外壳，就可以清晰理解这些决策是如何做出来的了。

具体
表现层
框架层
结构层
范围层
战略层
抽象

为了明确用户体验的整个过程，我们从网络交互最基本的形式——网页设计入手分析用户体验的要素，将用户体验的要素总结为 5 个层面：表现层、框架层、结构层、范围层和战略层，并从每一个层面包含的子要素入手提出符合用户体验的设计原则。

1．表现层

表现层主要是网站的视觉效果设计。在表现层中，我们看到的是一系列的网页，这些网页由图片、文字以及音乐等多媒体元素构成。一些图片可能是可以点击的，会执行某种功能，例如一个购物车的图标，会把用户带到购物车页面，而有些图片可能仅仅是装饰而已。文字信息也是如此，有一些可能会有超链接。

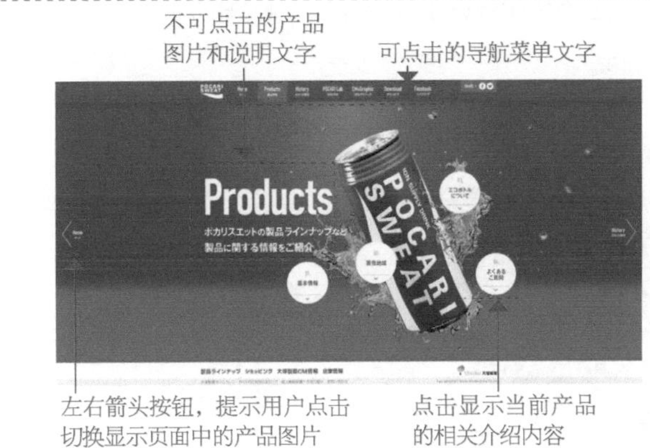

该饮料产品的宣传网站页面使用高饱和度的蓝色作为主色调，与该饮料产品的包装色调相统一，突出其产品形象。网站页面的布局非常简洁，在页面中不同的位置放置具有提示作用的小图标，左右箭头的小图片提示用户单击可以切换当前页面中所展示的产品，而围绕产品周围的白色圆形则分别为隐藏的产品相应内容，用户可以单击进行查看。页面中每个元素的表现都非常直观、易理解，方便用户操作。

2．框架层

在表现层下面的是框架层，框架层利用按钮、控件、照片以及文本区域位置等元素来优化网站的设计布局，使这些元素的使用达到最大化的效果和效率，确定详细的网站页面外观、导航和信息设计。

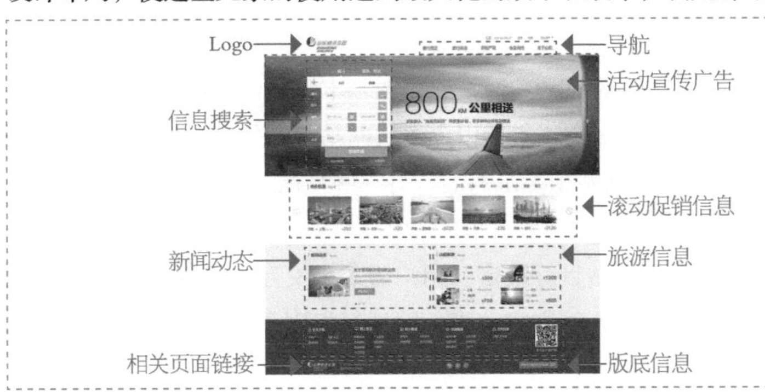

在框架层中主要是对页面中不同的内容区域进行划分，确定网站页面的布局，从而方便对网站页面的视觉表现效果进行设计。该航空公司网站，页面的布局结构非常清晰，各部分内容排列有序，非常方便用户的浏览，也方便用户在网站中对航班信息进行查询。

3．结构层

在框架层下面的是结构层，框架是结构的具体表现方式。框架层设定网页上交互元素的位置，而结构层则用来设计用户如何达到某个页面，以及访问结束后能够去哪里。框架层定义了导航栏中各要素的排列方式，允许用户可以浏览不同的分类，而结构层则确定具体类别应该出现在哪里。

结构层主要用于表现用户如何到达某个页面，以及当前所在的位置。在该品牌手表的网站设计中，页面的结构与表现效果都非常简洁和直观，每个页面中都使用了不同的颜色作为背景色，搭配产品图片以及简洁的说明文字内容。在页面底部应用了特效的图形，提示用户单击或滚动鼠标来继续浏览网站中的其他页面内容；在页面右侧也为用户提供了圆点提示，用户可以单击进行页面的跳转；当前所在位置则显示为红色图标。简洁的结构使得用户操作非常方便。

4．范围层

结构层确定网站各种特性和功能最合适的组织方式，而所有这些特性和功能就构成了网站的范围层。例如，大多数电商网站都提供了这样一个功能，即用户可以保存以前的收货地址，这样当用户再次购买商品时可以直接使用所保存的地址，这个功能就属于“范围层”解决的问题。

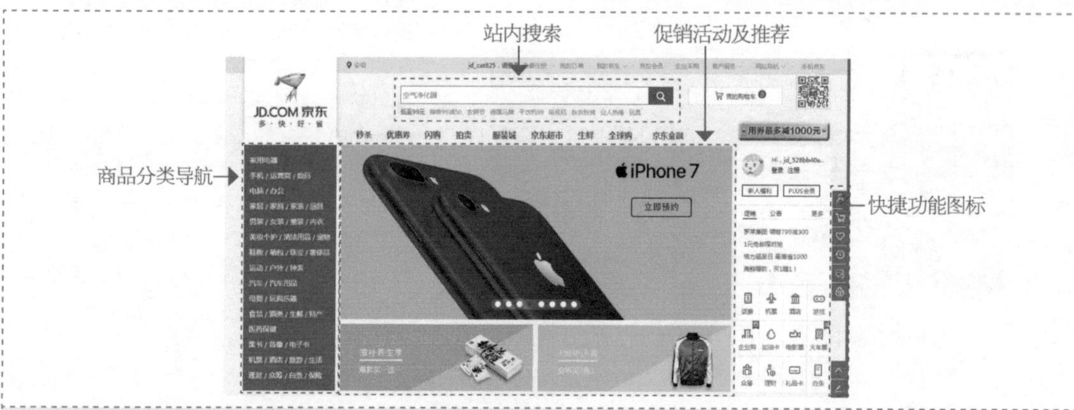

简单来说，范围层主要用于设定网站中所包含的内容以及功能。例如，“京东”网站中包含了几乎所有大型电商网站都有的功能，详细的商品分类导航、为熟练用户提供的站内搜索以及右侧悬挂的快捷功能图标等。当然，每一个功能中都还包含很多细节的功能体现，这些都是在范围层中需要考虑到的。

5．战略层

成功的用户体验，其基础是一个被明确表达的战略。网站的范围基本上是由网站的战略决定的。这些战略不仅仅包括网站经营者想从网站得到什么，还包括用户想从网站得到什么。例如电商网站，一些战略目标是显而易见的：用户想买到商品，网站想卖出商品。另一些目标可能并不是那么容易说清楚的，例如促销信息等。

战略层决定了网站的定位，由用户需求和网站目标决定。用户需求是交互设计的外在需求，包括美观、技术、心理等各方面，可以通过用户调查的方式获得。网站目标则是设计师和设计团队对整个网站功能的期望和目标的评估。

专家提示

战略、范围、结构、框架和表现这 5 个层面中，每一层我们需要处理的问题既有抽象的，也有具体的。在最下面的战略层，我们不需要考虑网站、产品或者服务最终的表现形式，我们只关心网站如何满足我们和用户的需求。在最上面的表现层，我们则只需要关心产品所呈现的具体细节。随着层面的上升，我们要做的决策会逐渐从抽象变得具体。

这 5 个层面定义了用户体验的基本架构，并且由“连锁效应”相互联系与制约，即每一个层面都是由它上面的那个层面来决定的。所以表现层由框架层决定，框架层则建立在结构层的基础上，结构层又受到范围层的影响，范围层则根据战略层来设计。在每一个层面中，用户体验的要素必须相互作用才能完成该层面的目标，并且一个要素可能影响同一个层面中的其他要素。

技巧点拨

在产品或者项目的开发过程中，不要在较低层面的设计完全结束后才开始进行较高层面的设计。如果要求每个层面的工作在下一个层面可以开始之前完成，会产生设计师和用户都不满意的结果。更好的方法是让每个层面的工作在下一个层面可以结束之前完成即可。

2.2.2　用户体验要素模型

互联网在出现之初，仅仅是一种互相沟通的方式。随着技术的发展，许多新特性被加入到网页浏览器和服务器中，网页开始拥有更多的新功能。在网页变得流行和普遍后，它具有更复杂和强大的功能，网站不仅能够传达信息，还能够收集和控制信息。网站开始变得互动性更强，响应用户输入的方式也类似传统的桌面应用程序。在商业应用融入互联网后，这些功能被应用于更大的范围，购物网站、社区论坛、网上银行相继出现。网站从静态地收集和展示信息，逐渐过渡到动态地以数据库驱动网站。

信息和功能成为网站的两个方向，在网站的用户体验开始形成之时，设计师可能会从功能的角度来看待网站，把每一个问题看成应用软件的设计问题，然后从传统的桌面应用程序的角度来考虑解决方案。同时，设计师也可能会从信息的发布和检索角度来看待网站，然后从传统出版、媒体和信息技术的角度来考虑如何解决问题。这是两个不同的角度，究竟网站应该分类到应用程序，还是分类到信息资源，往往会让设计师产生困扰。

被称为“Ajax 之父”的 Jesse James Garrett，提出了用户体验的五层要素模型，为了解决上述的双重性问题，模型中把这五个层面从中间分开。在左边，这些要素用于描述功能型的平台类产品；在右边，这些要素用于描述信息型的媒介类产品。

在功能型产品一边，主要关注的是任务，所有的操作都被纳入一个过程，设计师需要考虑人们如何完成这个过程，网站被看成用户用于完成一个或者多个任务的一种工具。

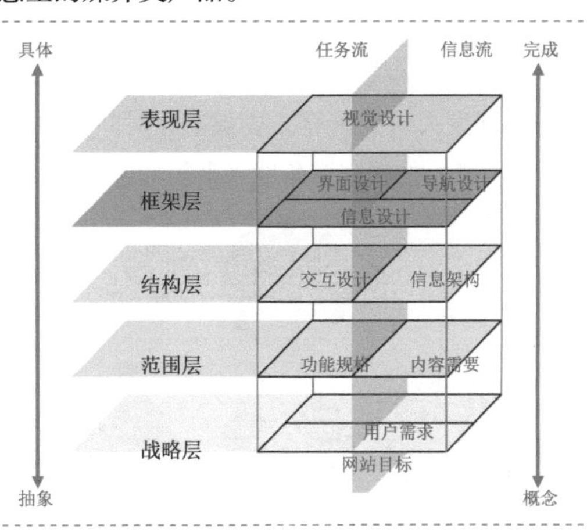

在信息型产品一边，关注的是信息，网站应该提供哪些信息，这些信息对用户有何意义。设计师需要创建一个信息丰富的用户体验，提供给用户能够理解，且有意义的信息组合。

战略层	无论是在功能型产品还是信息型产品，战略层所关注的内容都是一样的。来自企业外部的用户需求是网站的目标，尤其是那些将要使用网站的用户。在战略层要考虑用户希望从网站获取什么，他们想要达到的目标将怎样满足他们所期待的其他目标。除了用户需求外，还需要考虑网站的产品目标，也就是设计师对网站的期望目标，可以是商业目标，也可以是其他类型的目标。
范围层	对功能型产品而言，范围层需要创建功能规格，也就是对产品的功能组合的详细描述。而对于信息型产品来说，范围层需要定义内容需求，也就是对各种内容元素要求的详细描述。
结构层	在功能型产品一侧，结构层将从范围转变成交互设计，主要定义系统如何响应用户的请求。在信息型产品一侧，结构层则是信息架构，主要是合理安排内容元素从而促进用户理解信息。
框架层	框架层被分成了信息设计、界面设计和导航设计 3 个部分。信息设计是一种促进理解和信息表达的方式，不管是功能型产品还是信息型产品，都必须完成信息设计。界面设计是针对功能型产品而言的，指的是安排好能让用户与系统的功能产生互动的界面元素。导航设计就是信息型产品的界面设计，指的是屏幕上的一些元素的组合，允许用户在信息架构中穿行。
表现层	不管是功能型产品还是信息型产品，在表现层都需要为最终产品创建感知体验，其中最主要的就是视觉设计。

2.3 战略层

明确的战略是用户体验设计成功的基础。能够明确企业与用户双方对网站的期望和目标，有助于促进用户体验各方面战略的确立和制定。这似乎是很简单的任务，但事实上却并非如此。

导致网站失败最常见的原因不是技术，也不是用户体验，而是在网站设计之初，我们没有明确两个问题。

（1）我们要通过这个网站得到什么？

（2）用户需要通过这个网站得到什么？

这两个问题其实就是我们要明确网站的定位和用户的需求，这是我们在用户体验设计过程中做出任何决定的基础，但很多产品在进行用户体验设计时对此并没有明确的认识。

2.3.1 确定产品定位

对于任何一款产品，都不可避免地要同时考虑其商业价值和用户需求。因为只有让用户满意，愿意使用产品，产品才能够获得商业价值。商业价值提升了，企业才能够花费更多的时间和精力提升用户体验。因此商业和用户两个因素，缺一不可。

当然，再好的需求也需要有开发人员的配合，要保证在时间允许的前提下项目可实现才行。因此在实际工作中，需要从商业、用户、技术三个角度来平衡考虑需求。

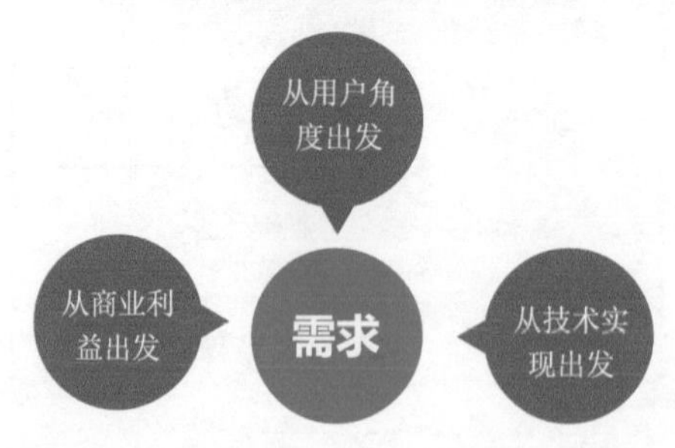

产品定位是产品设计的方向，也是需求文档和设计产出的判断标准。此外，产品定位也使团队成员形成统一的目标和对产品的认识，使团队更有凝聚力，使沟通效率、工作效率得到大大提升。因此在确定具体需求之前，一定要首先考虑产品定位是什么。

产品定位实际上是关于产品的目标、范围、特征等约束条件，它包括两方面内容：产品定义和用户需求。产品定义主要由产品经理从网站角度考虑，用户需求主要由设计师从用户角度考虑。最终的产品定位应该是综合考虑两者关系的结果。

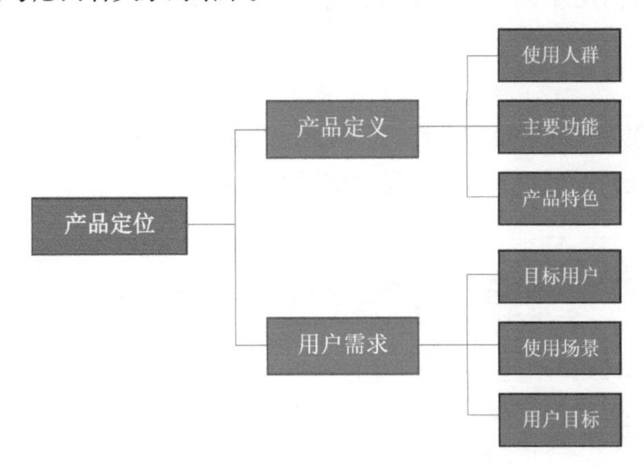

2.3.2　了解用户需求

用户需求的确认非常重要。设计师往往容易陷入一个误区，认为用户和自己有完全一样的喜好，但事实上，我们并不是为自己设计，而是为其他人设计，如果想要用户喜欢并使用我们的产品，就必须了解他们是谁以及他们的需求是什么。只有投入精力去研究这些需求，我们才能够抛弃自己立场的局限，真正从用户的角度来重新审视产品。

用户需求主要包括目标用户、使用场景和用户目标。一条用户需求可以看作是“目标用户”在“合理场景”下的“用户目标”，其实就是解决“谁”在“什么环境下”想要“解决什么问题”。用户需求其实就是一个个生动的故事，告诉我们用户的真实境况。我们需要了解这些故事，帮助用户解决问题，并在这个过程中让他们感到愉快。

在目标用户、使用场景、用户目标 3 个因素中，目标用户是最关键的。一方面，明确目标人群可以使你更专注于服务某一类特定人群，这样更容易提升这类人群的满意度，你的产品也更容易获得成功；另一方面，目标用户的特征对使用场景和用户目标有较大的影响。因此，目标用户的选择是非常关键的。

专家提示

创建细分用户群只是一种用于发现用户最终需求的手段。创建细分用户群不仅仅是因为不同的用户群有不同的需求，还因为有时候这些需求是互相矛盾的。

2.4　范围层

当我们把用户需求和产品定位转变成产品应该提供给用户什么样的内容和功能时，战略问题就变成了范围问题。

在范围层，我们从战略层的抽象问题“为什么要开发这个产品”，转而面对一个新的问题“我们要开发的是什么”。在这里，范围层被功能型产品和信息型产品分成两个部分。

2.4.1 获得需求

“用户反馈找不到下载按钮，我们是否考虑在页面中突出一下？”

“通过竞品分析，发现不少网站都加入了 XX 功能，用户反馈很不错，我们所开发的产品是否也可以考虑加入。”

“通过产品数据，我们发现 80% 购买了 A 产品的用户都购买了 B 产品，那么我们是否可以考虑组合销售的方式？”

……

在实际项目中，采集需求的主要方式有用户调研、竞品分析、用户反馈（上线后）、产品数据（上线后）等，这些方法都是产品经理和设计师需要密切关注的。

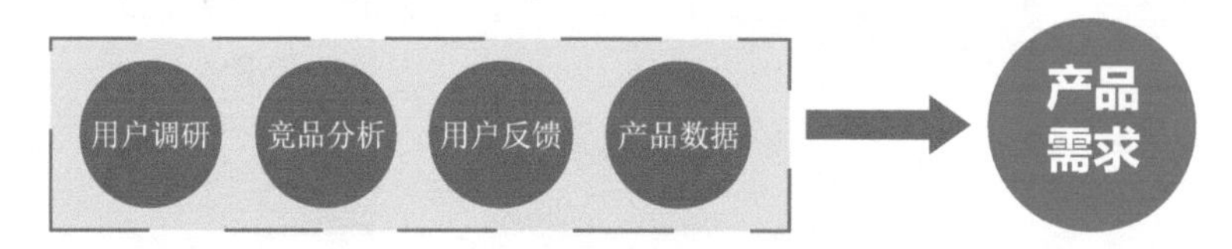

2.4.2 对需求进行分析筛选

通过用户调研、用户反馈、竞品分析、产品数据等需求采集方式，我们可以得到很多的备选需求，接下来就需要对它们进行分析和筛选。

一方面，采集需求方式的多样化会导致需求质量难以控制，比如不同需求间可能有冲突，对用户的理解可能有偏差，采集的需求不适合你的产品等。另一方面，产品的资源是有限的，时间、人力成本、商业价值等因素都是需要考虑的，这些都对需求的筛选发挥着重要作用。

在处理需求时，我们可以遵循以下流程。

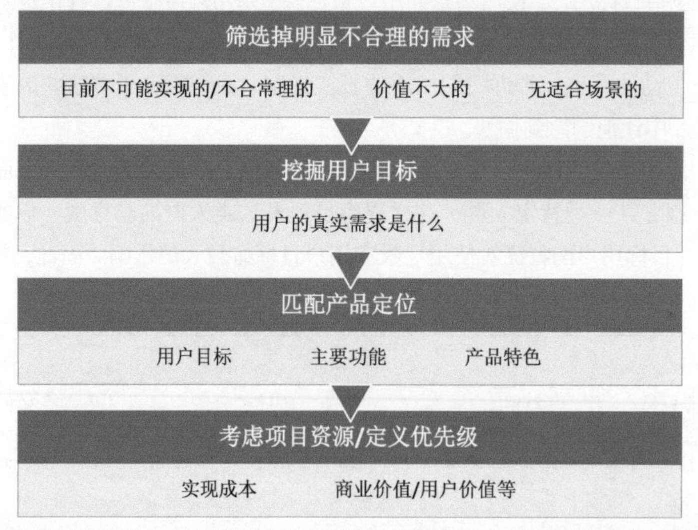

首先，我们可以筛选掉明显不合理的需求。例如，当前技术不可能实现的或是明显价值不大的、投入产出比低的、明显不合常理的需求等。

其次，要从现象看到本质，挖掘用户的真实需求，并考虑如何将其解决。例如，通过竞品分析发现某网站的提示功能很贴心，我们要做的不是把这个功能的设计立刻照搬到自己的网站上，而是要分析这个功能解决了用户什么问题，满足了用户的什么需求，实现了用户的什么目标，基于这个目标我们应该如何做得更好。

接下来，进一步分析提炼出的用户真实需求是否匹配产品定位（用户目标、主要功能、产品特色等），以此来决定如何取舍。被选中的需求可以根据匹配程度排列需求优先级。

最后，要考虑需求的实现成本（人力、时间、资源等因素）以及收益（商业价值 / 用户价值等），综合考虑是将其纳入本阶段的需求库中，还是放到下一期执行。

2.4.3 确定需求优先级

我们先确定产品定位，然后通过不同的方式来收集大量的需求，识别这些需求的有效性和真实性后，根据定位和项目资源情况筛选、提炼出产品需求，定义出需求优先级。

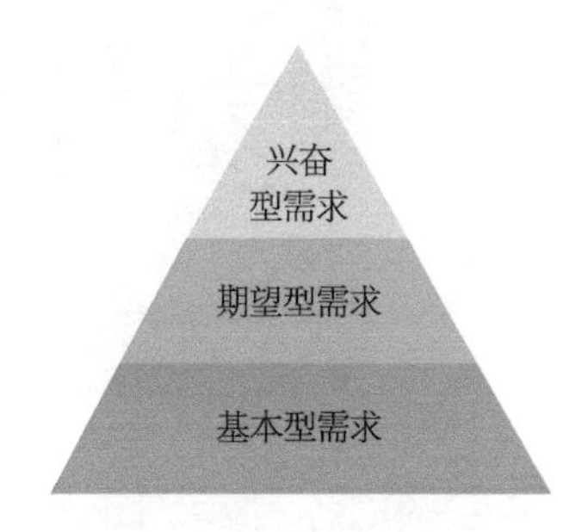

可以通过使用 KANO 模型来确定用户需求的优先级，该模型定义了三个层次的用户需求：基本型需求、期望型需求和兴奋型需求。

基本型需求：用户认为产品必须拥有的功能和内容。当产品无法满足基本型需求时，用户会对产品非常不满意。

期望型需求：用户要求提供的产品或服务比较优秀，但并不是所必须拥有的功能和内容。在市场调查中，用户谈论的通常都是期望型需求，期望型需求在产品中实现得越多，用户对产品越满意。

兴奋型需求：要求提供给用户一些完全出乎意料的产品功能或服务，使用户产生惊喜。当产品提供了这类需求中的服务时，用户就会对产品非常满意，从而提高用户的忠诚度。

专家提示

一旦每个需求都得到了明确的分类，就能够在需求收集过程中对用户需求进行优先次序的排序，从而在项目的开发和设计过程中进行优先安排。

2.5 结构层

在定义用户需求并排列优先级之后，我们就清楚了最终产品将会包含哪些功能和内容，但是，这些需求并没有说明如何将这些分散的片段组成一个整体。因此，我们需要为产品创建一个概念结构，也就是在范围层上构建一个结构层。

在功能型产品一侧，结构层涉及为用户设计结构化体验，我们称之为交互设计。而在信息型产品一侧，这一层主要通过信息架构来构建用户体验。无论交互设计还是信息架构，都需要确定各个方面将要呈现给用户的选项模式和顺序。交互设计关注的是影响用户执行和完成任务的选项，信息架构则关注如何将信息传达给用户。

专家提示

交互设计和信息架构听起来很神秘，似乎属于高科技的范畴，但这些工作实际上并不完全是技术，它们关心的是理解用户、用户的工作方式和思考方式。将了解到的这些知识加入我们的产品结构中，通过这个方法来帮助我们确保那些使用该产品的用户的体验。

2.5.1 交互设计

交互设计关注与描述“可能的用户行为”，同时定义“系统如何配合与响应”这些用户行为。但往往设计师最关心的是：我设计的系统“要做什么”以及“它要怎么做”。这样的结果就是，设计出来的产品是一个在技术上效率很高，却忽略了什么才对用户而言最好的系统。所以，与其针对机器的工作方式来进行设计，还不如设计一个对用户而言最好的系统。

交互设计的一个任务是规划概念模型，概念模型用于在交互设计的开发过程中保持使用方式的一致性。了解用户对网站模式的想法，可以帮助我们挑选出最有效的概念模型。一般来说，使用用户熟悉的概念模型，会让他们很快适应一个不熟悉的网站。

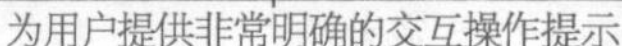

这是一个旅游宣传网站，该网站创意性地使用多段视频来介绍不同的风土人情，避免了文字介绍的枯燥无味。当用户进入该网站时，以几段简短的视频作为页面的背景，并且在页面中通过图标与说明文字相结合的方式给予用户非常明确的交互操作提示，用户通过键盘上的方向键可以切换页面的背景视频，选择好某一个视频后单击按钮，即可查看该视频内容。简洁的页面加上明确的操作提示，使用户很快就能够熟悉该网站的交互操作。

交互设计的项目都有很大的部分涉及如何处理“用户错误”。当人们犯错误时系统要怎么反应，并且当错误第一次发生时，系统要如何防止人们继续犯错？

有效的错误信息和设计完善的界面可以在错误发生之前给用户以提示，在错误发生之后帮助用户进行纠正。对于那些不可能恢复的错误，提供大量的警告就是系统唯一能够给出的预防方法。

在该网站的注册页面中，用户在“注册邮箱”的表单项中完成内容的填写。当鼠标在页面中的空白位置或下个表单项中单击时，系统会自动对刚填写的表单项进行检查并及时给出相应的错误提示，这样用户就能够及时地发现错误并进行修改。当用户在“登录密码”的表单项中单击并输入内容时，在该表单项的下方会即时显示相应的设置提示和建议，这样就能够有效地避免用户填写错误。

2.5.2 信息架构

在以内容为主的网站上，信息架构着重于设计组织分类和导航的结构，从而让用户可以高效地浏览网站内容。信息架构与信息检索的概念密切相关，即设计出让用户容易找到的信息系统。与此同时，信息架构也要求创建分类体系，这个分类体系将会对应并符合我们的网站目标、希望满足的用户需求，以及将被合并在网站中的内容。

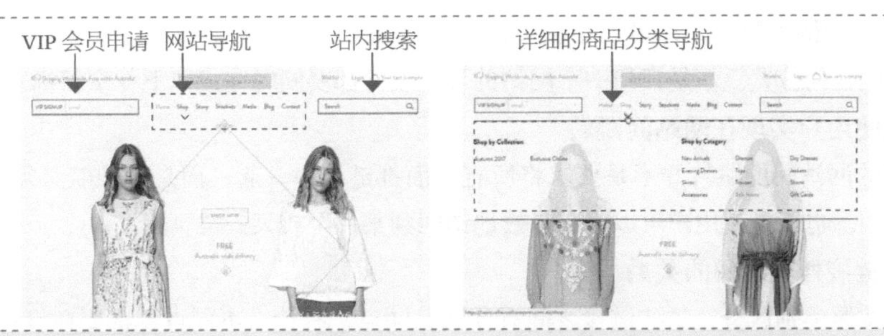

该网站是某品牌女装的宣传网站，也兼具商品在线销售功能，网站的信息架构非常清晰。在页面顶部的中间位置放置主导航菜单，并在主导航菜单的两边分别放置 VIP 会员申请和站内搜索。在主导航菜单中的 Shop 菜单中为商品的详细分类子菜单，方便用户快速找到所需要的商品。

2.6 框架层

结构层界定了我们的产品将使用什么方式来运作，框架层则用于确定用什么样的功能形式来实现。对于功能型产品，我们通过界面设计来确定框架，也就是大家所熟知的按钮、文本框及其他界面控件的安排设计。而导航设计针对信息型产品，用于呈现信息的一种界面形式。信息设计则是功能和信息两方面都必须要做的，它用于呈现有效地信息沟通。

2.6.1　界面设计

一个设计良好的界面要组织好用户最常见的行为，同时让这些界面元素以最简单的方式被获取和使用，让用户达成目标的过程变得容易。

在设计网站页面时，要对页面中每一个选项的默认值深思熟虑，确定大多数用户希望看到的内容，并能够让用户一眼就看到最重要的信息。如果是一个复杂系统的界面，则设计师需要弄清楚用户不需要知道哪些信息，并减少它们的可视性。

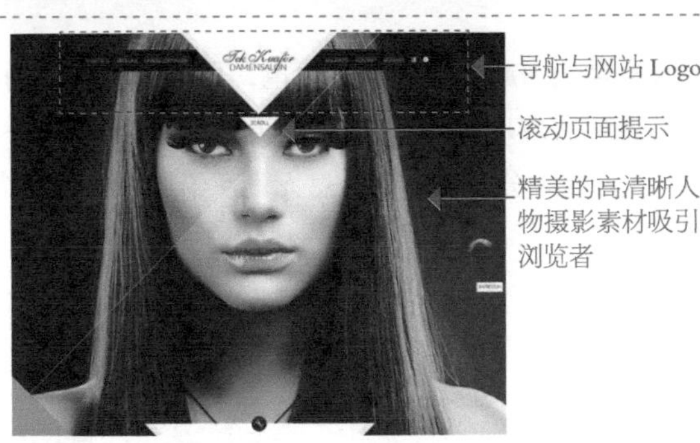

在该时尚网站的页面设计中，使用高清晰的黑白人物摄影作为页面的背景素材，充分吸引浏览者的关注。在页面顶部居中的位置放置网站导航菜单和 Logo，页面中的信息内容非常少，通过页面中的交互操作来引导浏览者查看更多的页面信息，页面给人的感觉非常简洁、视觉效果突出，信息一目了然。

技巧点拨

任何时候系统都必须给用户一些信息，来帮助用户有效地使用这些界面，即使用户操作错误或用户第一次使用，这是信息设计的问题。

2.6.2　导航设计

网页中的导航主要是为了方便用户浏览网站，快速查找所需信息。没有导航的页面会使浏览者无所适从。导航的形式看起来很简单，但其设计的过程却十分复杂。

导航可以设计得很简洁，也可以很精美，可以是图片，也可以是纯文字，可以在网站的顶部，也可以在网站的任何位置。但是任何一个网站的导航设计都要同时完成以下 3 个目标。

1．可以使用户实现在网站间跳转

这里所指的网站间的跳转并不是要求将所有页面都链接在一起，而是指导航必须对用户的操作起到促进的作用。也就是说用户可以真实有效地访问到某一个或某一类页面。

2．传达链接列表之间的关系

导航通常按照类别区分，这些链接之间有什么共同点，有什么不同点，都要在设计时充分考虑。这对用户选择适合自己的链接非常重要，可以大大提升用户体验。

3．传达链接与当前页面的关系

导航设计必须传达出相关内容和当前浏览页面之间的关系。让用户清晰地知道其他的链接和正在浏览的页面有什么关系。这些传达的信息可以更好地帮助用户理解导航分类和内容。

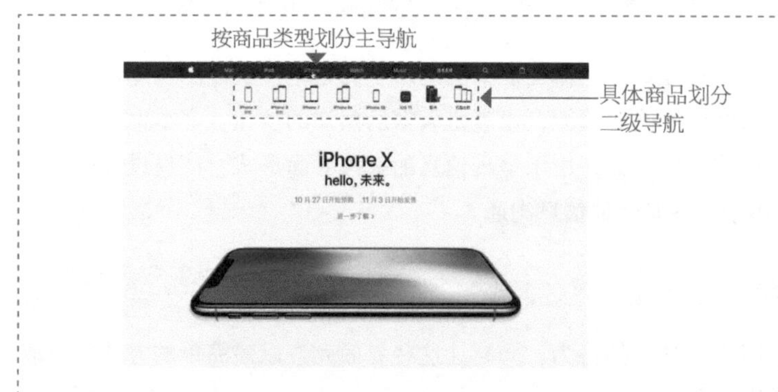

在苹果公司的官方网站页面中，可以看到导航关系非常明确、清晰。按照商品类型来划分主导航菜单，选择某个主导航菜单后，该导航菜单文字会显示为灰色，与其他导航菜单相区分，使用户明确当前页面，在其下方还会显示出按具体商品划分的二级导航，非常直观、清晰，便于用户理解。

在网站中，清晰地告诉用户“他们在哪儿”以及“他们能去哪儿”非常重要。大多数的网站实际上都会提供一个多重导航系统，无论在什么情况下都能够成功引导用户。

2.6.3 信息设计

信息设计常常充当一种把各种设计元素聚合到一起的黏合剂的角色，更重要的是让用户更好地理解，对散乱的信息进行分组和整理，优化信息的展现形式。收集用户信息并呈现信息，用一种能“反映用户思路”和“支持他们的任务和目标”的方式来分类和排列信息元素。给用户标识以方便识别，如颜色区分等。

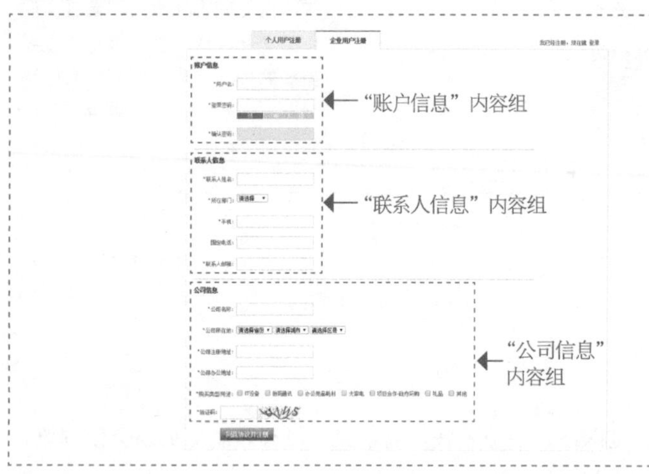

该网站的企业用户注册部分需要填写的表单项目较多，将该部分表单选项按逻辑划分为三个内容组：“账户信息”“联系人信息”和“公司信息”。通过分割线区分内容组，结构清晰，非常方便用户的浏览。考虑区分内容组时，应当考虑采用较少的视觉信息。过多的视觉信息可能会导致用户注意力的分散，给用户填写表单的过程带来大量的视觉噪声。

专家提示

要用一种能反映用户思路和引导完成用户目标的方式来分类和排列信息元素。这些元素之间的概念关系属于信息架构的一部分。通过信息设计可以使用户更好地理解网站信息的层次和结构，更便于用户得到想要的信息。

2.6.4　线框图

线框图是框架设计中非常重要的一个工具，它将信息设计、界面设计和导航设计整合在一起。线框图通过安排和选择界面元素来整合界面设计；通过识别和定义核心导航系统来整合导航设计；通过放置和排列信息组成部分的优先级来整合信息设计。通过把这三者放到一个文档中，线框图可以确定一个建立在基本概念结构上的架构，同时指出视觉设计应该前进的方向。

对于小型的网站，使用一个线框图即可将一个页面中的信息表现出来，轻松建立网页模板。但对于较复杂的项目来说，则需要使用多个线框图来传达复杂的预期结果。

专家提示

并不需要为网站中的每一个页面绘制线框图。可以根据页面分类的不同绘制不同的线框图，对整个页面结构加以引导说明即可。太多的线框图对于界面设计有一定的束缚。

在正式建立网站的视觉设计流程中，通常会首先绘制线框图。因为网站建设中的每一个参与者都会使用它。设计师可以借助线框图来保证最终产品可以满足他们的期望。网站负责人则可以使用线框图来讨论关于网站应该如何运作的问题。

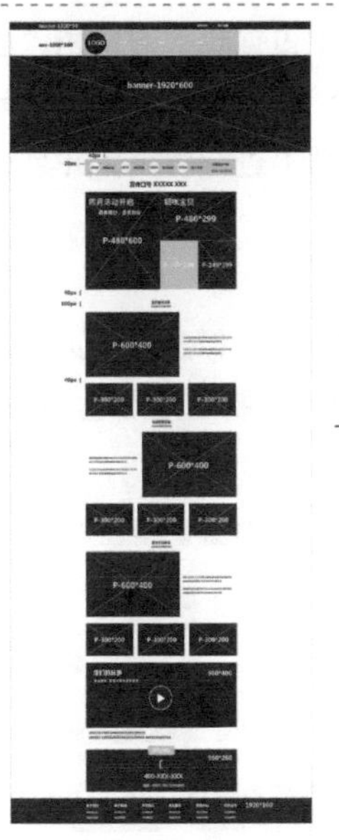

网站页面线框图

明确了页面中各元素的位置、大小以及排版方式

根据线框图设计的页面

绘制线框图是我们在制作一个网站前必须要经历的过程。线框图能够帮助我们合理地组织并简化内容和元素，是网站内容布局的基本视觉表现方式，是网站开发过程中一个重要的步骤。

使用线框图可以让用户、设计师在初期就可以对网站有一个清晰明了的认知；能够激发设计师的想象力，使其在创作过程中有更多发挥的空间；能够给开发者提供一个清晰的架构，让他们知道需要编写的功能模块；能够让每个页面的跳转关系变得清晰明了；能够很容易地改变页面布局。

2.6.5 实战分析：设计企业宣传网站页面

本实例设计的是一个房地产企业宣传网站页面，房地产网站主要是面向社会大众人群的。在社会飞速发展的今天，城市的喧嚣让人们感觉疲惫和压抑，因此该网站页面选择使用山水风景作为页面的背景，能够较强地吸引购买者的注意，增强顾客的购买欲望，从而提高页面的宣传效果。

1．色彩分析

本实例所设计的房地产企业网站使用大自然的色彩进行配色，使用较深的墨绿色作为页面的主色调，营造出自然、幽静、舒适的氛围。在页面搭配棕色与浅灰色，都是中等饱和度的色彩，使页面整体表现大气、和谐。

2．用户体验分析

该企业宣传网站页面使用了大幅的自然风景图片，在页面中占据较大的面积，蓝天、白云和山水环绕的图片体现出该房产环境优雅、静谧的同时，也使得整个页面更有大自然的韵味，给浏览者留下深刻的印象。页面中的内容较少，将页面内容叠加在背景图上进行表现，并且将导航菜单放置在页面的下方，与页面主体内容相近，方便用户的操作。

3．设计步骤解析

（1）在 Photoshop 中新建文档，将页面尺寸设置为 1400 像素 × 752 像素，在页面顶部和底部分别绘制通栏的矩形色块，划分出页面中不同的内容区域，并且为所绘制的矩形色块添加“图案叠加”图层样式，使背景的表现更美观，如下面两幅图所示。

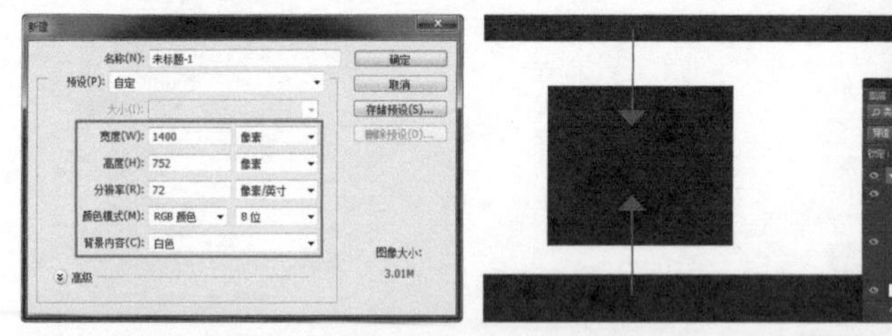

（2）为页面顶部和底部的色块添加渐变阴影效果，使得页面背景的表现更加富有层次感。拖入风景素材图片，并添加相应的调整图层对该素材图片的色调进行适当的调整。

（3）在页面顶部色块与图片之间绘制装饰线条，并在页面顶部的中间位置放置网站的 Logo。在宣传图片上方添加简洁而富有诗意的宣传文字内容，文字内容不宜过多，以简洁、直观为主。

（4）绘制浅灰色的矩形作为页面主体内容的背景，并且为该矩形添加图案纹理效果。

（5）在内容区域中采用相同的形式分别放置相应的页面内容，页面内容较少，非常直观、清晰。

（6）在页面主体内容的右侧设计一个绿色圆角矩形按钮，用于切换主体内容区域中所显示的内容，实现页面中的交互操作。在页面主体内容的下方，使用通栏的棕色背景来突出导航菜单选项的表现。

（7）在页面底部添加相应的版底信息内容，完成该房地产企业宣传网站页面的设计。页面整体表现大气，内容简洁，层次清晰。

2.7 表现层

在框架层，我们主要解决的是放置元素的问题，界面设计考虑可交互元素的布局，导航设计考虑在网站中引导用户的元素安排，而信息设计则考虑传达给用户的信息元素的排列。在表现层，我们则要解决弥补网站框架层的逻辑排布的视觉呈现问题。在表现层中，产品的内容、功能和美学聚集到一起产生一个最终设计，完成前四个层面的所有目标，满足用户的感官感受。

2.7.1 评估网站的视觉设计

评估一个网站页面的视觉设计，简单的方法之一是提出这样的问题：你的视线首先落在什么地方？哪个设计要素在第一时间吸引了用户的注意力？它们对于战略目标来说是很重要的东西吗？或者用户第一时间注意到的东西与他们的（或你的）目标是背道而驰的吗？

如果你的设计是成功的，那么用户的眼睛在页面中移动的轨迹模式应该有以下两个重要的特点。

1．它们遵循的是一条流畅的路径

如果人们评论一个设计是忙碌或拥挤的，这就反映了该网站页面的设计没能顺利引导用户在页面中进行移动。相反，用户的眼睛在各式各样的元素之间跳来跳去，所有的元素都在试图引起他们的注意。

2．页面的设计没有过多的细节，为用户提供有效的、正确的引导

就像我们一直强调的那样，这些引导应该支持用户试图去完成他们的目标和任务。

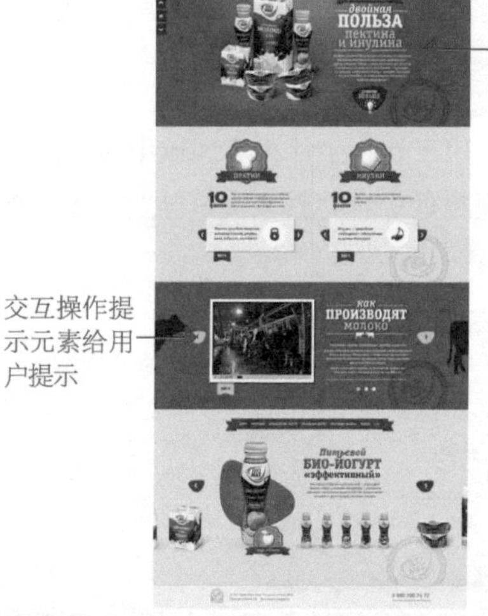

在该网站页面的设计中，运用不同的背景颜色对页面中不同的内容进行划分，使得页面中各部分内容的层次划分非常清晰、易读。为页面中相应的位置添加交互操作的提示元素，给用户明确的交互操作提示。整个页面的层次结构整洁、清晰。

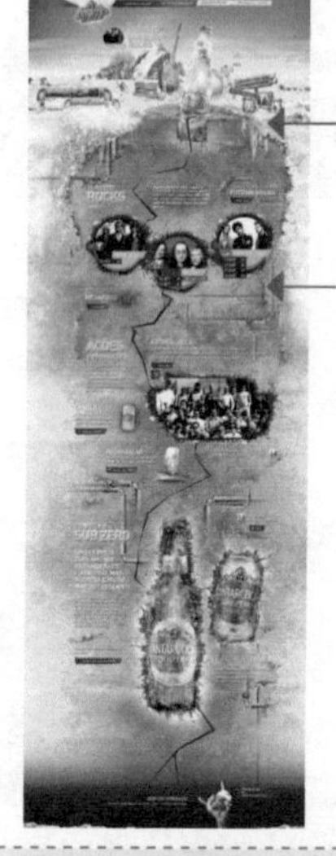

完整的页面背景可以使整个页面更加具有整体性。该啤酒产品的活动宣传页面设计富有创意：使用创意设计的图形作为整个网站页面的背景，并且将产品图片的表现融入背景图形中，使其成为一个整体。页面中的内容则采用了自由、随意的编排方式，独特的网站视觉设计，非常容易吸引浏览者的关注。

专家提示

用户在页面上的视线移动并不是随机的，它是一种人类共有的、对于视觉刺激而产生的一系列复杂的原始本能反应。在设计网站页面的过程中，可以通过各种各样的视觉手段，来吸引或分散用户的注意力。

2.7.2 对比

太过单调平凡的页面会使浏览者视线游离。在网页视觉设计中，通过合理运用对比，可以成功吸引浏览者注意到界面中的关键部分。页面中使用对比可以帮助用户理解页面导航元素之间的关系。同时，对比还是传达信息设计中的概念群组的主要手段。

在对比的使用中，最常用的就是颜色的对比。通过给文本设置不同的颜色或使用一个醒目的图形，使它们突显出来，就可以让整个界面与众不同。

强烈的色彩对比效果，给人很强的视觉冲击力

在该摄影网站页面的设计中，应用了多种对比效果，包括冷色调与暖色调的对比以及色彩的面积对比等。通过这些对比手法的运用，形成网站页面视觉上的强对比和刺激感，能够有效地突出表现网站的主题，并给人留下深刻印象。

局部的色彩对比，有效突出页面中重要的元素

对比效果的小面积点缀色，同样在页面中非常显眼，具有很好的视觉效果

在该网站页面的设计中，在页面局部位置通过色彩对比的方法来突出相应的页面元素。网站中的导航栏与产品图片都采用了高饱和度的绿色，与页面背景低饱和度低明度的色彩形成强烈的明度对比。通过高对比度的色彩，使得整个页面充满活力，并能够突出网站导航和产品的表现。

技巧点拨

使用对比时要让“对比差异”足够清晰。只有两个设计元素看起来相似又不太一样的时候，才会抓住用户的目光，吸引他们的注意。

2.7.3 一致性

页面设计中的另一个重点就是设计的一致性。所谓一致性指的是页面中的重要部分保持一致，包括位置、尺寸或颜色。这样更有利于浏览者快速理解并接受网站内容，而不至于迷惑或焦虑。

将界面中的同类视觉元素保持一致的尺寸，可以方便设计师在需要的时候调整组合方式，得到一个新的设计方案。界面中同类的视觉元素采用相似的颜色，除了可以更方便用户查找相关信息外，还对于平衡页面重量和质感有很重要的作用。而且，同类元素摆放位置的高度也会对页面布局的效果产生影响。

在该企业网站的设计中，我们可以看到首页与该网站内页的视觉表现效果保持了高度的统一。无论是页面的布局、配色，还是页面内容的表现形式，都具有一致性，使得整个网站形成统一的视觉形象。用户在浏览的过程中也更加方便，能够有效地提升用户的浏览体验。

关于设计的一致性要考虑两个方面：一方面是网站中其他页面中的设计是否一致，另一方面是网站设计是否与企业其他设计达成一致。网站内容的一致性处理方法很简单，在设计最初页面时，就将页面的一些共用部分确定下来。例如，按钮、导航条、项目条、字体大小和字体颜色等。在设计其他页面时，都采用确定了的设计，这样可以保证同一个站点中所有页面的风格一致。可以在页面选图和细节部分稍做调整，使每个单页面都有自己的特点。

知名的巧克力品牌宣传网站页面的设计。为了保持与其品牌形象的统一，在页面设计中不仅网站配色使用了与该品牌一致的配色，页面中图形的设计也尽可能地使用户联想到该品牌的产品。网站视觉设计与品牌形象保持一致性，有助于在用户心目中塑造统一的品牌形象。

专家提示

即使将网站中大多数的设计元素相对独立地设计出来，它们最终还是要放在一起的。一个成功的设计不仅是收集小巧的、精心设计的东西，同时也要能利用这些东西形成一个系统，作为一个有凝聚力、连贯的整体来使用。

2.7.4 配色方案

色彩是浏览者打开网页后首先注意到的。每个品牌都有属于自己的标准色，品牌网站的成功与色彩的使用有着直接的关系。

网站的主色最好选择与企业标准色或行业标准色一致。例如，联想公司的网站大都选择蓝色作为主色，可口可乐公司则使用红色作为主色，数码摄影网站和汽车网站大都采用黑色作为主色。常年坚持使用同一种很特别的颜色，会为浏览者带来强烈的视觉刺激，同时在其脑海中留下强烈的印象。

在该可口可乐的宣传网站设计中，使用了其品牌形象的红色作为网站页面的主色调，搭配高明度的浅灰色背景，有效突出红色的表现效果，与其品牌形象保持了统一。页面中采用了夸张的卡通设计，使页面的表现更加有趣，给人一种轻松、幽默的印象。

确定主色以后，还要根据网站类型选择辅色和文本的颜色。一套完整的配色方案应该是将整合的颜色应用到网站的广泛范围中。在大多数情况下，可以将亮丽的颜色应用到前景色设计中，以吸引更多人注意。将暗淡的色彩应用到那些不需要跳出页面的背景元素中。

该游戏网站使用灰暗的无彩色手绘场景作为页面的整体背景，而前景中的游戏人物图形以及按钮等元素则采用了高饱和度的有彩色进行设计，与背景灰暗的无彩色形成强烈的对比，增加了页面的活力。并且页面中相关选项之间同样使用了对比的配色，从而有效区别不同的选项，页面的表现效果非常直观、清晰。

技巧点拨

网站的配色在网站设计中扮演着非常重要的角色。同色系的颜色搭配加上中性色调和是最简单的配色方案。如果想增加页面的对比，可以使用差别较大的补色搭配，只需要降低补色的亮度或纯度即可。也可以利用对比色面积的对比实现好的配色方案。

2.7.5　字体选择

如何在网站页面中选择合适的字体或字形，创建出一种特殊的视觉样式，对于品牌识别非常重要。许多企业，包括苹果计算机、大众汽车等都设计了特殊的字形来专门供自己使用，有效传达了它们的品牌。即使在网站页面中不创建特殊的字形，字体选择仍然可以用来有效地传达视觉形象。

在苹果官方网站设计中，都选择了比较纤细、简洁的无衬线字体，并且通过不同的字体大小，清晰地划分内容的视觉层次。产品展示文字以 64px 和 32px 搭配，文字内容简短有力，可读性强，同时非常具有视觉冲击力，突出显示了“苹果”的品牌特征。

对于网站页面中的正文内容，一般都会占据较大区域并被用户长时间注视，因此，字体的选择越简单越好，大片华丽的字体组成的正文内容，会让用户的眼睛快速疲劳。页面中较大的文本元素或者类似在导航元素中看到的短标签，则可以选用稍具个性的字体。

设计页面需要传达不同的信息时，才使用不同风格的字体，而且风格之间要有足够的对比，这样才能吸引用户的注意。例如，页面中所有的栏目可以使用同一种字体，风格独特的字体可以为页面增加更好的视觉效果。但是也要注意，同一个页面中不要使用多种字体，这样做的后果是使整个页面看起来凌乱，视觉效果涣散。

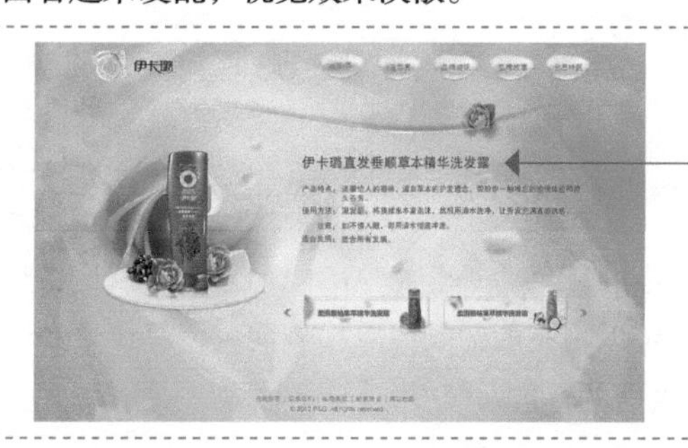

同样的字体，通过不同的字体大小和笔画粗细表现出内容的视觉层次

在网页界面中最好只使用1至2种字体，最多不能超过3种字体。通过字体大小的对比同样可以表现出精美的构图和页面效果。在左侧的网站页面中，只使用了两种字体，内容标题使用大号的非衬线字体“微软雅黑”，正文内容则使用了衬线字体“宋体”。

2.7.6 实战分析：设计运动服饰促销页面

本案例设计一个运动服饰促销页面。运用多重切割的页面构图方式对该网页进行构图，不规则的图形使得画面多变，给人以动感与时尚的印象，同时也与该网页所表现的产品风格相符合。

几何形状图形的拼接处理、多变的表现方式，以及抠取的人物素材，这些都使得页面的表现效果更加突出，更富有现代时尚感

1. 色彩分析

深灰色是明度较暗的颜色，作为背景色可以突出重要内容的色彩，与浅灰色搭配，可以很好地体现出色彩的层次感和质感。红色是喜庆的颜色，代表激情，使用红色的产品图片作为主打并搭配红色的文字，能够很好地在页面中突现出来，视觉效果非常明显，并且红色与深灰色的搭配，富有动感。

2．用户体验分析

该运动服饰产品促销页面采用了长页面的形式，根据产品的类型选择了一种不规则的多重切割构图方式。不规则的几何图形使得页面看起来既时尚又富有动感，产品的不规则排版布局，使得页面更像是一本运动时尚杂志，非常具有视觉表现力。

3．设计步骤解析

（1）在 Photoshop 中新建文档，将页面尺寸设置为 1600 像素 ×5026 像素，为页面填充深灰蓝色的背景，深色的背景能够有效突出前景内容。

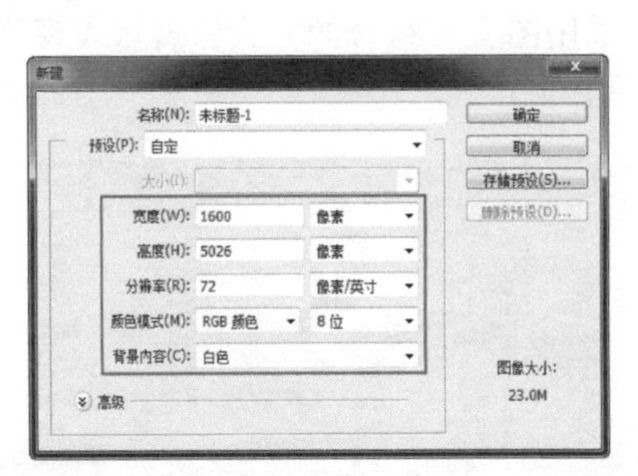

（2）在页面顶部绘制白色通栏矩形，作为头部导航栏的背景，并制作导航菜单选项，与页面的深灰蓝色背景形成强烈的对比，有效突出顶部导航菜单的表现，效果如下左图所示。在导航菜单的下方绘制黑色的通栏背景，搭配红色的服饰图片与文字，突出表现宣传广告中的产品与主题文字。

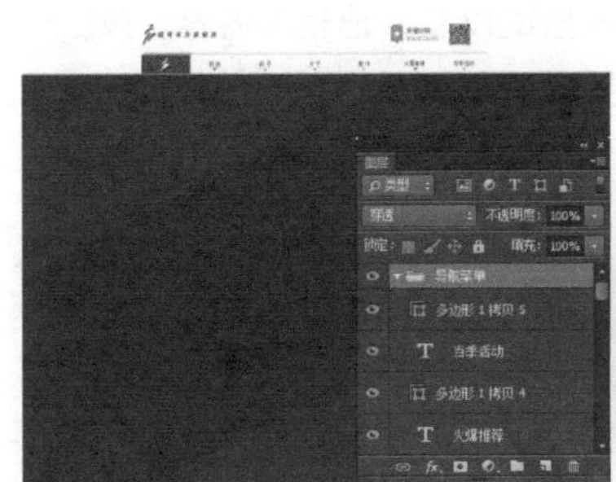

（3）在宣传广告的下方绘制浅灰色的几何形状色块，通过几何形状色块的拼接以及光晕素材的运用，表现出立体空间感。拖入重点推荐商品图片，并添加相应的装饰素材和文字内容，使其表现效果更加突出。

红色的主题文字与购买按钮，与人物服饰相呼应，在无彩色的背景中表现特别突出

（4）在页面设计过程中，根据页面内容的排版，可以随时在页面背景中添加相应的倾斜图形对背景进行分割，从而丰富背景的表现效果，需要注意色块的搭配。使用相同的表现形式，制作出该部分推荐的商品信息内容。

（5）绘制白色与浅灰色的矩形背景，搭配服饰的设计插画和简洁的文字内容描述，表现该系列服饰的设计理念。接下来通过相同的表现形式，采用图文相结合的方式，着重表现该系列服装的设计细节与特点。

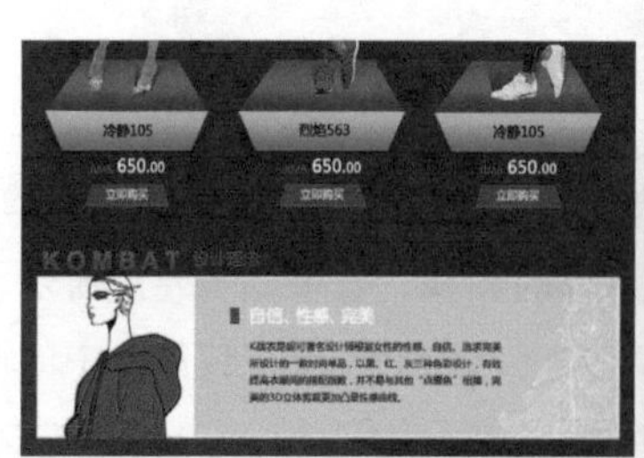

（6）接下来通过倾斜的表现方式，表现该服装的推荐搭配以及其他相关内容。该服饰促销页面的设计非常具有现代感，运用不规则的排版以及多变的表现方式，给人时尚、动感的印象，最终效果如下右图所示。

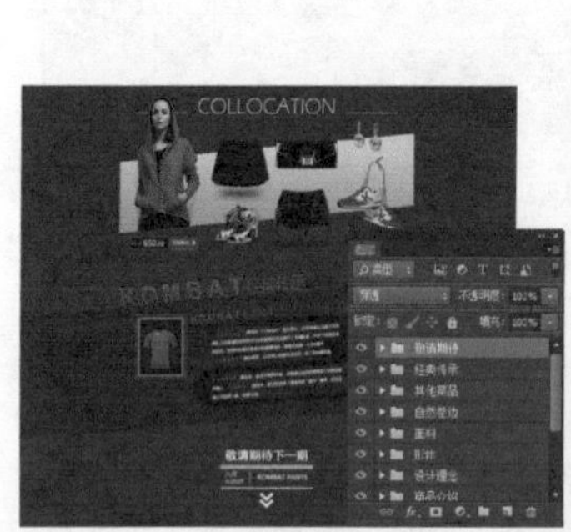

2.8 本章小结

用户体验的要素模型包括战略、范围、结构、框架和表现 5 个层面，每一层我们要处理的问题既有抽象的，也有具体的。每个层面都是建立在其下面的层面之上的，层次之间这种依赖性，意味着在战略层上的决定将具有某种自下而上的连锁效应，也就是说，每一层中我们可用的选择，都受到其下一层面中所做决定的约束。

第 3 章 视觉体验要素

视觉体验指的是网站页面呈现给用户视觉和听觉上的体验，这种体验是最为直接的，将直接影响到用户对网站的印象。从而让用户决定继续浏览还是马上离开。视觉体验最重要的是要带给用户舒适感，以促进用户继续浏览页面。在本章中将向读者详细介绍影响用户视觉体验的各种要素的设计和表现方法。

3.1 网站图标

图标是具有指代意义的具有标识性质的图形，更是一种标识，它具有高度浓缩以及快捷传达信息、便于记忆的特性。图标的应用范围极为广泛，可以说它无所不在。一个国家的图标是国旗；一件商品的图标是注册商标；军队的图标是军旗；学校的图标是校徽等。而网页的图标也会以不同的形式显示在网页中。

网页中所使用的图标最基本的要求是能够与网页的整体风格相统一，简洁、明了、易懂、准确。

3.1.1 图标的应用

图标在网页中占据的面积很小，不会阻碍网页信息的宣传，而设计精美的图标还可以为网页增添色彩。由于图标本身具备的种种优势，几乎每一个网页的界面中都会使用图标来为用户指路，从而大大提高了用户浏览网站的速度和效率。

在页面顶部宣传广告的大图左侧和右侧分别放置箭头状图标，具有很好的指示意义，引导用户通过单击箭头图标进行宣传广告的切换

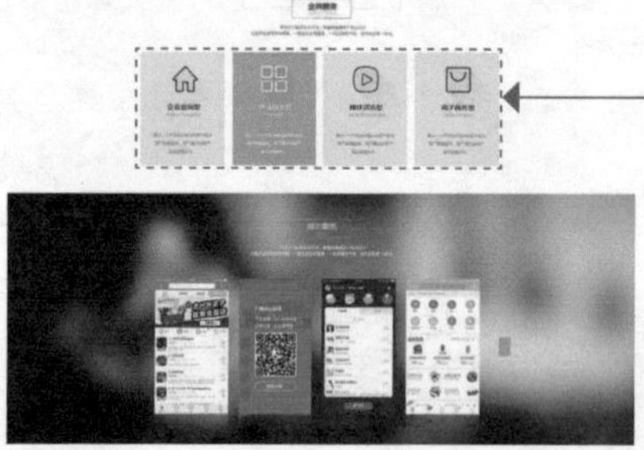

在页面对于一些其他内容的介绍中，搭配了相同设计风格不同色彩的图标，使得这些内容在页面中的表现非常突出，并且也避免了纯文字介绍的枯燥

网页图标就是用图像的方式来标识一个栏目、功能或命令等。例如，在网页中看到一个日记本图标，很容易就能辨别出这个栏目与日记或留言有关，这时就不需要再标注一长串文字了，也避免了各个国家之间因为使用不同文字所带来的麻烦。

该设计类网站页面的设计非常简洁，使用常见的办公场景作为页面的背景，在页面底部设置导航菜单，并且为各导航菜单选项设计了风格统一的简约图标。采用图标与菜单文字相结合的方式，更好地突出了导航菜单选项的表现，也使得页面的设计感更加突出。

在网站页面的设计中，会根据不同的需要来设计不同类型的图标，最常见到的是用于导航菜单的导航图标，以及用于链接其他网站的友情链接图标。

当网站中的信息过多，而又想将重要的信息显示在网站首页时，除了以导航菜单的形式显示外，还可以以内容主题的方式显示。网站首页的内容主题既可以是链接文字，也可以是相关的图标，而有图标的表现方式，可以更好地突出主题内容。

在该家居产品宣传网站中，将家居产品的分类导航菜单设计为图标的形式，使其与顶部的主导航菜单相区别，也使得产品分类更加清晰、易懂。图标虽然颜色是一样的，但形状差异很明显，容易识别。

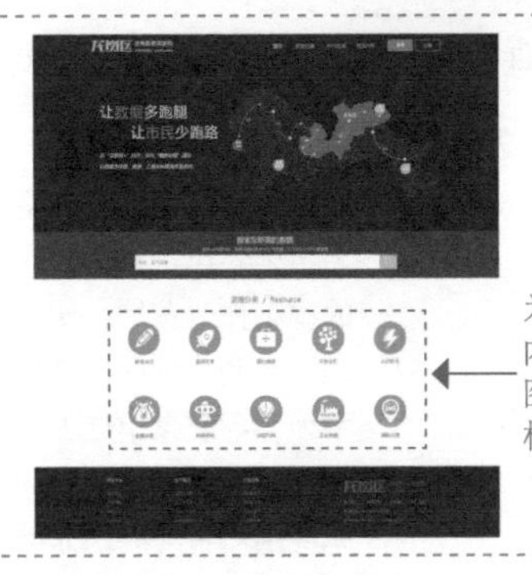

为网站页面中的各主题内容设计了风格统一的图标，图标与文字内容相结合，直观、易读

在该数据资源共享网站页面的设计中，首先在页面宣传广告的下方设置了较大的搜索栏，方便用户直接搜索所需要的信息。搜索栏的下方根据不同的信息资源类型设计了一系列相同风格的图标，图标与说明文字相结合，使得分类更加清晰、表现效果更加突出。

3.1.2　图标的设计原则

网站设计趋向于简洁、细致，设计精良的图标可以使网站页面脱颖而出，这样的网站设计更加连贯、富于整体感、交互性更强。在网站图标的设计过程中，需要遵循一定的设计原则，这样才能使所设计的图标更加实用和美观，有效增强网站页面的用户体验。

1．易识别

图标是具有指代功能的图像，存在的目的就是帮助用户快速识别和找到网站中相应的内容。所以必须要保证每个图标都可以很容易地和其他图标区分开，即使是同一种风格也应该如此。

试想一下，如果网站界面中有几十个图标，其形状、样式和颜色全都一模一样，那么该网站浏览起来一定会很不方便。

在该手机操作系统介绍页面中，应用统一设计风格、不同色彩表现的图标，突出表现该手机操作系统中的突出功能，图标的应用使其在网页中的表现效果非常突出，使浏览者一眼就能够注意到。

2．风格统一

网页中所应用的图像设计应该与页面的整体风格保持统一。设计和制作一套风格一致的图标会使用户从视觉上感受到网站页面的完整和专业。

卡通风格的图标与导航选项相结合，更易识别

该儿童专用电器宣传网站为了符合儿童天真的个性特点，使用了卡通漫画的设计风格。在页面顶部的导航菜单设计中，为了使各导航选项更加突出，为各导航选项设计了与页面风格相统一的图标，使得网站导航在页面中更易识别，也为网站页面增添了趣味性。

3．与网页协调

独立存在的图标是没有意义的，只有被真正应用到界面中图标才能实现自身的价值。这就要考虑图标与整个网页风格的协调性。

根据海岛元素所设计的图标，与整个页面的主题相吻合

随意的排列方式、视频背景，这些都给人一种轻松、惬意的感受

该旅游宣传网站主要是以海岛风光为主要特色，整个页面以海岛风光的视频作为背景，使浏览者更直观地感受到当地的优美风光。在页面中为各导航菜单选项设计了一系列图标，而这一系列图标的设计充分体现出热带海岛风光的特点，与网站页面的主题相吻合，具有很好的表现效果。

4．富有创意

随着网络的不断发展，近几年 UI 设计快速崛起，网站中各种图标的设计更是层出不穷。要想让浏览者注意到网页的内容，对图标设计者提出了更高的要求，即在保证图标实用性的基础上，提高图标的创意性，只有这样才能和其他图标相区别，给浏览者留下深刻的印象。

在移动端的界面设计中，要在有限的屏幕空间中体现页面的内容和功能操作，图标必不可少，而简约的线性图标是移动端界面最常用的图标。界面中图标的设计并不在于多么复杂花哨，更重要的是如何通过简洁的图形准确地展现出所需要的功能或选项。

技巧点拨

为了设计更好的图标，从图标的表现形式开始着手，然后再到图标中的细节处理，让你的图标保持内部的一致性。同样，在整套图标中也要保持一致性。另外还需要考虑到所设计的图标与所应用的网页的整体设计风格的统一，这样就能够使你的图标脱颖而出。

3.2 网站 Logo

作为具有传媒特性的网站 Logo，为了能在最有效的空间内实现所有的视觉识别功能，一般是通

过特定的图案及特定的文字的组合，达到对被标识体的展示、说明、沟通和交流，从而引导浏览者的兴趣，增强他们的记忆。

3.2.1　网站常见 Logo 表现形式

网站 Logo 的设计与传统设计有着很多的相通性，但由于网络本身的限制以及浏览习惯的不同，它还有一些与传统 Logo 设计相异的特点。比如网站 Logo，一般要求简单醒目，虽然只占方寸之地，但是除了要表达出一定的形象与信息外，还得兼顾美观与协调。

网站 Logo 的形式一般可以分为特定图案，特定文字，合成文字。

1．特定图案

特定图案属于表象符号，具有独特、醒目，图案本身容易被区分、记忆的特点，通过隐喻、联想、概括、抽象等绘画表现方法表现被标识体，对其理念的表达概括而形象，但与被标识体关联性不够直接。虽然浏览者容易记忆图案本身，但对其与被标识体的关系的认知需要相对较曲折的过程，但是一旦建立起联系，印象就会比较深刻。

左侧两个网站 Logo 的设计均使用了特定行业图案。通过使用具有行业代表性的图像作为 Logo 图形的设计，使用户看到 Logo 就知道该网站与什么行业有关，搭配简洁的文字，表现效果一目了然。

2．特定文字

特定文字属于表意符号。在沟通与传播活动中，反复使用被标识体的名称，或是其产品名称用一种文字形态加以统一，含义明确、直接，与被标识体的联系密切，容易被理解，认知，对所表达的理念也具有说明的作用。但是因为文字本身的相似性，很容易使浏览者对标识本身的记忆发生模糊。

左侧的两个网站 Logo 均使用了对特定文字进行艺术处理的方式来表现 Logo。使用文字来表现 Logo 是一种最直观的表现方式，通过对主体文字或字母进行变形处理，强化其艺术表现效果。

所以特定文字一般作为特定图案的补充，要求选择的字体应与整体风格一致，应该尽可能是全新的区别性创作。完整的 Logo 设计，一般都应考虑至少有中英文、单独的图案、中英文的组合形式。

这两个网站 Logo 的表现效果更加丰富，将 Logo 文字进行艺术化的变形处理并且与具有代表性的 Logo 图形相结合，使得 Logo 的整体表现效果更加地直观与具有艺术感，能够给人留下深刻的印象。

3. 合成文字

合成文字是一种表象表意的综合，指文字与图案相结合的设计，兼具文字与图案的属性，但都导致相关属性的影响力相对弱化。其综合功能为：一是能够直接将被标识体的形象透过文字造型让浏览者理解；二是造型化的文字，比较容易使浏览者留下深刻的印象和记忆。

将文字进行变形处理，与图形相结合表现意象，同时具有文字的可识别性和图形的表现力，非常适合表现 Logo，能够给人留下深刻的印象。

技巧点拨

网站 Logo 是网站特色与内涵的集中体现，它用于传递网站的定位和经营理念，同时便于人们识别。在网页中应用 Logo，需要注意确保 Logo 的保护空间，确保品牌的清晰展示，但也不能过多地占据网页空间。

3.2.2 设计网站 Logo 的一般流程

好的 Logo 可以使浏览者倍感亲切的同时，快速了解网站的行业和特点。一个 Logo 的诞生需要通过多个步骤，分析理解再加上创意。接下来，针对网站 Logo 的设计制作进行以下讲解。

1. 明确需求——我们的网站需要一个什么样的 Logo？

在开始设计 Logo 前，要对该网站的相关资料进行充分了解。网站的性质、网站的从属行业、网站的针对用户、网站的竞争对手等。还要与网站 UI 设计人员沟通，保证 Logo 与网站整体设计风格相一致。

例如，我们需要设计的是一家互联网企业的网站 Logo。作为一家互联网公司，一定要紧跟互联网潮流，同时要能够给用户一种亲切的感觉，并且要一眼能被人记住。经过详细的调研后，可以初步确定 Logo 的表现形式、表现风格等。

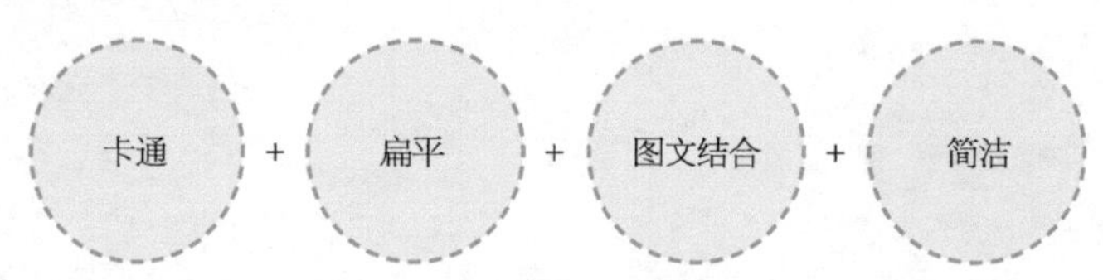

2. 思维导读

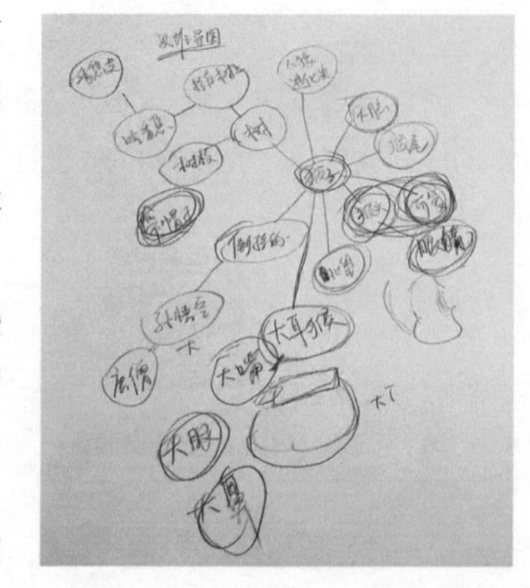

使用铅笔在白纸上绘制 Logo 的思维导图。思维导图是一个可以很好地帮助我们发散思维的方式。除了使用纸、笔外。也可以使用一些专业的思维导图软件。

用户可以从一个关键词开始，逐步构建整个思维导图。不要让自己的思维受限，尽量地发散，以获得更多的可能性。

通过思维导图，我们可以获得几个重要的关键词。利用这些关键词寻找设计灵感，把想法图形化。接下来就开始绘制 Logo 的草图。

3. 绘制草图

我们不可能凭空去想象所有的东西，特别是当我们的思维被局限在某一点时。这时候我们可以通过互联网来获取设计灵感，这也是获取设计灵感最直接最有效的方式。

我们可以在一些专业的设计网站中找到很多优秀的 Logo 设计。看图借鉴并不代表“抄袭”，在设计的时候不要去抵触各种优秀的作品，重要的是从中获得灵感和启发，而不是一味地生搬硬套。

通过查看优秀作品寻找设计灵感时，并不是一定要去欣赏相关行业的优秀 Logo 设计，也可以查看摄影、绘画、广告设计等。重要的是根据你的关键词寻找与你想要的东西相关的画面。

在互联网中大量浏览了相关的设计作品之后，我们就可以动手来绘制草图了。建议不要使用计算机直接绘制草图，纸笔是最简单的也是最好的绘制草图的工具。例如我们将该互联网企业的网站 Logo 的主体图形设定为一只可爱的猴子。

4．在软件中精细绘制 Logo 图形

完成了 Logo 草图的绘制，通过比较选定一个比较适合的图形。在软件中精细地绘制 Logo，可以使用 Photoshop、Illustrator 或 CorelDRAW 等图形处理软件进行绘制。推荐使用矢量绘图软件进行 Logo 图形的绘制。

一个完美的 Logo 需要不断地优化、比较，从而选定一种最适合的图形表现方式。

5．设计 Logo 文字，来个完美组合

完成了 Logo 图形的设计，接下来就需要设计 Logo 的标准字组合，通过不断的尝试和比较，选定一种最适合的字体，同样也可以在该字体的基础上稍做变形处理。最后将 Logo 图形与标准字进行组合，调整到最佳的状态，这样一个完美的网站 Logo 就设计完成了。

专家提示

这里讲解的是一个图文相结合的网站Logo的设计过程，图文结合的Logo，文字部分不需要做过多的变形处理，以简洁、清晰为主。如果是纯文字的网站Logo，则可以根据风格的需要对字体进行适当的变形处理，从而使文字图形化。

技巧点拨

现代人对简洁、明快、流畅、瞬间印象的诉求使得Logo的设计越来越追求一种独特的、高度的洗练。一些已在用户群中产生了一定印象的公司为了强化受众的区别性记忆及持续的品牌忠诚，通过设计更独特、更易理解的图案来强化对既有理念的认同。

3.3 网站导航

导航是网站中不可缺少的基础元素之一，它是网站信息结构的基础分类，也是浏览者进行内容浏览的路标。导航的设计应该引人注目，浏览者进入网站，首先会寻找导航，通过导航条可以直观地了解网站的内容及信息的分类方式，判断这个网站上是否有自己需要和感兴趣的内容。因此，导航设计得好对提升用户体验有着至关重要的作用。

3.3.1 网站导航的作用

在网站中，导航引导用户在每个网页间自由地来去，到达其目标位置，这就是网站中都包含很多导航要素的目的。在这些元素中有菜单按钮、移动图像和链接等各种对象，网站的页面越多，包含的内容和信息越复杂。它的导航元素的构成和形态是否成体系、位置是否合适是决定该网站能否成功的重要因素。一般来说，在网页的上端或左侧设置主导航要素是比较普遍的方式。

网站导航

该网站的导航菜单采用常规的方式放置在页面的最顶端，并且通过背景颜色来突出导航菜单，使用户进入网站后能够得到非常清晰的指引，这种导航菜单在网页中非常普遍。

像这样已经普遍被使用的导航方式或样式，能给用户带来很多便利，因此现在许多网站都在使用。

有些网站为了把自己与其他的网站区分开，并让人感觉富有创造力，就在导航的构成或设计方面，打破了那些传统的已经被普遍使用的方式，独辟蹊径，自由地发挥自己的想象力，追求导航的个性化。如今像这样的网站也有不少。

富有创意的个性网站导航

在该创意设计的网站页面，为了重点突出其设计的创意性，将网站导航设计成环绕着页面主体图形的方式，并且采用了手绘的风格来表现导航菜单，非常富有创意。但是这种富有创意的个性导航菜单必须从整个页面的设计风格出发，才能够表现出独特的效果。

专家提示

独特和个性的导航菜单设计能够有效地增强页面的个性感。但是，重要的是设计师应该把导航要素设计得符合整个网站的总体要求和目的，并使之合理化，而不能滥用个性化导航。

一般来说，导航元素应该设计得直观而明确，并最大限度地为用户的方便考虑。设计师在设计网站时应该尽可能地使网站各页面间的切换更容易，查找信息更快捷，操作更简便，这样才能够给用户带来更好的体验。

该网站页面将导航菜单以圆弧状的方式进行排列，放置在页面的顶部水平居中的位置，圆弧状的曲线导航菜单使页面有一种圆润、流动的感觉。导航菜单使用了与页面统一的绿色作为主色调，使整个页面色调统一，整体表现给人自然、舒适之感。

专家提示

导航栏在网页中是非常重要的元素，导航元素设计的好坏决定着用户是否能很方便地使用该网站。虽然也有一些网站故意把导航元素隐藏起来，诱导用户去寻找，从而让用户更感兴趣，但这种情况并不多见，也不推荐使用。

3.3.2　网站中常见的导航形式

网站导航如同启明灯，为浏览者顺畅阅读提供了方便的指引。将网站导航放在怎样的位置才可以达到既不过多占用网页空间，又可以方便浏览者使用呢？这是用户体验必须要考虑的问题。

接下来向读者介绍网站中常见的一些导航形式。

1．全局导航

这种导航提供了覆盖整个网站的通路。使用全局导航的用户可以随时从网站的最底层页面到达其他任何一类页面的关键点，不管你想去哪里，都能通过全局导航到达。但需要注意，全局导航不一定会出现在网站中的每一页。

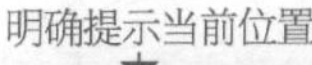

在该电视产品的宣传网站设计中，将网站的全局导航菜单设置在网站页面的顶部，并且通过通栏的背景色块来突出。色彩上则使用了无彩色系的黑色搭配白色的导航菜单文字，页面整体色调统一，导航栏目清晰、醒目、突出。用户通过全局导航可以到达网站中的任意一个页面。

2．局部导航

局部导航可以为用户提供到达附近页面的通路。通常只提供一个页面的父级、兄弟级和子级通路。这种导航方式在网站规划中经常被使用，除了可以清楚地引导用户访问页面外，还可以以一种潜移默化的方式引导用户理解网站的多层结构，有点类似于网站中的面包屑效果。

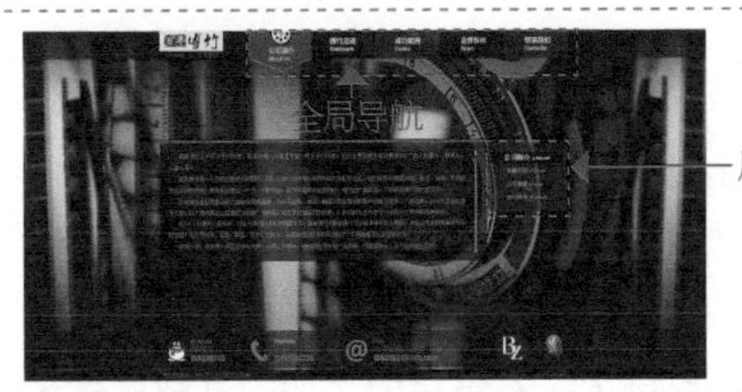

在该网站页面的设计中，为全局导航中的栏目设置了局部导航菜单。通过局部导航菜单，用户可以非常方便地访问该全局栏目中的其他子页面。类似的局部导航设计也能够清晰地体现网站的信息结构层次。

3. 辅助导航

辅助导航为用户提供了全局导航或局部导航不能快速到达的内容的快捷途径。使用这种导航，用户可以随时转移到他们感兴趣的地方，而不需要从头开始，如经常出现在页面两侧的快速导航条。

在该咖啡馆的宣传网站中，同时应用了多种导航系统，包括全局导航、局部导航和快速导航，通过多种导航系统的同时应用，为用户在网站中各页面的跳转提供清晰的指引。在网站页面的右侧位置，通过悬挂的方式放置侧边快速导航。在快速导航中，为用户提供快捷功能的访问以及快速返回页面顶部的功能，非常方便。

专家提示

辅助导航的种类很多，在页面中的位置也很自由，其主要目的是将网站中的重要内容或特色内容集中展示在页面中明显的位置，从而方便用户快速地访问和浏览。

4. 上下文导航

用户在阅读文本的时候，恰恰是他们需要上下文辅助信息的时候。准确地理解用户的需求，在他们阅读的时候提供一些链接（如文字链接），要比用户使用搜索和全局导航更高效。

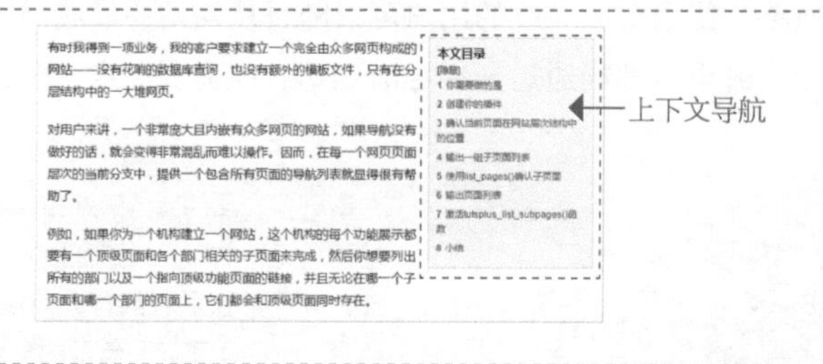

上下文导航有多种表现形式，可以是内容中某名词介绍的链接，也可以是文章内容的快速导览。在该网站的文章内容页面中，为内容部分提供了上下文导航，用户可以通过上下文导航快速跳转到感兴趣的部分。

5. 友好导航

友好导航提供给用户的是他们通常不需要的链接，这种链接作为一种便利的途径来使用。这种信息并不总是有用，但可以在用户需要的时候快速有效地帮助到他们。页面中的联系信息、法律声明和调查表等链接都属于友好导航的一部分。

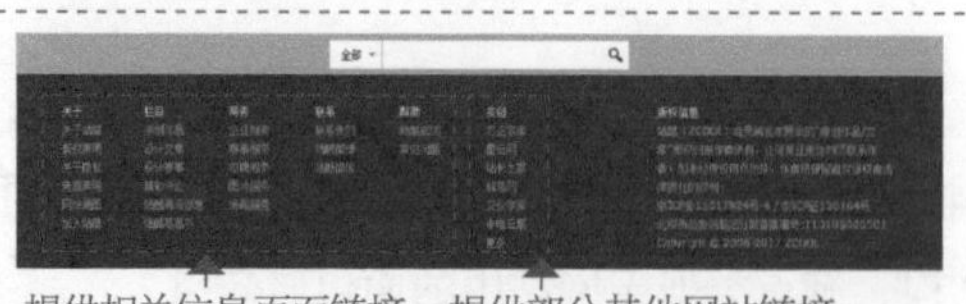

友好导航通常位于网站页面的下方，与版底信息部分内容放置在一起，为用户提供一些相关信息页面的链接以及部分站外链接。

专家提示

网站中的一些导航并没有包含在页面结构中，而是以自己的方式存在，独立于网站的内容或功能。这种导航称为远程导航工具，通过远程导航，用户可以快速了解网站的使用方法和常见问题的解决方法。

6. 网站地图

网站地图是一种常见的远程导航工具，它为用户提供了一个简单明了的网站整体结构图，方便用户快速浏览网站中的各个页面。网站地图通常作为网站的一个分级概要出现，提供所有一级导航的链接，并与所有显示的、主要的二级导航链接起来。而且网站地图通常不会显示超过两个层级的导航。

这是“新浪网”的网站地图页面。在该页面的顶部提供了重点频道的快速入口，下方则按频道分类排列了各频道中的子频道页面。分类清晰、简洁，用户很容易找到需要的页面。针对像“新浪网”这样的大型门户网站，在网站地图页面中还提供了内部搜索的功能，从而为用户提供更加便捷、高效的服务，有效提升用户体验。

7. 索引导航

索引导航是按照字母顺序排列的、链接到相关页面的列表，它与一些书籍最后所列的索引表基本一样。这种类型的工具比较适合不同主题、内容丰富的网站。索引表有时是为了网站的某个部分单独存在，而不是去覆盖整个网站。考虑到网站试图相对独立地服务于拥有不同信息需求的用户，索引导航会非常有用。

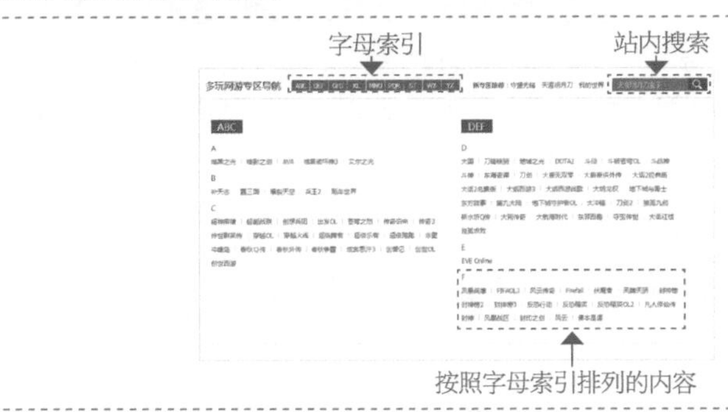

这是某游戏网站的索引导航页面，因为网站中所提供的游戏非常多，所以在该索引导航页面中使用字母索引的方式对游戏进行分类。用户可以单击相应的首字母，即可快速跳转到页面中该首字母列表的位置，显示名称是以该字母开头的游戏列表，非常方便查找。

3.3.3 交互导航的优势与劣势

交互式动态导航能够给用户带来新鲜感和愉悦感，它并不是单纯性的鼠标移动效果。尽管交互式导航有很多潜在的优势，但不能忽略其本身最主要的性质即使用性。在网页中采用交互式动态导航，则需要用户熟悉了解和学习其具体使用方法。否则，用户在访问网页时，将不能快速地寻找到隐藏的导航，也就看不到相应的内容，更不能看到下面的内容。因此，要求设计者在设计交互式导航时要诱导用户参与到交互式导航的互动活动中。

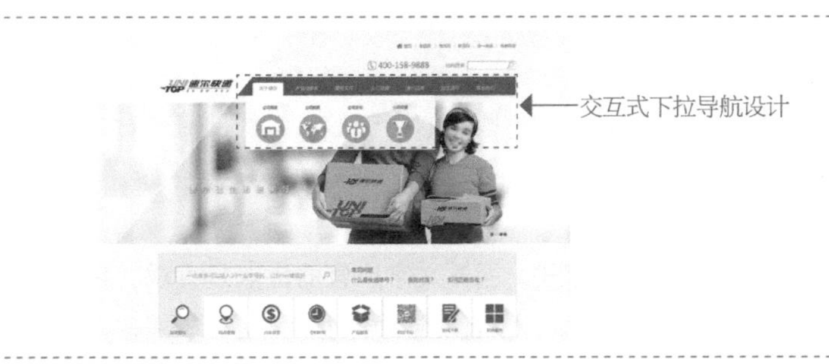

在网页中最常见的交互式导航就是下拉菜单导航，当鼠标移至某个主菜单项时，在其下方显示相应的子菜单项，这种方式也是用户最为熟悉的交互导航。除此之外，前面所介绍的移动端响应式导航也属于交互式导航。

专家提示

交互式动态导航效果给网页带来了前所未有的改变，交互式动态导航效果的应用，使网页风格更加丰富，更具欣赏性。

随着移动互联网的发展和普及，移动端的导航菜单与传统 PC 端的网页导航形式有着一定的区别，主要表现为移动端为了节省屏幕的显示空间，通常采用交互响应式导航菜单。默认情况下，在移动端网页中隐藏导航菜单，在有限的屏幕空间中充分展示网页内容，在需要使用导航菜单时，再通过单击相应的图标来滑出导航菜单。常见的有侧边滑出菜单，顶部滑出菜单等形式。

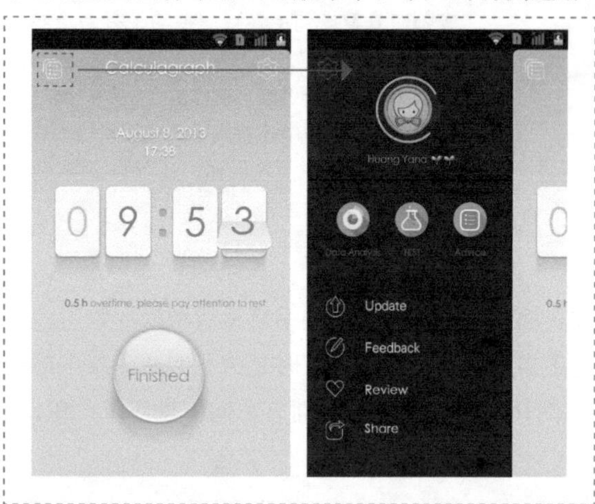

该移动端页面采用左侧滑入导航，当用户需要进行相应操作时，可以单击相应的按钮，滑出导航菜单。不需要时可以将其隐藏，节省界面空间。

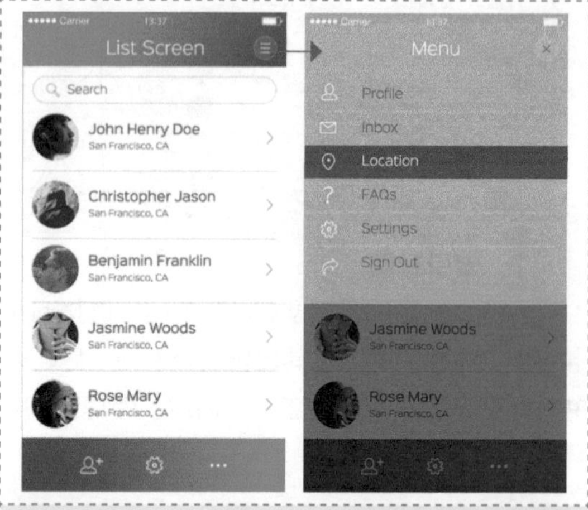

该移动端页面采用顶端滑入导航，并且导航使用鲜艳的色块与页面其他元素相区别。不需要使用时，可以将导航菜单隐藏。

专家提示

侧边式导航又称为抽屉式导航，在移动端网站页面中常常与顶部或底部标签导航结合使用。侧边式导航将部分信息内容进行隐藏，突出了网页中的核心内容。

3.4 网站广告

网站已经成为企业形象和产品宣传的重要方式之一，而广告则是大多数网站页面中不可或缺的元素。如何合理地在网站页面中设置广告，使广告得到最优的展示效果，但又不影响网站页面中其他元素的表现，这也是设计师需要考虑的问题。

网页中的广告最基本的要求就是广告的设计需要符号网站的整体风格，避免干扰用户的视线，更要注意避免喧宾夺主。

3.4.1 网站常见广告形式

网站广告的形式多种多样，形形色色，也经常会出现一些新的广告形式。就目前来看，网站广告主要有以下几种形式。

1. 文字广告

文字广告是最早出现，也是最为常见的网站广告形式。网站文字广告的优点是直观、易懂、意思表达清晰。缺点是太过于死板，不容易引起人们的注意，没有视觉冲击力。

在网站中还有一种文字广告形式，就是在搜索引擎中进行搜索时，在搜索页的右侧会出现相应的文字链接广告。这种广告是根据浏览者输入的搜索关键词而变化的，这种广告的好处就是可以根据浏览者的喜好提供相应的广告信息，这是其他广告形式所难以做到的。

综合门户网站中的文字广告形式

搜索引擎页面右侧的文字广告

2. Banner 广告

Banner 广告主要是以 JPG、Gif 或 Flash 格式建立的图像或动画文件，在网页中大多数用来表现广告内容。目前以使用 HTML5、CSS 样式和 JavaScript 相结合所实现的交互性广告最为流行。

该厨房用品宣传网站在页面顶部的导航菜单下方放置通栏的 banner 广告，在页面中以较大的面积来展示广告图片，在广告页面的底部通过交互的方式叠加放置少量的页面内容，使用户进入该网站就能够被精美的 Banner 广告所吸引。这也是目前多数网站常用的网站广告形式。

3. 满屏广告页面

很多产品宣传网站本身内容较少，而为了能够给用户留下深刻的印象，通常会采用满屏广告图片的方式来充分展现产品，并且在页面中加入相应的交互操作，从而使用户在浏览广告图片的过程中，可以通过页面交互操作，有选择性地了解自己感兴趣的内容。通常都是选择设计精美，富有视觉冲击力的图片进行展示，从而给浏览者留下深刻的印象。当然这种形式只适合表现内容较少的宣传网站页面。

该户外运动品牌宣传网站为了充分展示户外运动的特点，使用精美的户外图片作为页面的满屏背景，使浏览者仿佛置身于户外场景之中。在图片上方叠加放置网站导航菜单以及少量的内容，页面表现完整，能够使浏览者产生身临其境的感觉。

4. 对联式浮动广告

这种形式的网站广告一般应用在门户类网站中，普通的企业网站中很少运用。这种广告的特点是可以跟随浏览者对网页的浏览，自动上下浮动，但不会左右移动。因为这种广告一般都是在网站页面的左右成对出现的，所以称之为对联式浮动广告。

在该综合新闻门户网站的首页，可以看到在页面左右两侧所悬挂的浮动对联广告。这种广告形式通常出现在综合门户网站中，当然它也提供了“关闭”按钮，用户可以将其关闭，以免影响正常浏览。

5．网页漂浮广告

漂浮广告也是随着浏览者对网页的浏览而移动位置，这种广告在网页屏幕上做不规则的漂浮，很多时候会妨碍浏览者对网页的正常浏览，优点是可以吸引浏览者的注意。目前，在网站界面中这种广告形式已经很少使用。

6．弹出广告

弹出广告是一种强制性的广告，不论浏览者喜欢或不喜欢看，广告都会自动弹出来。目前大多数商业网站都有这种形式的广告，有些是纯商业广告，而有些则是发布的一些重要的消息或公告等。当然，这种广告通常会在弹出并持续数秒之后自动消失，一般不影响用户对网站内容的阅读。

这种弹出式广告通常出现在综合门户类网站中，通常是刚打开该网站首页时弹出。这种广告通常会在弹出并持续数秒之后自动消失，一般不影响用户对网站内容的阅读。

3.4.2　广告应该放置在页面中哪些位置

在确定网页中广告位的位置之前，最先考虑的是，从普通浏览者的角度出发，来考虑网站用户的关注点究竟是什么。网页中的最佳关注位置会有哪些呢？

（1）一般来说，网站首页第一屏中间偏下方的通栏区域是吸引浏览者眼球的核心地带；其次是通栏左边的区域，在页面中的这个位置放置定向推广广告，会带来最好的浏览效果。

目前，在很多企业宣传网站中，都会在第一屏导航菜单的下方放置横向通栏的大幅宣传广告。该位置在网页中非常醒目，当用户刚打开网站页面时，第一眼就能够看到商品或服务的宣传广告，该位置也是最有效地广告宣传位置。

（2）导航栏、搜索框附近都是浏览者习惯性会注意到，并且停留时间较长的区域，所以千万不可小看这些位置的广告效果，简洁、直观的广告是不错的投放选择。

在一些综合性的门户网站中，广告位较多且面积大多比较小，位于导航菜单或者是搜索栏附近的广告位相对于页面中其他的广告位来说，更加容易被浏览者注意到，所以在综合性门户网站中投放广告可以考虑该位置。

（3）根据网站的具体情况，在热点区域可以放置尺寸较小的广告，并根据网页的整体风格来搭配广告，将广告制作成与网页相同的风格会获得很好的效果。

（4）在页面中用户容易关注的热点区域附近，适当地添加一些简洁的推广广告，将会吸引浏览者的注意，产生点击行为。

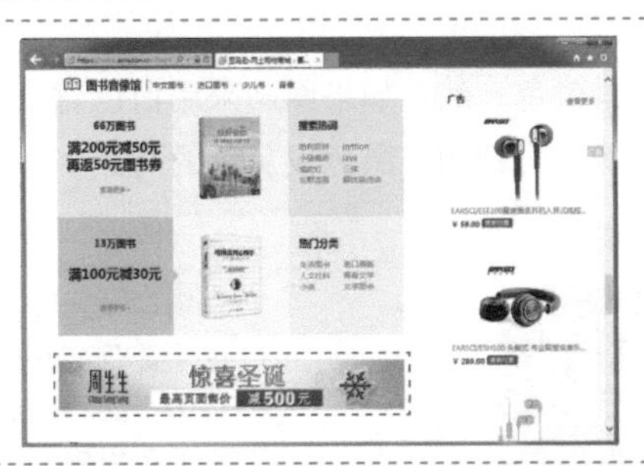

在该电子商务类网站页面中，在首页的商品分类与分类之间放置了横向的banner广告，这样的广告也比较容易被浏览者注意到。因为当用户查找商品分类时，一眼就能够看到。

专家提示

关于网站广告的尺寸设计标准，由于每个人的设计理念不尽相同，因而很难去划定。所以，目前关于广告尺寸并没有一个统一的标准，设计师在设计整体网站时，需要统合考虑网站页面的排版及位置，一旦确定了广告在网页中的位置和大小，以后在更换广告时就需要根据确定好的广告尺寸进行设计制作。

3.4.3 需要什么样式的广告

网站广告和传统广告一样，同样有一些制作的标准和设计的流程。网站广告在设计制作之前，需要根据客户的意图和要求，将前期的调查信息加以分析综合，整理成完整的策划资料，它是网站广告设计制作的基础，是广告具体实施的依据。

1．为广告选择合适的排版方式

选择好广告在网页中的投放区域后，尽量选择投放符合阅读习惯的横向广告，这样的广告效果较好。采用较为宽松的横向排版方式，浏览者可以非常方便地在一行内获取更多的广告文字信息，而不用像阅读较窄的广告那样每隔几个词就得跳转一行。

在导航菜单下方放置通栏的大幅宣传广告，并且可以采用轮换图的方式，轮流进行展示，视觉效果突出。

网页中广告的位置与排版需要适合用户的阅读方式。在商业类网站的首页，大多都会在顶部的导航菜单下方放置横向的通栏广告，用于宣传网站的商品或者服务。而广告的排版方式，多采用横向的，简洁的广告文字与图像相结合，并且要突出文字的易读性。

2．为广告选择合适的配色

颜色的选择会直接影响到广告的表现效果，合适的广告配色有助于用户关注并点击广告。反之，用户则可能直接跳过去。因为浏览者通常只关注网站的主要内容，而忽略其余的一切。

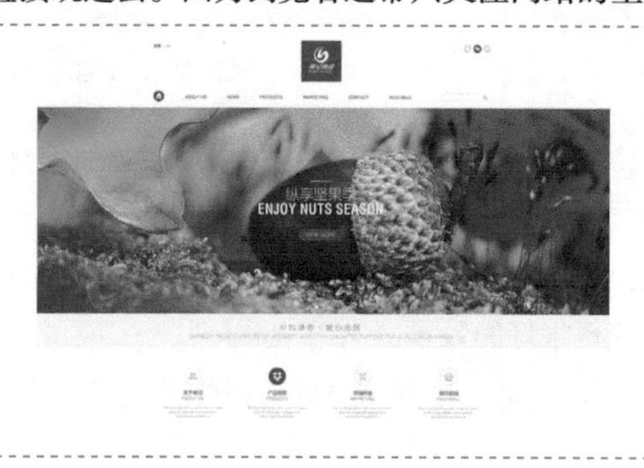

网页中广告的配色需要与整个页面的设计风格相符。该食品网站页面中，以白色和浅灰色作为页面的背景主色调，局部点缀红色来突出重点选项或内容。导航栏下方的通栏广告同样偏暖色，与页面中局部点缀的红色相呼应，并且暖色系的广告配色给人一种热情、欢乐的印象。

3．运用融合、补充或对比

融合是指让广告的背景和边框与网页的背景颜色一致。如果网站采用白色背景，建议使用白色或其他浅色的广告背景颜色。一般来说，黑色的广告标题、黑色或灰色的简介字体、白色的背景颜色是一个不错的选择。

在该产品宣传网站页面中，将产品形象自然地融入整个页面中，成为页面的一部分。并且网站页面的色彩搭配也取自该商品的包装色彩，使用接近黑色的深灰色作为主色调，在页面中搭配金色的标题文字和白色的内容文字，简洁而醒目，网站内容与商品广告有效地融合在一起。

补充是指广告可以使用网页中已经采用的配色方案，但这个配色方案与该广告的具体投放位置的背景和边框可以不完全一致。

对比是指广告的色彩与网站的背景形成鲜明的反差。建议在网页比较素净或者页面广告比较多的情况下，可以使用这种方式突出广告的视觉效果。

在该产品宣传网站页面中，在顶部的导航菜单下方放置通栏的产品宣传广告。广告的色彩搭配采用强对比的方式，左半部分为蓝色调，与整个页面的色彩统一，而右半部分则运用洋红色调。不仅广告栏的左右部分形成强烈对比，也与整个页面形成对比，使广告效果更加突出。

3.4.4 做网页广告需要注意的问题

1．第一屏广告

用户打开网站页面先看到的内容就叫作第一屏，比较常见的第一屏广告布局就是在导航栏下面放置广告，一般这里的广告位是展示率最高的。但是，设计者有没有考虑过，这个位置的广告如果太多往往会很严重地影响用户体验。有的用户打开页面不会往下拖动，一看没有自己要找的东西，直接就会关闭掉页面。所以第一屏的广告建议少放，最好不要占满整屏。

2．内容页中广告

很多网站为了增加广告的数量，在内容页面的多个地方都放置了广告位，这种行为其实很没有长远眼光。想想看，网站的目的是什么？是宣传产品或服务，这些都需要网站内容来体现，现在你将自己的内容整个插入广告，导致用户体验大大降低，长期下去网站只会走下坡路。同时内容页的广告对于跳出率的影响很大。

3．弹窗广告

弹窗广告是目前很普遍的一种广告形式。但是弹窗广告很影响用户体验，如果一定要投放，可以设置成注册会员登录后不会有弹窗广告，并且在醒目的位置提示用户，这样用户也会理解网站的苦衷。

4．网站空白处的广告

很多网站为了不让网页侧栏部分留出空档，会在页面的空档部分强行塞入许多广告，不提倡这样的方式。适当留白才不会对浏览者造成视觉上的压抑，并且更能突出页面内容的表现。

3.5 多媒体元素

与传统媒体不同，网页界面中除了文字和图像以外，还包含动画、声音和视频等新兴多媒体元素，更有由代码语言编程实现的各种交互式效果。这些极大地增加了网页界面的生动性和复杂性。

3.5.1　网页动画的应用类型

首先需要明确的是，我们不能将动画效果随便应用于任何网页元素之上，就像网页设计的其他方面，使用哪种动画效果，何时使用，交互效果怎样，这些都需要仔细考虑。

专家提示

网页中动画效果的实施细节和交互效果是设计师必须要考虑的。如果所设计的交互动画过于耗费资源，拖慢用户的移动设备，更糟的是普通 PC 计算机访问都会很慢，那么这样的交互动画会大大影响网站的用户体验。

由此入手，接下来向大家介绍几种网页中典型的动画应用。

1．页面加载动画

这类动画的作用在很久以前就得到了印证，就在图形化用户界面首次出现时，最早的方式是鼠标指针变成沙漏，还有进度条也是。这些惯例第一时间就被网页采用了，理由很充分，就是当用户开始疑惑正在发生什么时，加载动画会给用户一种操作的反馈，使用户理解并愿意继续等待一些时间。

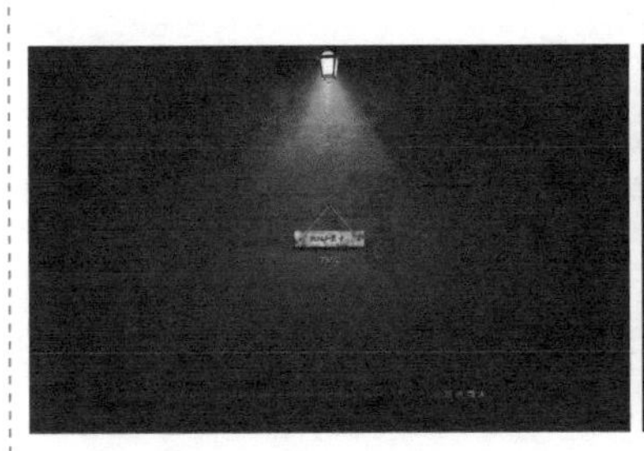

当用户打开该网站页面时，页面显示相应的文字提示，提示用户正在读取网站数据，并且在文字提示的下方显示读取的百分比数值，清晰地表现出当前网站加载进度，给用户很好的反馈。当加载完成后自动进入到该网站的首页中，用户能够更加顺畅地浏览网站中的所有页面。

技巧点拨

页面加载动画主要是在当页面还没有完全被载入时，提供给浏览者一种反馈。无论使用哪种动画表现方式告诉用户正在发生的事情，哪怕通过一个简单的进度条，也能够极大减轻用户等待的焦虑。

2．元素交互动画

网页元素交互动画是网页中最普遍的一种交互动画，动画效果的发生需要用户在网页中做出相应的触发事件，例如点击。在目前扁平化设计越来越普遍的情况下，人们需要了解页面中可交互元素与普通装饰元素之间的区别，所以给出相应的反馈是必须的。例如鼠标移至选项上改变背景颜色、弹出下拉菜单，或者单击箭头图形，以动画方式切换当前显示内容等，这些都是元素交互动画，也包含侧边栏菜单滑入页面的动画，还有模拟窗口放大显示的动画。

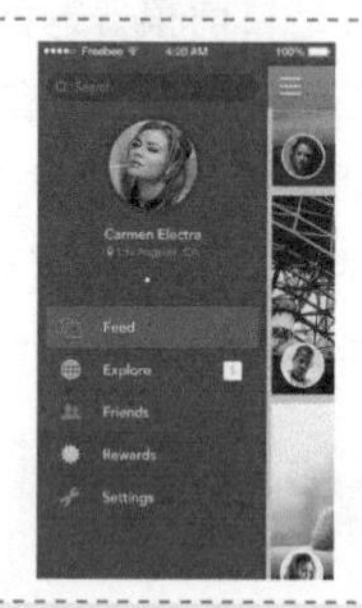

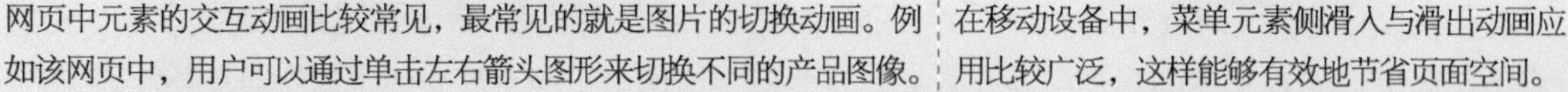

网页中元素的交互动画比较常见，最常见的就是图片的切换动画。例如该网页中，用户可以通过单击左右箭头图形来切换不同的产品图像。

在移动设备中，菜单元素侧滑入与滑出动画应用比较广泛，这样能够有效地节省页面空间。

3．故事型页面动画

如今，很多个性网站都会通过动画来向浏览者讲故事，这样的动画其实是被设计出来与用户进行互动的网站。例如，页面可以进行左右滚动或者上下滚动等，通过用户的操作来触发动画，讲述故事。

故事型的页面动画对于提升用户体验一直存在争议，这样的交互动画并没有提升可用性的意图，只是为了让用户印象深刻，为用户提供与主题相对应的环境。

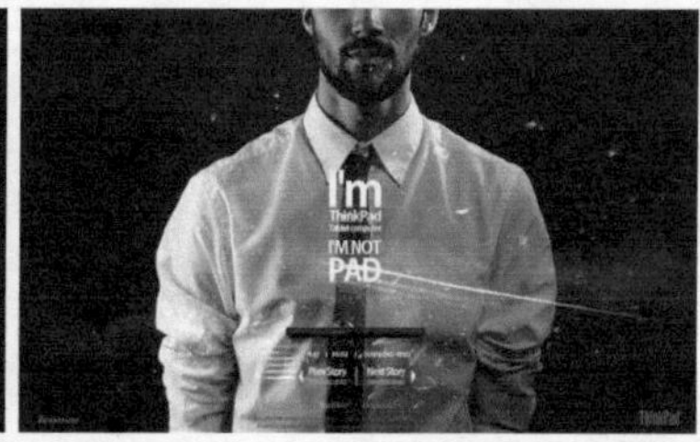

该网页是一个笔记本电脑宣传页面，整个网站采用故事型交互动画的方式表现内容。用户可以在页面中通过拖动鼠标的方式来选择查看相关介绍内容，给人带来很强的交互体验。

专家提示

故事型页面动画本身的质量非常重要，直接影响到用户与页面的交互效果。使用过度则会影响网站的性能，或是影响页面内容本身。如果用户在网站上找不到自己需要的内容，那么所有的交互动画都没有任何意义。

4．装饰动画

有些设计师会在网站中加入一些没有目的的动画，只是为了提升页面的动态视觉效果，这样的动画就可以称为装饰动画。

装饰性的动画应该完全隐藏起来，在用户进行相应的操作后再展现出来。还可以包含微妙的动画，只在用户触发某个特殊操作时才展现，比如鼠标悬停在页头和页尾的某个小元素上面。

在该汽车活动宣传网站的设计中，使用制作精美的动画效果作为页面的背景，为页面增添了动感和强烈的视觉冲击。而页面中的按钮以下底部的导航菜单元素同样也添加了简洁的交互动画效果，当鼠标移至相应的元素上方时，即可触发菜单动画。

技巧点拨

装饰性动画一定要切忌过多地使用和滥用，因为它会使用户分心。网站的目标是使用户能够把注意力放在主题内容上，而不是装饰动画上。

5．广告动画

广告，对于很多商业网站来说就是它们收入的来源，而对于一般的企业网站来说，也是展示和宣传企业产品和服务的重要途径。将网页中的广告制作为交互动画效果，有些还添加了声音，这样能够有效地吸引用户的视线。

专家提示

对于商业网站来说，广告几乎是无法避免的。而对于很多普通的宣传介绍型网站来说，在网页中应用广告动画则需要非常谨慎，与装饰动画存在相同的问题，广告动画也会将用户的注意力从页面主题内容上分散开。

在电子商务和门户类网站中，广告动画的应用非常普遍，重点是为了吸引浏览者的关注，当然这也会为商业网站带来不菲的收入。

最终，决定权还在你的手里。没有广告、低调的广告或是动画广告，都需要你仔细权衡。

3.5.2　网页动画的用户体验原则

无论在网页中应用哪种动画类型，都一定要与整个网页画面相协调。如何才能使网页中的动画带给用户良好的体验呢？下面总结了几条网页动画的原则。

1．打开速度快，运行流畅

网页中的动画要求运行流畅，不能卡顿，并且拥有较快的打开速度。没有人会喜欢在页面中等待太长的时间，或者动画在播放过程中出现卡顿的情况，这些都会给用户带来糟糕的体验。

2．动画节奏适中

交互动画的节奏很重要，用户在页面中做出某个操作后，需要迅速地得到相应的动画反馈，而不是在等待很长时间后才获得。那样的话用户会对页面失去耐心。

技巧点拨

通常，网页中的交互动画都是以“毫秒”作为度量单位的，所以在处理网页中的交互动画时，要确保动画节奏适中，不能让人感觉有延迟。

3．从细微元素着手

将动画当作设计工具而非样式表现时，最好从页面的细微元素着手，例如，微小低调的动画表现更好，巨大炫目的动画效果必须带有实用的目的，而不是只是为了表现网站的个性。

除了那些让网页元素感觉更加“真实”和接近自然的动画，多数网站都不需要任何的动画。例如让网页中的按钮动起来，让隐藏的导航菜单滑入等，这些细小而微妙的交互动画设计才是关键。以此为起点，如果你能确信，更大更闪耀的动画在用户体验方面更符合网站的目标，那么就全力以赴。

4．不干扰主画面内容

网页中的交互动画是为网站功能和主题内容提供更好服务的，是为了使用户在浏览和操作网站时能够获得相应的反馈，从而提升用户体验。而不能刻意突出动画的表现，使得动画干扰网页主画面内容，这样就失去了动画在网页中的意义。

3.5.3 音频元素的应用

网站设计中声音可能以背景音乐、语音、音效等方式出现。语音可以替代文字，帮助一些有阅读障碍或者视觉障碍的用户识别信息；音乐用来塑造互动产品所表达的情绪；音效则用于吸引用户的注意力或者对用户的操作进行反馈。针对界面中不同的声音类型，设计中也应该遵循不同的原则。

1．背景音乐的应用

通常背景音乐不宜过大，而且在网页刚打开时，音乐最好能够以渐强的方式出现，避免开始时过强的声音和节奏对人耳造成伤害，也给人心理带来负担。如果音乐默认为循环播放，还应该为用户提供开关按钮或音量大小调整选项，保证用户可以随时将其关掉。

这是一个演出活动的宣传网站，运用动画的方式展现出奇幻的演出场景，并且在页面中添加了相应的背景音乐，给浏览者一种身临其境的感受。在页面右下角提供了控制音乐开关和调整音量大小的选项，给用户带来很好的体验。

2．音效的应用

音效通常会伴随着图标或者按钮的操作出现，在一定程度上起到提醒用户的作用。但是音量不宜过大，持续时间不宜太长，而且不同操作的音效应该不同，否则会造成理解上的混乱。

在该卡通风格的网站页面中，页面中的内容非常少，通过交互的卡通动画形式为用户带来童趣。为页面中的卡通交互对象添加音效，当鼠标移至某个交互对象上方时，则突出显示该对象，并播放音效，使整个网页的体验更加有趣。

技巧点拨

如果某个音效的设计是为了吸引用户的注意力，除非特别需要，应该减少使用的次数，以免造成用户的操作惯性。习惯性忽略这个音效，音效反而起不到应有的作用。

3．语音的应用

语音也逐渐广泛应用在互动艺术中，例如在网站注册时需要输入验证码。有时验证码难于辨识，就可以使用语音技术读出这些字母或数字，方便输入，尤其为视觉障碍的用户提供了便利。这时的语音设计就要以清晰可辨为目标，最好用真人的声音。电子声音通常难以听清，且给人冷冰冰的感觉，缺少亲和力。

3.5.4　视频元素的应用

随着互联网与 HTML5 的发展，视频在网页中的应用也越来越多，主要表现为两种形式：一种是使用视频作为动态背景，给浏览者带来全新的视觉体验。

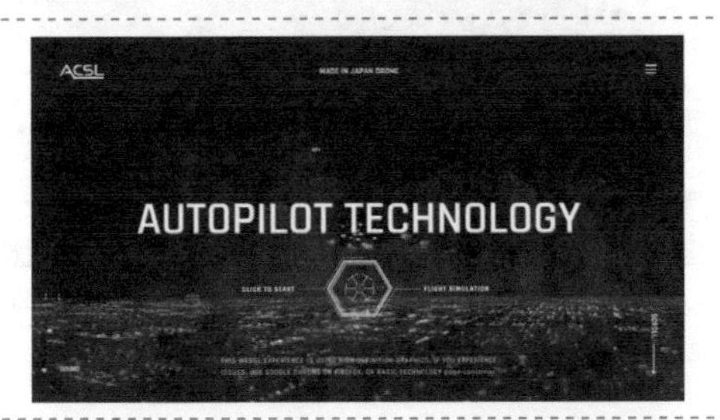

将视频应用作为网站首页面的背景，给用户带来一种强烈的视频动态，具有很好的视频体验效果。需要注意页面中的文字内容不能过多，并且需要使用大号以及与视频颜色形成对比的色调体现。

另一种是在网页中嵌入视频播放，更好地表现产品的宣传广告。

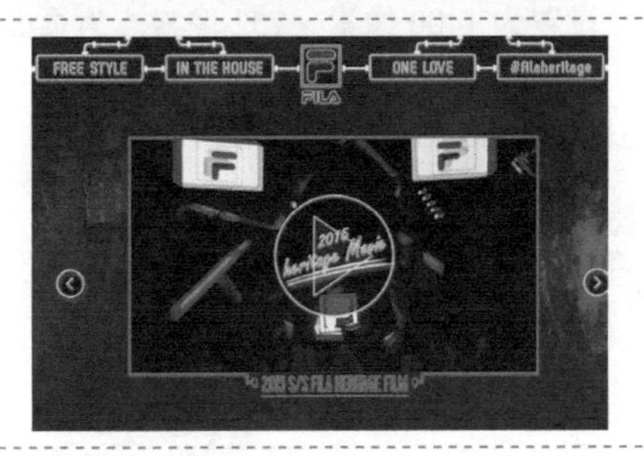

很多品牌或产品中会嵌入广告视频的播放，视频宣传广告总是能够吸引用户的关注。需要注意的是，要提供视频控制的相关按钮，如关闭视频、调整视频音量等。

技巧点拨

在网页中应用视频需要注意，视频效果是为网页内容服务的，需要与网站的主题相统一；并且尽可能应用较小的视频文件，减少用户等待的时间；而且视频在网页中的位置不能够干扰用户的正常阅读。

专家提示

在网站页面中合理地应用与网站主题风格相统一的声音或视频元素，可以极大地丰富网站页面的视听效果。但还是要为用户提供控制声音或视频的开关，将选择权交给用户，避免对用户造成困扰。

3.5.5　实战分析：设计网店促销活动页面

本案例设计一个网店的箱包产品促销活动页面，以旅行为主题，运用旅行相关的素材与主题文字的设计，结合店铺产品，通过突出的页面视觉效果来吸引浏览者的关注，充分表现出旅行的快乐与随性。

1．色彩分析

本案例所设计的箱包促销活动页面使用深蓝色作为主色调，配合图像的使用，模拟出太空的景象，与旅行的促销主题相统一。在页面中搭配红色的图形，与页面顶部的深蓝色形成强烈的对比效果，使得页面富有活力，视觉效果非常突出。

2．用户体验分析

该促销活动页面重点在于突出页面视觉效果，在页面顶部通过背景素材来衬托活动主题文字，并且对主题文字进行了变形处理，使得活动主题的表现非常清晰、醒目。页面采用比较随意的布局方式，结合与主题相关的素材来表现产品。页面生动形象，给浏览者一种舒适自然的感觉，浏览页面时更像是在浏览杂志。

3．设计步骤解析

（1）在 Photoshop 中新建文档，将页面尺寸设置为 1400 像素 × 752 像素。为页面填充浅灰色背景颜色，并拖入素材图像。

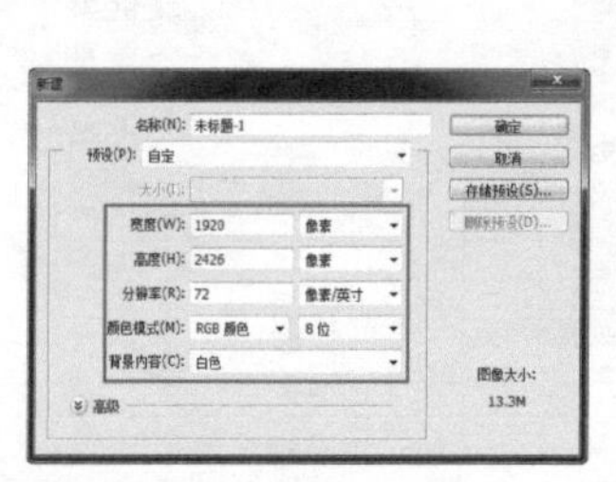

（2）在页面顶部居中的位置制作网站 Logo 以及横向的导航菜单选项。输入主题文字，对主题文字进行变形处理，并添加相应的图层样式，有效突出主题文字的表现效果。

技巧点拨

活动促销页面中的主题通常会放置在页面的第一屏，并通过大号的字体进行突出表现。文字的变形处理也是突出主题的有效方法。需要注意的是，主题文字的变形效果需要与页面的整体风格统一。

（3）为页面顶部的主题文字区域添加相应的素材图像，并分别进行处理，从而使页面主题区域的表现更加丰富。绘制矩形并对矩形进行变形处理，拖入相应的素材进行处理，制作出活动优惠的背景效果。

（4）输入活动文字并拖入相应的产品素材图像进行处理，注意体现出活动内容的主次关系，如下左图所示。在页面底部绘制相应的图形并添加纹理效果，与页面中其他的图形相结合，使页面形成一个整体，如下右图所示。

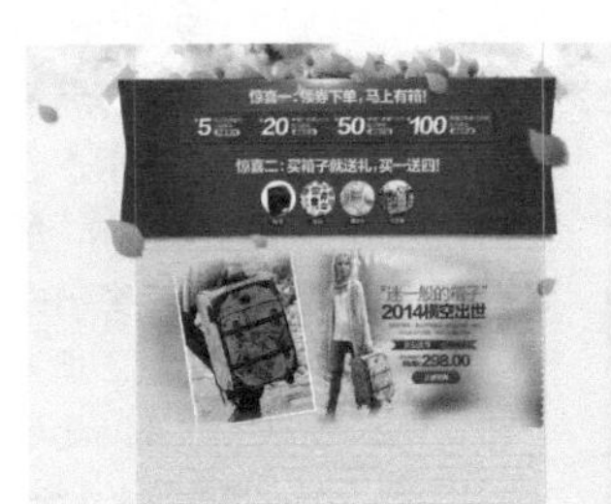

（5）绘制相应的图形并拖入产品图片进行处理，添加产品宣传文字内容，完成页面底部相关内容的制作。完成该网店促销活动页面的设计制作，页面采用随意的版式布局，重点突出页面视觉效果的表现，最终效果如下右图所示。

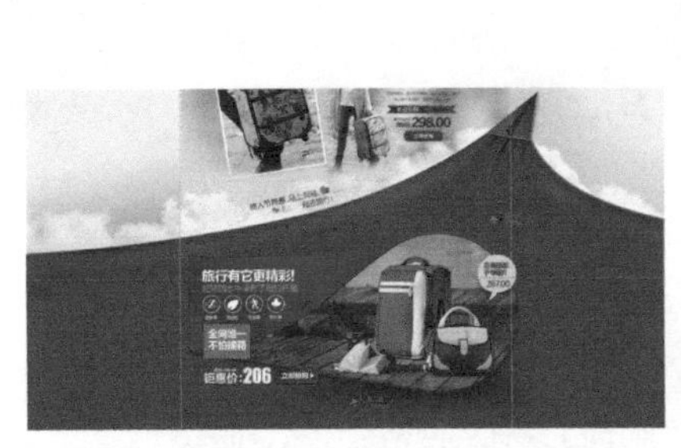

3.6 网站页面的布局

网页布局是指网页的整体结构分布，合理的页面布局应该符合用户的浏览习惯，合理地引导用户的视线流。一个清晰有效的布局，可以让用户对网站的内容一目了然，快速了解内容的组织逻辑，从而大大提升网站的可阅读性和整体视觉效果。

技巧点拨

网页布局最重要的基础原则是重点突出、主次分明、图文并茂。网页的布局必须与企业的营销目标相结合，将目标客户最感兴趣的，最具有销售力的信息放置在最重要的位置。

3.6.1 符合用户的浏览习惯

如果为网站设计一个合理的布局，我们首先必须对人们使用网站的复杂环境有个基本的认识。如果希望建立一个用户易于使用的界面，就必须了解用户如何看待它，以及用户眼中的系统是个什么样子的。为了达到以上目的，我们就必须理解用户是如何处理技术的复杂性的。

当人们与现实世界中的事物进行交互时，他们将构思事物的运行方式并利用自己对事物运行方式的理解去完成任务。很多事物易于理解和使用，但也有很多事物的性质比较复杂，人们不能够很容易地掌握，它们的外观并不能清晰地反映它们的使用方法，所以人们必须假想许多操作它们的方式。这个假想基于以往的经验，所以设计师要尊重用户习惯并使用经验的网站设计结构，才能更容易地被用户接受和理解。

在网站设计领域，不同的网站形态和布局结构代表了不同的网站类型。例如，如下两种典型的网站布局形式。

搜索引擎网站就是一种典型的网页布局结构，其重点是为了方便用户进行信息的搜索和查找操作，所以界面非常简洁，重点突出搜索框，方便用户的使用。所有的搜索引擎网站都是以此为标准进行页面布局的，极大地方便了用户的操作。

微博网站也是一种典型的网页布局结构，整个页面分为 3 栏，中间栏顺序放置最新鲜的微博资讯，左侧为相关微博信息的分类，右侧为登录窗口，登录成功后显示个人信息。网页层次结构清晰，方便用户的浏览。

专家提示

当我们接受一个网站项目时，第一件事就是确定它的定位。看看相关领域有没有典型的结构布局，如果有，最好能遵守这种典型布局。否则用户需要花更多的时间了解你的网站是什么，能做什么。

3.6.2 常见的网页布局形式

不同类型的网站，不同类型的页面往往有固定的不同的布局。这些布局符合用户的认知，在页面内容和视觉美观之间取得平衡。我们按照分栏方式的不同，把这些布局模式简单地分为 3 类：一栏式布局、两栏式布局和三栏式布局。

1．一栏式布局

一栏式布局的页面结构简单、视觉流程清晰，便于用户快速定位。但由于页面的排版方式的限制，只适用于信息量小、目的比较集中或者相对比较独立的网站，因此常用于小型网站首页以及注册表单页面等场合。

采用一栏式布局的首页，其信息展示集中，重点突出，通常会通过大幅精美的图片或者交互式的动画效果来实现强烈的视觉冲击效果，从而给用户留下深刻的印象，提升品牌效果，吸引用户进一步浏览。但是，这类首页的信息展现量相对有限，因此需要在首页中添加导航或者重要的入口链接等元素，起到入口和信息分流的作用。

该摩托艇宣传网站采用了一栏的布局形式，使用合成处理的海洋图片作为该网站页面的整体背景，使得页面形成一个整体。导航菜单下方的宣传广告则采用了主体人物叠加在导航菜单栏上的方式，使得页面表现出很强的三维立体感。页面下方的内容采用了图文相结合的介绍方式，信息层次分明。同时页面顶部的导航菜单也为用户提供了网站中其他页面的链接，起到了分流和推广的两大作用。

一栏式布局还经常被使用在目的性单一的页面，例如搜索引擎网站页面；或者较为独立的二级页面和更深层次的页面，例如用户登录和注册页面。

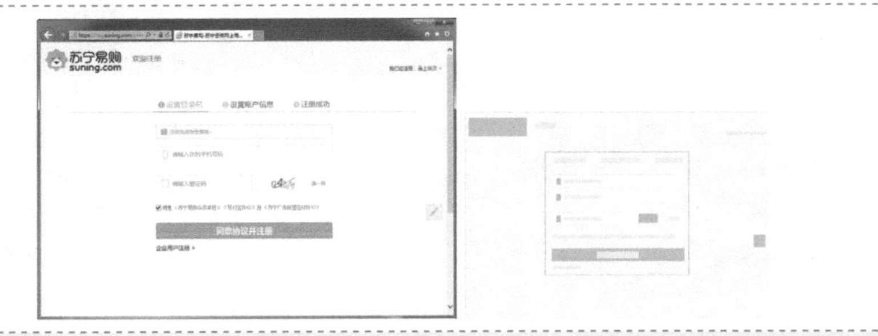

这是一个电商网站的注册页面，采用一栏布局。在用户登录或注册页面中，由于用户的焦点只聚集在表单填写上，因此除表单以外只需要提供返回首页及少数重要入口即可，不需要过多不必要的信息和功能，否则反而会引起用户的不适。

2．两栏式布局

两栏式布局是最常见的布局方式之一，这种布局模式兼具一栏式和后面要讲解的三栏式布局各自的优点。相对于一栏式布局，两栏式布局可以容纳更多的内容，而相对于三栏式布局，两栏式布局的信息不至于过度拥挤和凌乱。但是两栏式布局不具备一栏式布局的视觉冲击力和三栏式布局的超大信息量的优点。

两栏式布局根据其所占面积比例的不同，可以将其细分为左窄右宽、左宽右窄、左右均等 3 种类型。虽然表面上看只是比例和位置的不同，但实际上它影响的是用户浏览的视线流以及页面的整体重点。

（1）左窄右宽

左窄右宽的布局通常采用左边是导航（以树状导航或一系列文字链接的形式出现），右侧是网页的内容设置。此时左侧不适宜放置次要信息或者广告，否则会过度干扰用户浏览主要内容。用户的浏览习惯通常是从左至右、从上至下，因此这类布局的页面更符合理性的操作流程，能够引导用户通过导航查找内容，使操作更加具有可控性，适用于内容丰富、导航分类清晰的网站。

该网站页面通过色彩的划分明显可以看出其采用了左窄右宽的布局方式，左侧主要放置网站的 Logo 和导航菜单，右侧部分则是页面的具体内容信息。内容部分创意性地将传统水墨元素与现代人物相结合，表现出一种传统与现代相融合的艺术感。这种左窄右宽的布局形式通常都是将网站导航菜单放置在左侧，使得用户对网站的操作更加具有可控性。

（2）左宽右窄

和前面的左窄右宽方式相对应，左宽右窄型的页面通常内容在左，导航在右。这种结构明显突出了内容的主导地位，引导用户将视觉焦点放在内容上。在用户阅读内容的同时或者之后，才引导其去关注更多的相关信息。

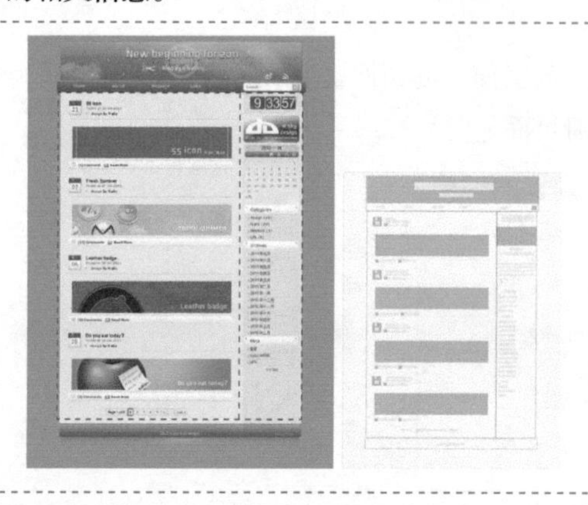

这是某博客网站的页面布局，在页面顶部放置导航菜单，页面主体内容区域则采用了左宽右窄的布局方式，突出表现最新的博客内容。许多博客类网站页面采用左宽右窄的布局方式，突出显示当前最新发表的几篇博客文字的标题和简介内容，右侧放置博客的相关分类链接等内容，视觉流程非常清晰合理。

（3）左右均等

左右均等指的是左右两侧的比例相差较小，甚至完全一致。采用这种布局类型的网站较少，适用于两边信息的重要程度相对比较均等的情况，不体现出内容的主次。

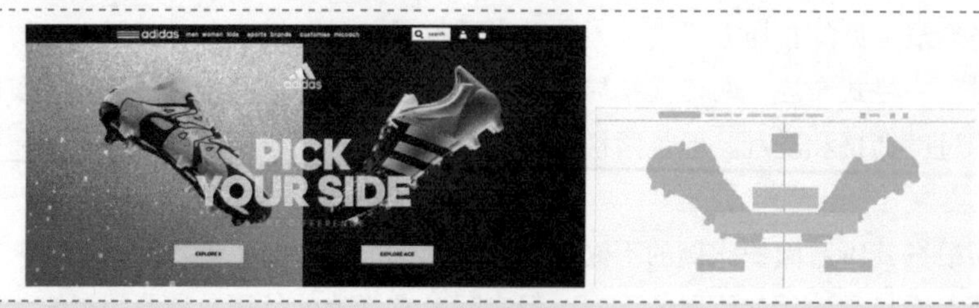

该运动品牌的宣传网站采用的就是左右均等的布局方式。左右两侧运用不同的背景颜色，形成强烈的色彩对比，左右两侧的产品图形色彩又是相同的，并且对称放置。这种布局方式给人强烈的对称感和对比感，能够有效吸引浏览者的关注。但这种方式只适合信息量较少的网页，其信息内容一目了然。

对比这 3 种方式，我们可以看到每种方式的内容重点和视线流的方向都是不一样的，如下图所示。

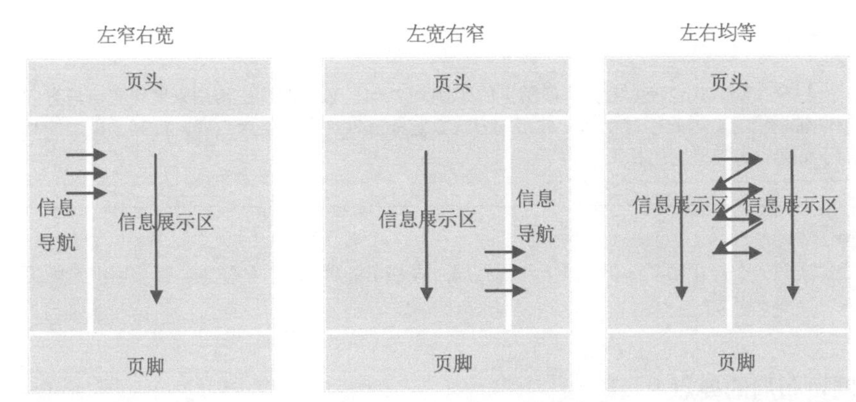

左窄右宽型的导航位置相对突出，引导用户从左至右地浏览网站，即从导航寻找信息内容；而左宽右窄型的左侧往往放置信息内容，可以让用户聚焦在当前内容上，浏览完之后才会通过导航浏览更多相关内容。对于左右均等型，如果两侧放置的均为内容，那么用户的视线流主要从上至下，两侧间存在一定的交叉性；如果左侧或者右侧放置了导航，那么左、右侧的视线会出现很多的交叉，在一定程度上增加了用户的视觉负担。

3．三栏式布局

三栏式的布局方式对于内容的排版更加紧凑，可以更加充分地运用网站的空间，尽量多地显示信息内容，增加信息的密集性。常见于信息量非常丰富的网站，如门户网站或电商网站的首页。

但是内容量过多会造成页面上信息的拥挤，用户很难找到所需要的信息，增加了用户查找所需要内容的时间，降低了用户对网站内容的可控性。

由于屏幕的限制，三栏式布局都相对类似，区别主要是比例上的差异。常见的包括中间宽、两边窄或者两栏宽、一栏窄等。第一种方式将主要内容放置在中间栏，左右两栏放置导航链接或者次要内容；第二种方式将两栏放置重要内容，另一栏放置次要内容。

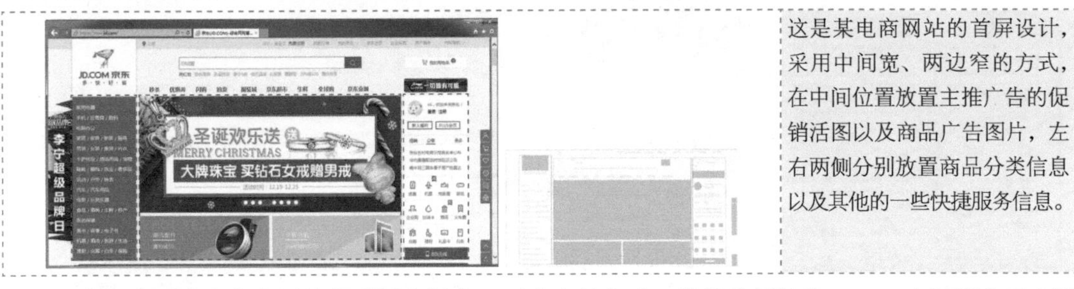

这是某电商网站的首屏设计，采用中间宽、两边窄的方式，在中间位置放置主推广告的促销活图以及商品广告图片，左右两侧分别放置商品分类信息以及其他的一些快捷服务信息。

很多门户网站和电商网站都采用中间宽、两边窄的方式，常见比例约为 1:2:1。中间栏由于在视觉比例上相对显眼（相应地，字体也往往比左右两栏稍大），因此用户默认将中间栏的信息处理成重点信息，两边的信息自动处理为次要信息和广告等。因此，这类布局往往引导用户将视线流聚焦于中间部分，部分流向两边，重点较为突出，但容易导致页面的整体利用率降低。

这是某新闻门户网站的首页，采用两栏宽、一栏窄的布局方式，右侧两个较宽的栏用于表现最新的新闻信息，而左侧较窄的栏则放置一些图片广告等信息。这类新闻门户网站能够满足不同类型人们的需求，信息量很大。

技巧点拨

两栏宽、一栏窄布局方式也较为常见，最常见的比例为 2:2:1。较宽的两栏常用来展现重点信息内容，较窄的一栏常用来展现辅助信息。因此相对于前一种布局方式，它能够展现更多重点内容，提高了页面的利用率。但相对而言，重点不如第一种方式突出和集中。

专家提示

如果用户需求较为个性化和多样化，以上几种布局方式都不能满足用户的需求，那么可以考虑采用个性化定制的布局方式。

3.6.3 网页布局的要点

网站页面的布局并不是将页面中的元素在网页中随便地排列，网页布局是一个网站页面展现其美观性、实用性的最重要的方法。网站页面中的文字或者图形图像等一些网页构成要素的排列是否协调，决定了网页给浏览者的视觉感受和页面的实用性。因此，如何才能让网页看起来美观、大方、实用，是设计师在进行页面布局时首先需要考虑的问题。

1．选择合适的布局方式

在设计布局时，最重要的是根据信息量和页面类型等选择合适的分栏布局方式，并根据信息间的主次选择合适的比例，给重要信息以更多空间，体现出内容间的主次关系，引导用户的视线流。

针对门户网站首页，由于其具有海量的信息，目前较多采用三栏式布局，同时需要根据信息的重要程度，选择适合的比例方案。针对某个新闻等的具体页面，新闻内容才是用户最为关注的内容，导航等只是辅助信息，因此适合采用一栏式或者以新闻内容为主的两栏式布局。

这是某新闻门户网站的首页和内容页面。因为新闻门户网站的首页中需要呈现的信息量非常大，所以其页面导航下方的内容部分采用了三栏布局的方式，并且将重要新闻内容的栏宽设置得较大，字体也较大一些，而左侧的辅助信息部分栏宽则较小，字体也较小。如果进入到某一条新闻的内容页面，可以看到该页面新闻标题下方的内容部分采用了两栏式的布局，左侧较宽的为新闻的正文内容，右侧较窄的则用于呈现广告和相关的推荐内容。

2．通过明显的视觉区分，保持整个页面的通透性

有时候，网站版块之间的设计缺少统一的规范，就很容易导致各版块间的比例不一致，从而在视觉上给用户一种凌乱的感觉，也容易打断用户较为连贯流畅的视觉流。而保持整个页面的通透性，可以增加用户阅读的流畅性和舒适性，只需要统一各版块间的比例，同时通过线条、颜色等视觉元素增加各栏间的区分度，就可以轻松做到。

通过背景色块划分页面中不同的内容区域，使页面层次结构清晰

根据栏目内容采用不同的表现形式，并且各栏目之间保留较大的留白区域，各部分内容清晰、易读

在该网站页面设计中使用不同明度白色、浅灰色色块来划分页面中不同的内容区域，而页面中的顶部导航菜单部分则使用了高饱和度的红色背景，使得页面层次表现非常清晰，并且有效突出了顶部导航菜单的表现效果。版块与版块之间留有一定的间隔，从而保持了整个页面的连贯性与通透感，每个栏目又根据其内容特点采用了不同的表现方式，整个页面内容划分清晰、易读。

3．按照用户的浏览习惯及使用顺序安排内容

根据眼动实验结果，用户的注意力往往呈现F形，因此在页面布局设计时，应该尽量将重点内容放置在页面的左上角，右侧放置次要内容。

4．统一规范，提升专业度

对于网站内的不同页面类型，应该选择适合的页面布局。对于同一类型或者同一层级的页面，应该尽量使用相同的布局方式，避免分栏方式的不同或者分栏比例上的差异，从而保持网站的统一性和规范性，使网站显得更加专业。

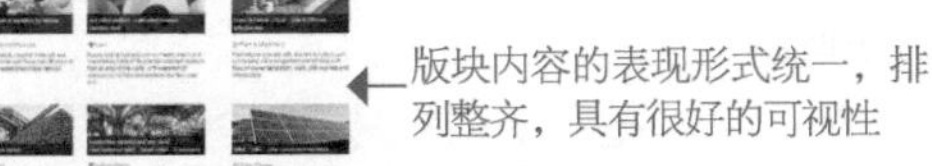

通过背景色块划分页面中不同的内容区域，使页面层次结构清晰

将网站中的重点版块内容叠加在宣传广告图片的上方进行显示，突出该部分内容

版块内容的表现形式统一，排列整齐，具有很好的可视性

在该企业网站页面的设计中，同样是通过不同的背景颜色对页面中不同的内容区域进行划分，使页面的结构非常清晰。网站中各部分内容的表现都采用了统一的形式，图片、标题和简介相结合，给人一种非常统一、规范的印象。将页面中的重点内容叠加在宣传广告上方显示，有效突出了该部分内容。

3.6.4　实战分析：设计儿童网站

在儿童网站界面设计过程中，可以选择富有生机和活力的图片进行搭配，运用有趣的图片对网站界面进行灵活的布局设计，这比文字内容较多的设计更能吸引浏览者的注意力。

1. 色彩分析

本案例所设计的儿童网站页面的色彩比较丰富，重点使用蓝色的天空、绿色的草地和白色的云朵来构成一幅大自然的和谐画面。在页面内容的配色上使用黄色、橙色等色彩进行点缀，使整个网站界面色彩丰富、和谐统一，给人一种活泼、清新、自然的感觉。

2. 用户体验分析

该儿童网站页面使用卡通蓝天、白云、草地的场景作为页面的背景图像，构建出一幅自然的场景。将网站导航设计为铅笔的形态，将网站中的推荐内容设计为书本的形状，搭配卡通插图，使网站界面的表现非常丰富。页面中正文部分内容多采用图文相结合的方式进行表现，并且不同栏目使用不同的背景色，层次结构清晰。整个网站界面给人一种清新、欢乐的印象。

3. 设计步骤解析

（1）在 Photoshop 中新建文档，将页面尺寸设置为 1160 像素 ×1096 像素。为页面填充绿色背景颜色，拖入卡通背景素材。

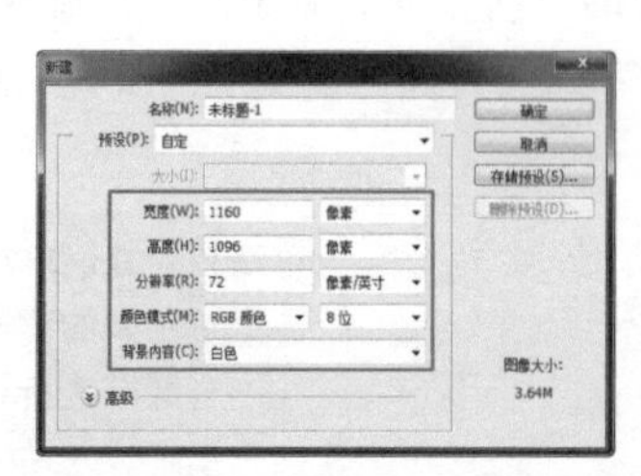

（2）因为该儿童网站采用了卡通的设计风格，所以页面中的元素设计要尽可能保持统一的风格。在页面顶部拖入相应的素材图像进行处理，并添加相应的文字。在页面顶部设计网站 Logo 和导航菜单，将导航菜单设计为铅笔图形背景，特别生动形象。

（3）在页面中绘制矩形，并在该矩形上减去多个正圆形，得到正文内容的背景。将正文内容分为三栏排列，采用卡通图形与文字相结合的方式进行介绍。

（4）使用相同的制作方法，分三栏安排页面的正文内容，栏目内容以图片与文字相结合为主。在页面底部以浅灰色的栅栏图形为背景表现版底信息内容，与页面的整体风格相融合。

（5）在页面右侧设计一个快捷导航菜单，方便用户在网站中快速访问一些重要的栏目。完成该儿童网站的设计制作。整体采用卡通的设计风格，适合儿童天真、可爱的个性，最终效果如下右图所示。

3.7 网站常见的设计风格

一个人拥有自己独特的风格，是其他人所没有的，就会让人注意到那个人的特别，若那个人的风格是正面的，甚至都会引起别人的羡慕与注意，或是赞赏。就如同一个网站，拥有别的网站所没有的风格，就会让浏览者愿意多停留些时间，细细欣赏该站的内容。

网站的设计风格必须要符合目标客户的审美习惯，并有一定的引导性。设计师需要注意的是，在对网站进行设计之前，必须明确该网站所针对的目标客户群体，并针对目标客户群体的审美喜好进行分析，从而确定网站的总体设计风格。

1．超清晰风格

超清晰不仅仅代表一种风格，也是设计实用的网页的理想方式。超清晰网站偏向于极简主义风格，但是它们更关注的是清晰明了，而非内容越少越好。可以说这种设计是视觉享受与简单实用的完美统一。总之，超清晰追求的是功能完备且不失优雅的完美目标。

在该企业网站页面设计中，运用了超清晰的设计风格，页面中用通栏的宣传图像或背景颜色来分割页面中不同部分的内容，再加上错落有致的布局，使得页面内容显得非常清晰、整齐。页面中清晰的视觉指引和整齐有序的外观都能够带来良好的用户体验。

在该游戏介绍的专题页面设计中，抛弃了以往游戏页面的传统表现风格，而是采用了超清晰的设计风格。使用同色系不同明度的蓝色调将整个页面从上至下划分为多个不同的内容区域，在每部分的内容区域中，又综合运用图文结合和色彩对比的手法，使得页面结构层次非常清晰。

2．极简风格

极简风格一直很流行，一直都是最可行、最受欢迎的一种网站设计风格。这种风格不但能够提供最实用的设计，而且永远都不会过时。以这种风格设计的网站也非常易于创建和维护。但先不要太高兴，因为设计和实现极简风格可不是一件容易的事件，极简风格需要在细节上煞费苦心，在微妙之处独具慧眼。

该网站页面采用了极简的设计风格，仅通过通栏的背景色块在页面中划分不同的内容区域，而页面内容的表现并没有添加任何的装饰，给人直观、大方，富有格调的印象。

该女装品牌网站页面同样采用了极其简洁的设计风格，仅在背景中放置人物素材，并没有任何的装饰，给人一种精致、典雅的感受，并且能有效突出页面中的信息内容。

3．照片风格

使用照片作为网站背景？好可怕，听起来好像是十几年前互联网刚兴起时的做法。但如果看到处理得好的网站，你就不会这么想了。这些使用照片作为主要元素的网站都让人耳目一新，它们比常见的网站更加具有条理性。

千万不要低估了照片在网页中所能取得的效果，同时牢记一点：越有效果的东西，使用起来越要小心。照片风格可能生动、有冲击力、意义丰富，但如果使用得不恰当，也可能使整个网站页面的表现效果相当糟糕。

在该时尚品牌网站页面中，使用满屏的大幅模特照片作为页面的整体背景，时尚感扑面而来。在页面局部排列少量简洁的菜单文字，使背景图像完全占据主导地位，网站信息被最小化了，但制作精美。

在该旅游介绍页面中，使用当地的风景照片作为满屏背景，使浏览者仿佛身临其境。需要注意的是，因为页面中有较多的介绍内容，为了使信息内容清晰易读，背景的风景照片使用了比较简单的部分，从而不影响页面内容的表现。

专家提示

使用照片设计风格时，还有一个重要事项需要注意，如果背景图片很复杂，那么前景就需要设计得朴素一些。这是为了避免页面过于凌乱，当然也能够更好地使页面信息凸显出来。

4．插画风格

作为一名设计师，画插画绝对是信手拈来的事。也许插画风格最明显的优势就是在设计中添加一些新颖、独特的元素。在这个注意力持续时间几乎为零的数字世界中，任何突出的东西都能够引人注目。

该服饰品牌促销页面运用了插画的设计风格，将时尚的人物模特与卡通手绘插画背景相结合。人物与插画背景设计浑然天成，且运用得恰到好处，给人一种年轻、时尚、富有活力的感觉。

该果汁饮品的页面设计运用了插画设计风格，卡通的手绘水果图形与真实的人物和产品图片相结合，给人一种自然而可爱的感觉。画面清爽、自然，能够给浏览者留下深刻而美好的印象。

5．三维风格

互联网更像是平面的和静态的，这就使那些具备一些空间感的网站看起来相当与众不同。为设计的某些方面添加一些立体感就能够很好地强化网页的总体视觉感受，并使其变得独特，提供一种空间开阔的感觉。

在网页设计中可以通过一些简单的技术和视觉技巧体现出三维立体感。最常用的技巧就是将元素重叠放置。如果众多元素中的某一个是实际物体的图像，这种方式尤其适合，通过让图像与页面设计相重叠，就形成了立体感。另一种简单的技术就是使用阴影，靠近物体的阴影会让物体具有立体感，因此会带来一种空间感。如果阴影看起来像是从物体上延伸下来的，那就更有效果了。

该运动品牌页面采用了典型的三维设计风格。在我们心目中，人物肯定是要占据空间的，因此网页的背景就自然而然地被拉远了。在该页面中，同时将运动人物放置在页面的中间位置，并且在垂直方向上占据整屏的空间，仿佛运动人物是活动的，要冲出页面，给人很强的视觉冲击力。

该运动品牌网站页面的设计非常简洁，通过色块来突出产品图片的表现，并且对产品图片使用了强烈的阴影效果，使产品图片仿佛跃然于背景之上。产品图片本身的有彩色与背景的深灰色形成强烈的对比，产品的表现效果非常突出。

6．大字体风格

以字体为主的这种设计风格可以归类为极简主义风格，这两种风格的细微差别是，以字体为主的风格更加关注以优雅的方式来使用字体。以字体为主风格的网页能够表现出字形的自然美，并让它传达出网站的主要信息。使用这种风格时，特大号的字体会成为整个页面的焦点，所以一定要表现重要信息。

该网站的设计偏向于年轻人所喜爱的风格，黑色的页面背景搭配红色的图形，形成很强的视觉冲击力。使用流畅的手机字体表现页面的主题，给人一种非常富有个性的感觉。

该页面的设计风格也可以称为极简风格。使用楼盘的夜景图片作为整个页面的背景，在背景上使用大号的字体表现该网站的主题，并且将主题文字融入背景之中，给人带来很强的设计艺术感。

7．纯色风格

随着移动互联网的广泛应用，在网站中运用纯色风格十分流行。也就是说，许多设计师不再使用图片或装饰颜色，转而采用更基本的方式并大量利用纯色。

虽然这种风格名为“纯色”，但并不意味着完全只使用一种颜色，应该把思路放开，不要拘泥于形式。另外，使用纯色设计的网站能够真正实现快速加载。

该网页的整体设计采用的就是纯色风格，运用色块对页面进行倾斜分割，不但清晰地划分了页面中不同的内容，而且能够产生对比的效果。这种设计使网站看上去更加明快、整洁。

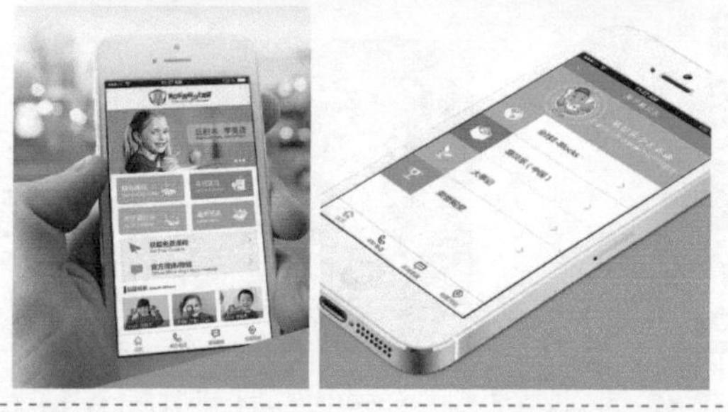

该移动端页面设计同样采用了纯色的设计风格，运用鲜明的纯色划分页面中不同功能和内容的区域，使得页面内容非常清晰，而且也便于浏览者使用手指进行点击操作。

专家支招

使用纯色风格设计的网页实现起来比较容易，并且使用这种设计风格的网站加载速度也会比较快。这种风格非常适合电子商务类的综合网站以及移动端的网站使用。

8．扁平化风格

设计页面时，去除多余烦琐的装饰效果，只使用最简单的色块布局。使用更少的按钮和选项，使整个页面更加干净整齐。既便于用户操作，又可以将想要表达的内容直接表达出来，这就是扁平化设计。

扁平化设计风格是在近几年手机端页面设计时，为了节省页面体积，便于用户查看而出现的一种设计风格。

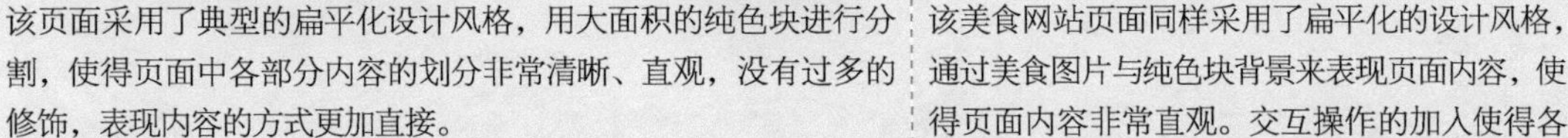

该页面采用了典型的扁平化设计风格，用大面积的纯色块进行分割，使得页面中各部分内容的划分非常清晰、直观，没有过多的修饰，表现内容的方式更加直接。

该美食网站页面同样采用了扁平化的设计风格，通过美食图片与纯色块背景来表现页面内容，使得页面内容非常直观。交互操作的加入使得各部分内容的访问更方便。

技巧点拨

网站页面的设计风格可以有很多种，无论用户采用何种风格进行设计，都要与网站本身内容相符。这样才能将想要传达的内容快速传达给浏览者。否则，一味地追求花哨的页面效果，将使网站本身的核心内容被忽略掉。

3.8 本章小结

视觉体验是网站给用户最直接的体验，直接决定了用户对网站的第一印象。视觉体验所包含的元素较多，包括页面中的各种元素。在本章中，详细向读者介绍了网站中的各种视觉体验要素的设计与表现方法，帮助读者设计出视觉效果出色的网站页面。

第4章 交互体验要素

用户和网站的交互以及用户之间的互动，不仅能够推动网站的快速发展，更是未来互联网营销的基础。网站的交互体验更多表现为用户在网站操作上的体验，重点是强调网站的易用性和可用性。在本章中，将向读者介绍网站中有关交互体验的细节的设计与表现方式，从而有效地提高网站的交互体验。

4.1 可用性设计

随着计算机网络技术的发展以及交互设计研究的深入，20 世纪 80 年代中期，在设计领域中流行“对用户友好”的口号。后来这个口号进化成“可用性”的设计理念。

4.1.1 什么是可用性

可用性是指用户在使用交互产品时的有效、易学、高效、易记、少错和令人满意的程度，即用户能否使用交互产品完成相应的任务，效率如何，主观感受怎么样；也就是从用户的角度来感受产品的质量，是用户在交互过程中的体验。

尽管可用性目前已经被广泛认可为衡量交互设计的重要指标，但是至今没有形成统一的定义，不同的组织对可用性有不同的解释。ISO9241/11 国际标准将可用性定义为：产品在特定使用环境下为特定用户用于特定用途时所具有的有效性、效率和用户主观满意度。

其中，有效性是用户完成特定任务和达到特定目标时所具有的准确度和完整性；效率是用户完成任务的准确度和完整性与所使用资源（如时间、体力、材料等）之间的比率；满意度是用户在使用产品过程中的主观反应，主要描述了产品使用的舒适度和接受程度。

4.1.2 可用性的表现

在交互设计领域中，尤其是软件设计中，可用性通常表现在以下几个方面。

（1）能够使用户把知觉的思维集中在当前任务上，可以按照用户的行动过程进行操作，用户不必分心寻找人机界面的菜单、导航或理解设计结构与图标含义，不必分心考虑如何把当前任务转换成计算机的输入方式和输入过程。

（2）用户不必记忆面向计算机硬件软件的知识。

（3）用户不必为手上的操作分心，操作动作简单可重复。

（4）在非正常环境和情景中，用户仍然能够正常进行操作。

（5）用户理解和操作出错较少。

（6）用户学习操作时间较短。

由此可见，可用性涉及交互设计的方方面面，从创意理念到技术实现。

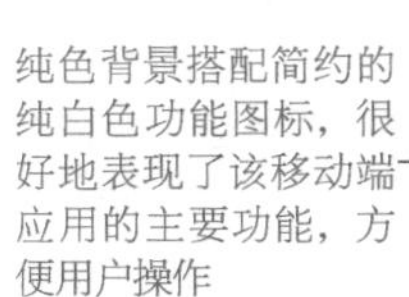

对于可用性和用户体验的关系，有些学者将两者并列为用户在交互过程中的不同感受和体验，认为两者在实现目标和实现方法上有所不同。可用性要求交互设计具有易用性、易学性、安全性、容错性等特点，从而使用户有效、高效地参与到互动中；用户体验则更强调用户在交互过程中的审美、心理和情感体验，如让人满意、富有美感、让人得到精神上的满足等。然而，这是一种对用户体验的狭义理解。从本书第 1 章对用户体验的定义可以看出，用户体验的内涵广泛，涉及人机交互的方方面面，指的是用户在人机交互过程中综合的心理感受。因此，可用性包含在用户体验中，是影响用户体验的重要因素之一。

专家提示

除了可用性外，用户体验还要受到品牌、功能、内容等其他因素的影响。交互设计应该符合可用性的设计原则，从而保证交互设计满足用户体验。

4.2 表单的交互体验设计

填写互联网表单几乎是每个用户经常都需要经历的事情，如用户进行网站注册和登录、购物等，都需要填写各种表单。表单成了用户完成需求和网站系统需要数据之间的互动形式。那么表单设计的首要目标也更加清晰，那就是让用户能够迅速、高效、快捷并且轻松地完成表单选项的填写。

4.2.1 表单设计元素

使用户能够在网站中高效、便捷、轻松地完成表单内容的填写，最重要的是提高表单的可用性。在研究如何提高表单可用性之前，我们先通过下图简要了解一下通常表单中都包含哪些元素。

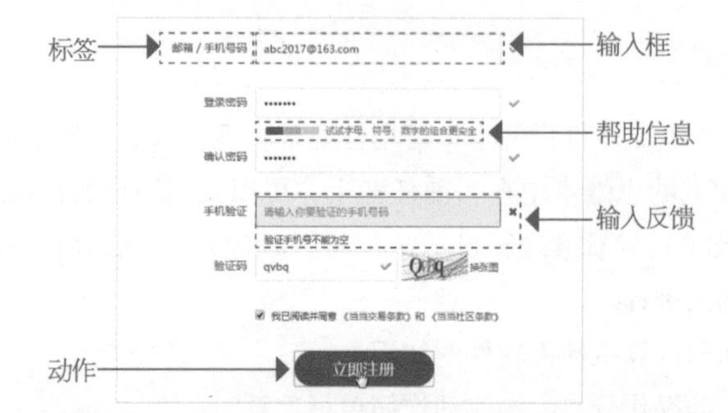

表单元素	作用
标签	标签用于告诉用户各表单项的问题是什么。在上图的表单中，各表单项输入框左侧的文字就是各表单项相应的标签
输入框	输入框供用户填写各表单项问题的答案信息
帮助信息	用于为填写表单提供必要的帮助。通常情况下，帮助信息都处于隐藏状态。当用户在某个输入框中单击后，相应的帮助信息就会显示在该框右侧或下方，有助于用户更加轻松地填写表单项内容
输入反馈	针对用户在表单项输入框中输入的内容给出相应的反馈信息，如果输入错误，则显示具体的错误提示。在上图的表单中，各表单选项后的小图标也是输入反馈的形式
动作	用户提交表单，即当用户单击表单中相应的按钮或链接时，执行相应的动作操作。在上图的表单中，“立即注册”按钮表明的就是提交表单信息的动作

4.2.2 登录表单细节

提高用户体验的正确方向，就是尽力让用户切实地体会到整个操作流程的简单顺畅。要提高登录流程的用户体验，有很多因素需要设计师考虑。

目前，网站中采用的登录类型主要有两种，一种是通过网站自身的登录功能进行登录，另一种是使用第三方社交网络账号进行登录，例如新浪微博、QQ 等。虽然两种登录方式各有优劣，但在这里我们主要探讨的是传统登录方式的优化。

1．支持电子邮件登录

传统的网站会员注册流程中，电子邮件地址通常是必填项目，而不设置用户名的情况也是很正常的。当然，两者都需要设置是比较常见的。那么在会员登录窗口中，允许输入用户名的地方也应该支持电子邮件地址的输入。

这是“京东”网站的登录页面设计，我们可以看到同时支持 3 种方式进行登录，分别是注册的用户名、邮箱或者已验证的手机号，并且在文本框中给出了提示，这就大大地方便了会员的登录操作。

专家提示

在不同的网站，用户通常会使用同一个电子邮件地址进行注册，但是用户名却各不相同。如果仅仅只能使用用户名登录的话，那么用户体验明显不够好。目前，许多网站的登录框都支持用户名和电子邮件地址登录。

2．给出明确的错误提示

当用户进行登录操作时，系统监测和反馈信息的方式也是交互体验中不可或缺的因素。当用户输入错误的时候，系统如果反馈的信息太多，可能会给黑客盗号的机会，而如果反馈的信息太少，则会让用户感到迷惑。

当用户在登录过程中输入错误的时候，系统返回给用户的信息是“输入错误”肯定没有多大的意义，必须使用更准确的语言来告诉用户，他们的输入错在哪里。

如果想要网站能够有更好的用户体验，可以使用 JavaScript 脚本代码来帮助用户验证信息，提供给用户纠错的机会。当用户输入错误以及因为输入错误再次输入的时候，不妨提供准确的说明信息，合理引导用户。这不仅让用户感觉更轻松，也能节省时间。

这是“京东”网站的登录页面设计，我们随时输入一个不存在的用户名和密码，系统会自动判断并给出“用户名不存在，请重新输入”的准确提示；如果我们输入正确的用户名，而密码是错误的，系统会自动判断并给出“用户名与密码不匹配，请重新输入”的提示，这样用户能够准确地判断是哪一项填写错误，有效提高用户登录的操作体验。

技巧点拨

目前，大多数网站都采用 JavaScript 脚本代码来验证用户登录信息，其中最完美的例子就是手机输入法的纠错功能，当用户输入“.con”的时候，输入法会自动纠正为“.com”。

3．添加“忘记密码”的链接

很多人认为在登录页面加上“忘记密码”的功能是一件理所当然的事，但是确实有些网站忽略了它。“忘记密码”链接和登录框一样重要，它时刻为用户准备着，并不需要放在非常显眼的位置，但它应该紧靠用户登录表单，使用户一眼就能够找到该功能，以备不时之需。

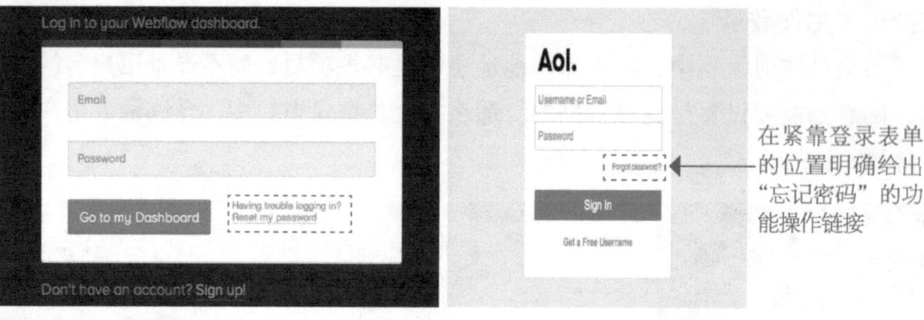

4．让用户专注于登录

当用户进行注册、结账的时候，通常都是在单独页面，让用户专注做一件事情。这种设定理所当然延伸到网站登录页面，相对于复杂的网站内容页面，登录页面应该只呈现与用户登录相关的选项，使用户专注于登录操作。这样登录页面的内容更少，加载也会更快，这也是登录页面的优势。

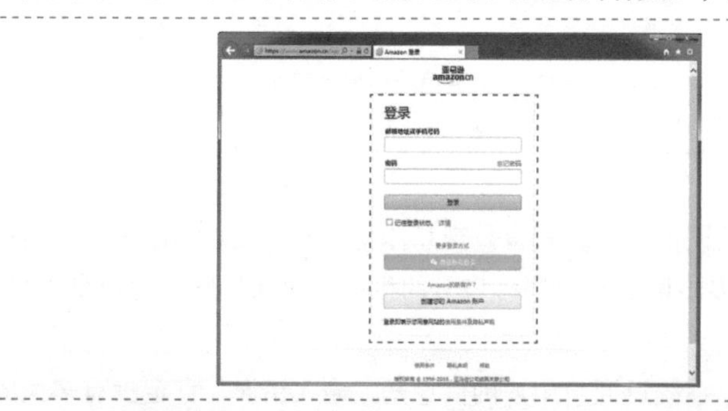

这是“亚马逊”网站的会员登录页面，页面非常简洁，以纯白色作为背景，在页面中间位置放置与用户登录相关的表单选项，并且将表单选项使用灰色线框进行包围，使用户专注于登录操作，不会受到其他因素的影响。

专家提示

通常，用户登录操作会以单独的登录页面或者以弹出窗口的形式存在。无需跳转页面就完成登录确实有其优势，但是如果考虑到页面中其他元素对于用户的干扰，就应该清楚单独的登录页面的必要性。

技巧点拨

许多网站的登录页面还会设计精美的背景图片或者放置网站最新的促销宣传广告（例如京东、苏宁等电商网站），但需要注意的是，图片和广告都不能影响登录选项的表现，否则就会大大影响用户体验。

5．标识很重要

在登录页面中，不管什么时候都不要将提交信息的按钮标注“提交”或“完成”字样，而应该使用“登录”字样，这样才会让用户明白他们的操作和预期是一致的。尽管对于系统而言，这种按钮上标注任何文字达成的效果都是一样的。

不仅如此，在登录页面的文本输入框中给出相应的文字提示，避免使用占位符或者其他容易让用户迷惑的标识，这些都是增强用户体验的重要组成部分。

4.2.3　注册表单细节

在用户体验设计中，我们将只需要填写用户名、密码、电子邮箱等基础信息的注册方式称为“预注册”，它介于普通浏览者与正式会员的中间状态。只需要提交唯一的身份标志和口令就可以完成预注册。

作为普通访客与正式会员的中间状态，预注册通过一个精简的注册表单先留下用户，让用户体验网站功能和相关服务。只有遇到那些用户必须提供更详尽信息才能使用的功能时，才提醒用户进行其他信息的填写。

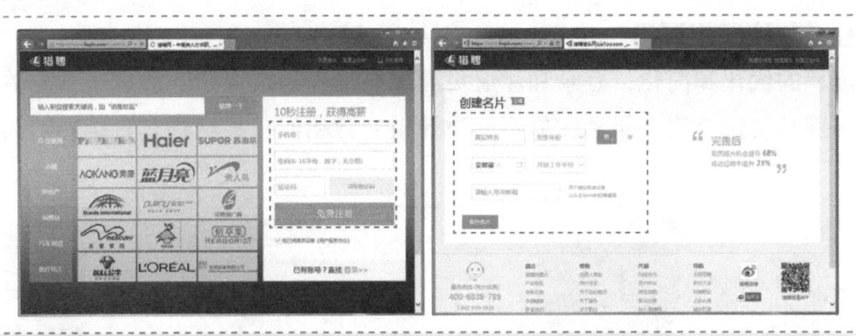

这是某招聘网站的注册页面，用户只需要输入手机号码、设置密码并输入所收到的手机验证码即可完成用户的注册，非常简洁。但用户注册成功后会自动跳转至“创建名片”的页面中，引导用户填写相关的个人信息，完成个人信息填写后再跳转至“创建简历”页面。当然用户也可以在注册完成后返回到网站首页浏览企业的招聘信息，但是如果需要向企业投递简历，就必须要填写个人信息以及创建简历。这样就能够一步步引导用户完善其个人资料。

需要每一个用户体验设计师记住的一句话是“让用户感觉不到注册的存在，这个注册才是成功的”。预注册的目的正在于此。

基于预注册的考虑，我们越来越多地看到只需要填写用户名、密码以及邮箱地址就可以注册成为会员的网站。

下面需要考虑的是，如何让用户从预注册进展到完善资料。

这可以通过两种方式来实现：一是权限设置，必须完善相应的资料才可以使用网站中的某些功能；二是利益诱导，完善用户资料，就可以获得网站的某些奖励。

在注册信息的表单填写方面，尽量采用下拉选择，注明要填写的内容，并对必填字段做出限制（如手机位数、邮编等），避免无效信息。

表单提交前，一般可以添加验证码的功能，防止恶意注册。

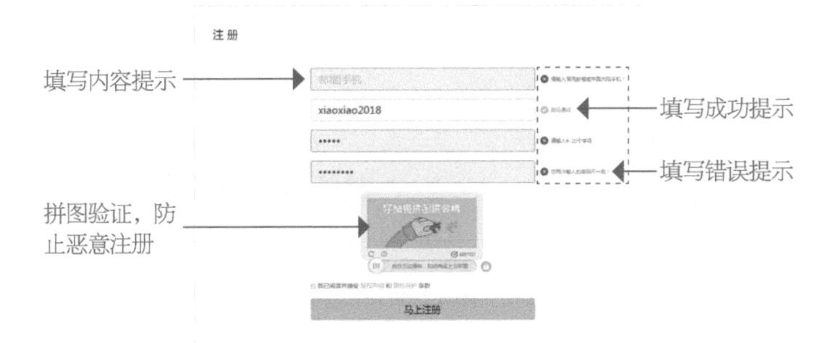

技巧点拨

必须强调一下关于网站的“错误提示”的问题：如果表单填写错误，应该指明填写错误之处，并保存原有填写内容，以减少用户的重复填写。

4.2.4 登录 / 注册页面需要注意的常见问题

现如今，绝大多数的网站已经放弃了复杂、繁复的注册流程，将用户可能会遭遇障碍、引发反感和烦躁的部分去除，尽可能简单地让用户完成注册和登录流程。

当用户完成注册之后，可以选择性地提供额外的信息，而这些信息可能会给用户带来更加定制化的用户体验。为了安全起见，绝大多数的网站还是提供了邮箱验证甚至电话验证的环节，甚至提供备用安全邮箱的验证机制。

1. 避免登录与注册相混淆

随着注册流程的优化和简化，登录和注册页面现在很容易被混淆，造成这种混淆的原因不只是简化。首先许多网站会选择将登录和注册页面设计得非常相似，甚至将其直接容纳到同一个页面当中去。

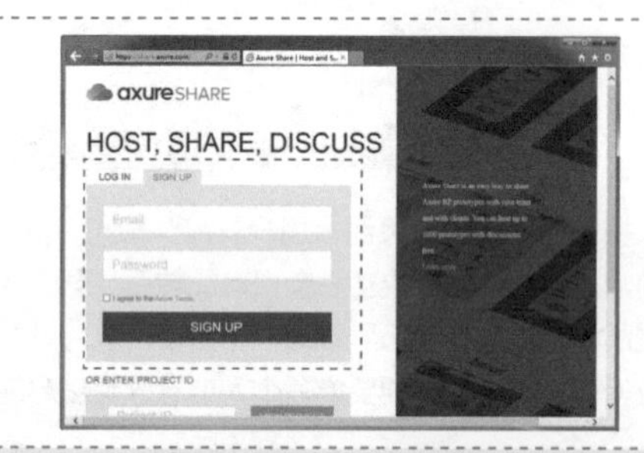

在该网站中我们可以看到，将登录与用户注册功能制作在同一个页面中，以选项卡的方式进行区分，并且登录与用户注册的选项几乎完全相同，仅仅是提交按钮的颜色不同。这样很容易引发混淆，带来不好的用户体验。

专家提示

在中文中，“登录”和“注册”两个词在视觉上有很明显的差异。但是英文中，Sign In 和 Sign Up 也是很容易引起混淆的，所以英文常使用 Login In 和 Sign Up 来表示登录与注册。

2. 使用邮箱地址或手机号

在注册环节，还有一个需要注意的问题就是用户名和注册电子邮件地址的问题。当用户注册时，最好不要让用户设置用户名，并且不要将用户名作为唯一的登录凭证。最好的方式是让用户使用注册的电子邮件地址进行登录，注册用户可以在登录之后修改相应的信息，例如添加用户名等。

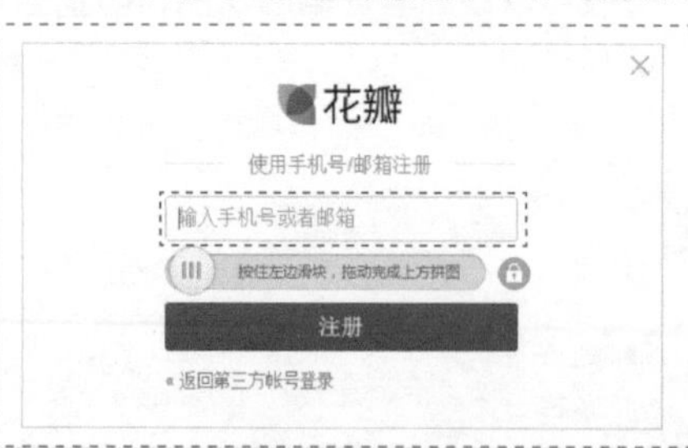

这里是“花瓣”网站的登录和注册页面。可以看到，该网站只可以使用邮箱地址或者手机号进行用户注册。在该网站的登录页面中，只可以使用注册的邮箱地址或者是手机号进行登录，而不再支持用户名登录。因为通常人们常用的邮箱只有一个，手机号也具有唯一性，所以更加便于用户的记忆和使用。用户名只是作为辅助选项，而不是登录、注册的必要选项。

另外，在移动端发展迅猛的今天，让用户使用手机号登录也是非常不错的方案。首先手机号具有独特性，作为登录账号拥有便捷性和易于记忆的特征，作为常用账号存在，更易于用户的使用。

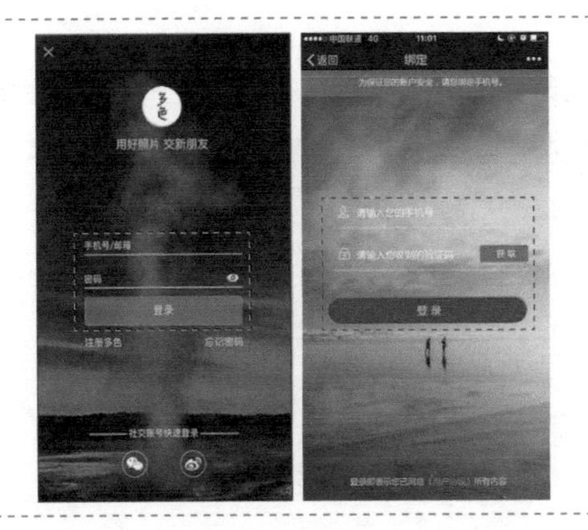

在移动端的登录页面中，使用注册邮箱或手机号进行登录更加普遍。因为邮箱或手机号每个用户都只有一至两个，而且比较常用，更容易记忆。所以在注册时，应该将邮箱地址和手机号作为必填项目，而用户名只是辅助选项，尽量提供使用邮箱或手机号登录功能。

技巧点拨

手机号还符合目前流行的两步验证安全机制，系统可以更加便捷地为用户发送验证码，这样就使得用户的登录、注册更加地方便、快捷。

3．体现注册流程

进度条是用户界面中最重要的元素之一，它能够为用户呈现当前的操作进度，设定目标，并将信息反馈给用户。进度条让用户可以清晰地了解他们已经完成多少，还有多少有待完成。也正是有了进度条，复杂的用户注册环节才得以分割、简化，并且显得更加清晰。

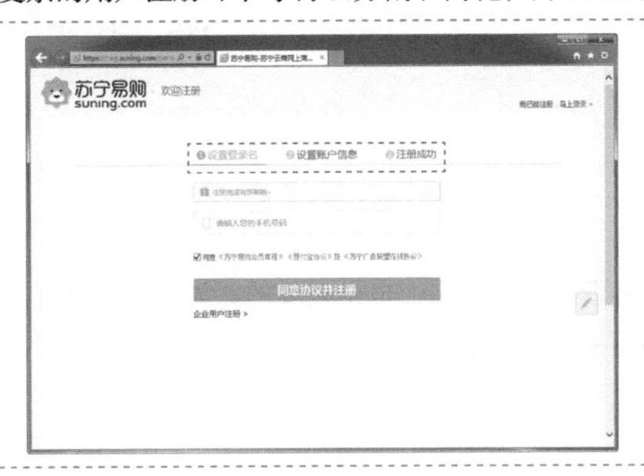

这是“苏宁易购”的用户注册页面，在该页面中可以清晰地看到将注册分为3个步骤进行，并且使用不同的颜色清晰地标示出当前正在进行的步骤。页面的风格非常简洁，注册选项的设置也十分明确，只需要用户填充必要的选项即可，给用户清晰的指引，有效提高用户体验。

4．使用动态效果

动态效果是目前网站中最常用也是最实用的元素之一。使用动态效果来告诉用户如何填写表单，将动态效果与行为触发等设计结合在一起，可以让用户更清楚下一步的操作流程。

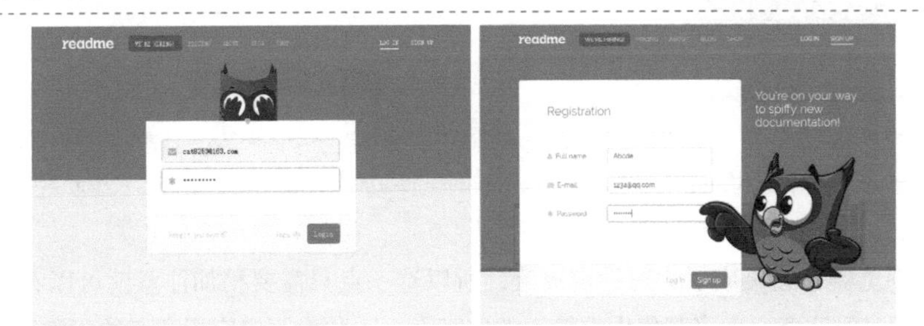

在该网站的登录与注册页面中，猫头鹰会随着用户的操作而变化。当用户在登录页面中输入密码时，它会非常可爱地遮住自己的眼睛。在注册页面中，会根据用户当前所填写的选项，将手指向该选项。

交互动态效果的加入让页面有了更多的互动，更加引人入胜。

5．预留第三方登录 / 注册

虽然并不是每个用户都会使用第三方的账号（QQ、微博、微信等）来登录 / 注册网站服务，但是预留第三方账号登录 / 注册的选项是很有必要的，这样的登录 / 注册方式更加便捷。

6．显示密码

越来越多的网站和 App 的注册流程中，密码不再是输入两次。在这样的情景下，注册时密码输入错误几乎是致命的，所以为用户提供密码显示的功能可以有效地避免这个问题。要知道，目前许多注册都是在移动端上完成的，在屏幕上输入密码比在键盘上输入的失误率高很多。

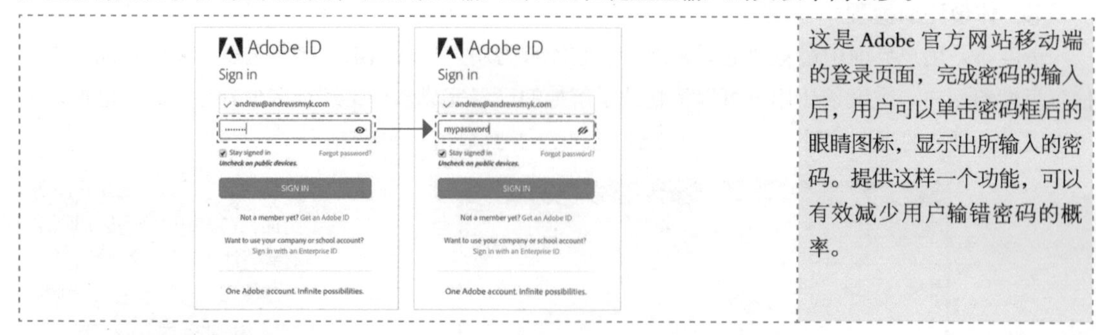

这是 Adobe 官方网站移动端的登录页面，完成密码的输入后，用户可以单击密码框后的眼睛图标，显示出所输入的密码。提供这样一个功能，可以有效减少用户输错密码的概率。

7．提醒大写锁定

当用户输入密码时，提醒他们键盘是否有大写锁定，也是必要的。为用户提供文本提醒或者视觉提醒都有助于避免多次输入错误，降低用户登录或注册受挫的概率。

这是“京东”网站的登录框，用户在密码框中输入登录密码时，如果键盘中的大写锁定键已开启，则在输入密码的过程中始终会在密码框的下方显示醒目的提示信息。该网站的注册页面同样也在设置密码的表单元素中添加了该功能，从而给用户清晰的提醒。

大多数的浏览器已经集成了大写锁定提醒，所以这一点只需要稍加注意就可以看到。不过，用户在输入密码的时候注意力大多都集中在输入的内容上，因此大写锁定提醒必须优雅又醒目。

8．尽量不使用验证码

移除验证码可以有效地提高转化率。虽然验证码可以很好地避免注册机的情况，但是验证码会给用户更多挫折，12306 网站堪称反人类的验证码就是个很好的反例。据统计，有 38% 的用户会在第一次输入验证码的时候输错，15% 的用户会一直输错，而这类用户在第五次输错之后就会彻底放弃注册。

当然，注册页面中的反注册机还是很有必要的，如果情况比较严重，可以选择比较人性化的验证机制来规避。

4.2.5　提交表单按钮的视觉层次

在表单页面中，我们一直认为提交表单是用户填写表单流程的最后一步操作，所以从表面意义来说，提交表单按钮的视觉层次应该排在文本框的后面。但事实恰恰相反，很多表单页面的提交表单按钮都被赋予了最显眼的视觉层次。

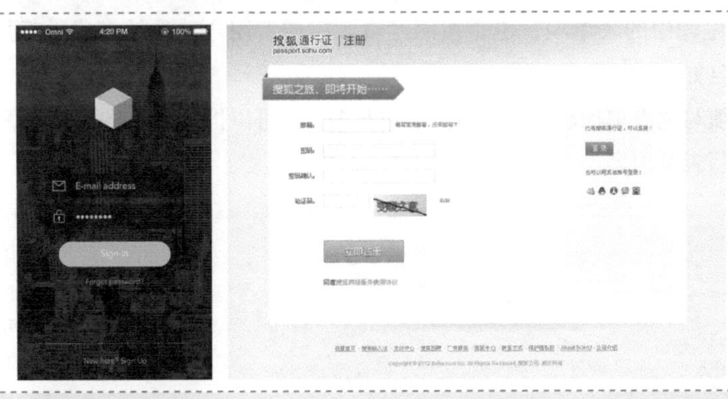

此处的两种截图，一个是移动端的登录页面，另一个是 PC 端的用户注册页面。这两个表单页面第一眼看上去最突出的是表单的提交按钮，都使用了与页面呈现对比效果的鲜艳色彩进行突出表现。也就是说表单提交按钮作为第一视觉层次，第一时间告诉用户该表单页面的作用是什么，然后用户才开始填写表单信息。

接下来我们通过一个移动端注册页面的设计对比，来研究为什么需要把提交表单按钮作为第一视觉层次进行突出。

原设计稿中，第一视觉层次为 3 个输入框，这样的设计无可厚非，但从交互和用户体验上却未必适用。第一视觉层次是 3 个同等重要的输入框，用户首先感受到的信息是“这是填写信息的地方”，却未必知道该页面出现的目的是什么。

修改后的表单页面中，虽然输入框并不是第一视觉层次，但是高亮鲜艳色彩的注册提交按钮成为第一视觉层次，使用户进入到该页面的瞬间就知道该页面的目的是什么，然后用户才会基于该目的填写页面中的表单。

技巧点拨

基于页面交互的唯一性，应该将表单页面中的表单提交按钮设置为第一视觉层次，使用户进入表单页面就明白该页面的目的，这样会给用户目的明确、清晰的印象。因此，很多出色的表单设计都采用了将提交表单按钮设置为高亮鲜艳色调的做法。

4.2.6 提高表单可用性

表单的设计目标已经清晰，那么如何才能够设计出好的表单页面呢。以下从表单的内容、组织方式、流程、表单元素控制以及交互等方面进行详细介绍。

1．合理组织表单内容

考虑用户填写表单的目的，去除没有必要的表单项，确定哪些表单项是必须填写的，确定表单内容。表单项并不是一个个从上至下无序罗列的，那么在确定表单内容后，如何将这些表单内容组织起来呢？

根据表单内容，按照一定的逻辑，经过有序的组织，分成不同的内容组或不同的主题。同时各个逻辑组和同一个主题中的表单项，也是按照逻辑顺序或者用户熟悉的模式进行排列，使用户浏览和填写表单时更加自如。

如果需要用户填写的表单项较多，表单页面过长时，也可以拆解成不同的页面，类似于任务拆解，引导用户一步步填写表单内容。

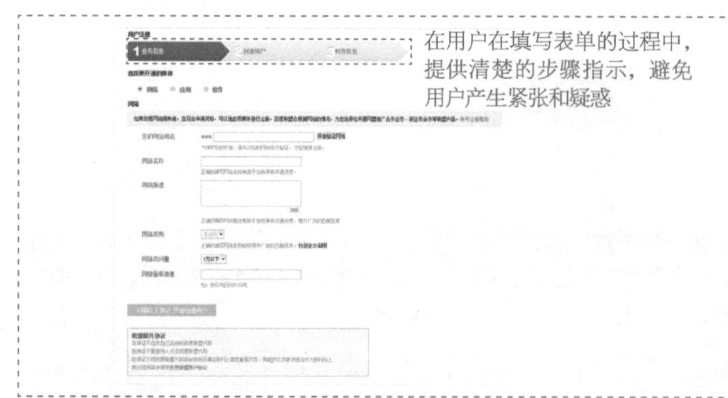

这是“百度联盟”的注册表单。因为需要用户填写的表单信息比较多，同时拥有若干个主题，如果把所有需要填写的表单选项都放置在一个页面中，会导致该页面表单信息太多，页面过长。所以采用3个表单页面来分别组织相应的表单内容，分步骤提供给用户进行填写，并且在顶部显示了清晰的路径步骤，使得整个注册过程即清晰又简洁。

2．简化表单选项，突出重点

根据用户使用的数据，在表单填写页面中适当地将使用频次不高、非必需的或者提供给专业用户的高级表单选项隐藏起来。从而保持表单页面的简洁、有序，让绝大多数的用户能够快速地完成重要表单选项的填写，避免页面中大量的表单选项给用户造成焦虑感。将其他一些不常用的表单选项隐藏起来，少部分用户需要填写时可以手动展开进行填写，也满足了少部分用户的需求。

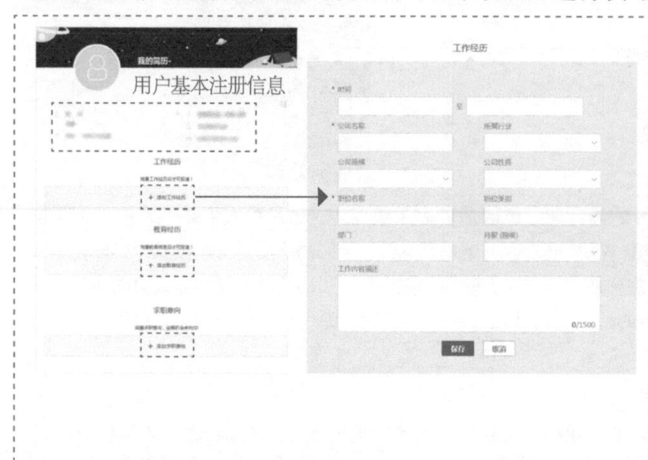

这是一个招聘网站创建简历的页面。在该页面中，似乎并没有表单选项，实际上是将相关的表单选项进行了隐藏。在页面上方显示的是用户在注册网站时所留下的基本信息，用户可以单击该区域右上角的图标，即可显示出该部分的表单选项，可以对基本信息进行修改。而下方的“工作经历”“教育经历”和“求职意向”3个主题区域内也没有显示相应的表单填写选项。因为表单项过多，为了避免用户填写表单时烦躁，将各部分进行了隐藏。单击各主题区域下方的蓝色链接文字，即可在该区域展开相应的表单选项供用户填写，完成该部分表单选项的填写后，单击“保存”按钮，还可以保存该部分所填写的表单信息，十分方便，也便于用户分别填写相关的信息内容。

3．选择合适的标签对齐方式

“在表单页面中，输入框相应的标签文字应该是顶对齐、右对齐、左对齐还是输入框内标签呢？”这是我们在设计表单页面时最常见的问题。其实业界有很多针对此问题的实验和研究，表明每种对齐方式有各自不同的优缺点，需要根据具体目标等因素具体考虑。

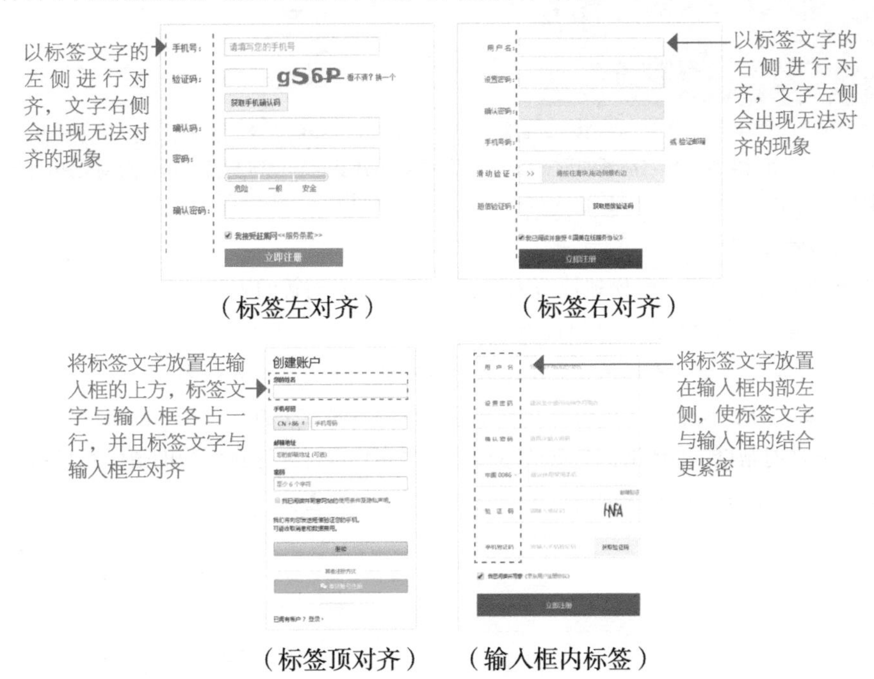

（标签左对齐）　（标签右对齐）

（标签顶对齐）　（输入框内标签）

国外的实验研究发现，顶部标签方式，人眼从标签移至输入框只需要 50 毫秒的时间，比左对齐标签方式（500 毫秒）快了 10 倍，比右对齐标签方式（240 毫秒）快了 5 倍左右。

根据实验研究结果，我们可以得到以下结论。

	标签顶对齐	标签右对齐	标签左对齐
从标签移至输入框时间（毫秒）	50	240	500
完成表单速度	最快	中等	最慢
用户眼球运动	向下	下右下右	下左下左
占用空间	横向最少、纵向最多	一般	一般
适用场景	减少表单填写时间，标签长度多变	减少表单填写时间，垂直屏幕空间有限	复杂表单，要求用户仔细浏览标签

技巧点拨

总之，采用顶部标签方式，用户填写表单的时间最短，但是如果表单选项较多，则页面垂直高度较长。如果需要尽量减少表单页面的垂直高度，可以考虑使用右对齐的标签方式。如果希望用户在填写表单中对标签内容认真浏览，仔细考虑每个表单输入框，可以采用左对齐的标签方式。

4．提供清晰的浏览线

在思考如何设计表单结构和路径时，需要有个基本原则：自始至终为用户提供清晰的浏览线。标签的对齐方式、输入框的布局等都影响着用户的浏览线。当提供了垂直单一路径，用户减少了注意力分散，可以迅速对问题做出回答，完成表单填写所花的时间也最少。

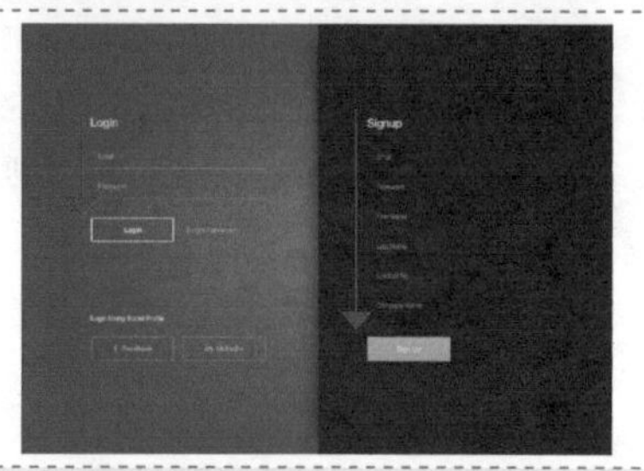

该移动端的登录和注册页面采用了常规的单一垂直路径的表单项排列方式，为用户提供了非常清晰的浏览线，便于用户快速地填写表单。

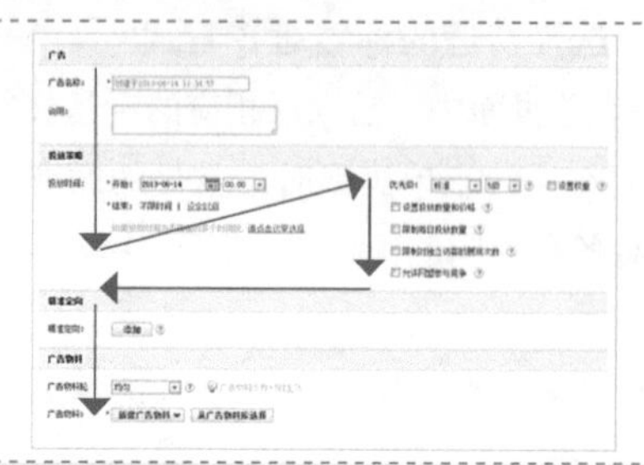

该表单页面中的表单项较多，其排列方式也并不是单一的垂直方式。这样就容易打乱用户的浏览线，给用户填写表单造成困扰。

5．提供有效帮助

为了能够帮助用户快速、轻松地填写表单，一般在难以理解的表单项添加帮助信息，引导用户成功填写表单。常见的帮助信息主要有以下几种方式。

一直显示：即帮助信息一直显示在表单输入框的右侧、下方或输入框内。

即时帮助：即当用户激活输入框时，在表单输入框的右侧或下方出现相应的帮助信息。

用户激活的即时帮助：即帮助信息默认不显示，当用户鼠标悬浮触发帮助图标时显示帮助信息。

区域帮助：即将表单的所有帮助信息统一放置在某一个位置。

这是某信用卡支付的表单页面。当用户激活输入框时，右侧会出现可视化的帮助信息，简洁直观，使用户能够更好地理解并填写表单选项。

6．即时反馈表单验证信息

即时验证分为多种类型的反馈：确认输入合适、建议有效回答、校对输入信息，通过实时更新设计以帮助用户控制在必要的限制范围内。这种类型的反馈通常发生在用户在输入框开始、继续输入或者停止输入的时候。

例如，在设置密码时，要求用户输入字符数的限制、字符类型的限制等。利用即时验证，及时告诉用户输入的密码是否有效、是否合格，而不是填写完所有表单，提交表单信息后才告诉用户密码需要修改。同时还可以即时反馈用户所输入的密码的安全程序，采用高度可视化的方式让用户衡量所输入密码的质量。

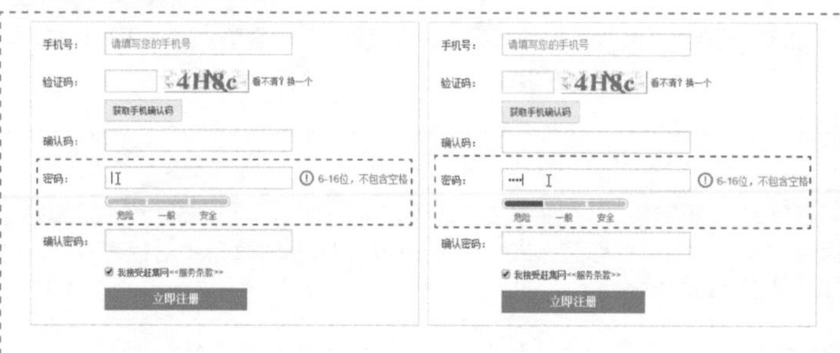

这是某网站的用户注册页面。我们可以看到其中的“密码”文本框，当用户在该文本框中单击激活时，可以在该文本框右侧显示相应的填写提示信息。当用户在该文本框中输入内容时，其下方会即时反馈出所输入密码的安全级别。页面中的其他表单元素也同样应用了相应的即时反馈信息，通过这样的即时反馈，用户能够更加顺畅地填写表单。

专家提示

即时反馈并不局限于确认用户所输入的答案，还可以为用户提供输入建议。例如用户在搜索时，搜索框能够在输入过程中自动补全、提供相关联的搜索建议，这样既可以避免用户输入出错，又可以节约用户的输入时间，这一点在移动端更加便捷。

7．应用智能默认

在用户日常处理的网络表单中，有很多地方都可以使用智能默认来减少用户必要的选择和输入次数，帮助用户快速处理表单。一般是恰当设置满足大多数人需要的默认选择和数值，推送默认都相同。还有个性化默认方式，它与表单对象相关。

例如在许多电商网站中购物，生成的商品订单信息会智能默认与个人相关，不需要表单输入，默认之前的收货地址信息、支付配送方式、发票信息等内容，符合用户的需求习惯，同时避免了让用户重复输入。

将相关选项分组放置，结构层次清晰。

这是“京东”网站的订单结算页面。按照传统的方式，在该页面中应该有许多的表单项让用户填写相应的内容等，但是该页面智能默认与用户相关的收货人信息、支付方式、发票信息等内容，基本不需要用户进行任何表单的填写就可以直接提交订单。当然，在页面中还为用户提供了对相关信息进行修改的链接方式，例如，如果用户需要修改收货人信息，可以单击该内容区域右上角的“新增收货地址”链接，即可在表单中填写新的收货地址。

专家提示

当用户填写表单时，他们希望尽可能快地完成表单的填写。因此在表单设计过程中，需要将重点信息或者难以理解的信息可视化，清晰有效地传达给用户，使用户能够高效地完成表单内容的填写。

4.2.7　实战分析：设计简约登录页面

很多网站和系统都需要登录页面，登录页面需要根据网站和系统的风格进行统一设计，重点是突出登录页面的功能性和美观性。

本实例设计的是网页登录页面，页面简洁、大方、美观，重点突出登录元素。页面采用扁平化的设计风格，对素材图像进行处理后作为网页的背景图像，简单的灰色图形与表单元素相结合。登录按钮使用纯度较高的橙色，在界面中非常突出，使浏览者一眼就能够注意到登录表单。

1．色彩分析

在该登录页面的设计中，使用紫色的图像作为网页的背景，并且对背景图像进行了模糊化处理，让人感觉神秘而优美。页面中的表单元素和图形，使用白色和浅灰色搭配，明度较高，能够在网页背景中突出显示。通过橙色的登录按钮，突出表现表单元素部分。整个页面给人的感觉是清爽、美观，主体内容突出。

2．用户体验分析

登录页面最重要的功能是向用户清晰地呈现登录表单元素，并且能够帮助用户快速地实现登录功能。在该登录表单页面的设计中，使用模糊处理后的深暗色调图像作为该登录页面的满屏背景，使页面的表现更加美观，并且能够有效突出页面中的高明度信息和登录表单。在表单元素的设计中，将登录按钮使用高饱和度的橙色进行突出表现，并且在文本框中都添加了提示文字信息，便于用户正确填写表单内容。

3．设计步骤解析

（1）在 Photoshop 中新建文档，将页面尺寸设置为 1024 像素 ×768 像素。将选择的风景图片拖入到设计文档中并应用“高斯模糊”滤镜对其进行模糊处理。

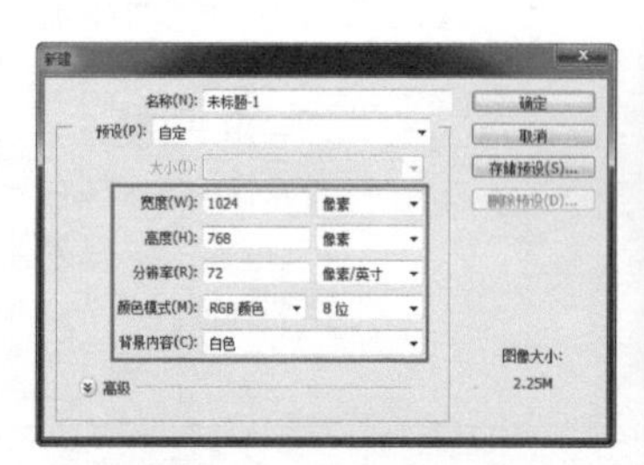

（2）为了使页面背景的表现更加富有质感，可以通过添加“图案叠加”图层样式的方式为背景图像添加纹理效果，并且添加“渐变叠加”图层样式，将背景图像适当压暗一些。在页面居中的位置，使用矢量绘图工具，结合形状图形的加减操作，绘制出该网站的 Logo 图形。

（3）为所绘制的 Logo 图形添加相应的图层样式，从而使其表现出透明质感。在图形下方添加相应的提示文字内容。

（4）接下来，以从左至右的方式横向排列表单元素，并且为各表单元素添加细微的效果，使其看起来更加精致。完成该简约登录页面的设计制作，最终效果如下右图所示。

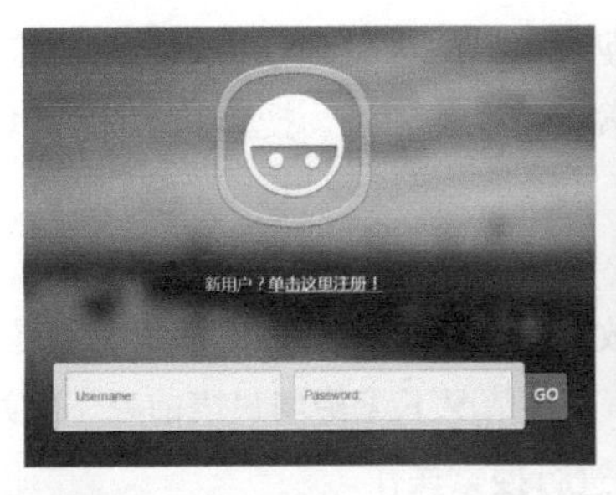

4.3 网站搜索的交互体验设计

在以内容为主的网站中，网站搜索功能往往是最常用的设计元素之一。从可用性的角度来看，当用户有了明确需要查找的内容或商品后，搜索功能是网站页面中最需要的功能。如果一个网站没有足够合理的信息架构体系，那么搜索不仅仅是有帮助的，甚至是最重要的设计功能，有可能比网站的导航更加对用户有帮助。

4.3.1 创建完美的搜索功能

根据设计师的实际设计过程与思考，结合产品和前端开发的模块划分，一般将整个搜索流程分为入口、搜索提示、搜索过程和搜索结果页四个部分，这也与用户进行搜索操作的流程相一致。而在搜索的整个流程中，如何让用户实现快捷搜索的同时获取更多的相关信息，以及搜索提示的呈现方式无疑是影响到用户体验的关键所在。

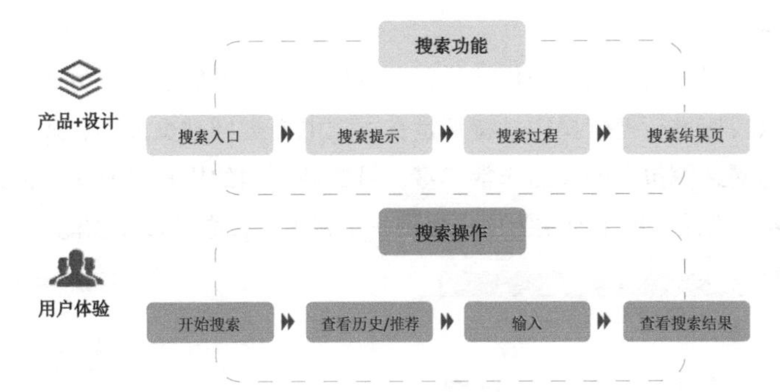

专家提示

从用户角度来看，搜索是给用户提供其需要的东西，功能目标的指向性更强；搜索过程出现的所有相关功能入口或功能诉求点，推荐内容作为锦上添花，而不是作为主要的功能载体；对于功能完整度高的搜索功能，体验的重点更多落脚到搜索结果的内容和呈现上，而结果的呈现，与用户的选择行为和认知息息相关。

4.3.2 用户需求的起点——搜索入口

每个网站搜索入口的设计基本上都大同小异，但是用户方面存在差异化特征。

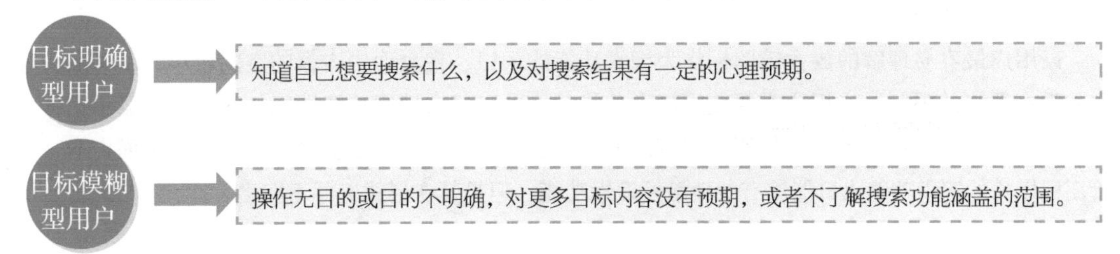

搜索入口是用户使用网站搜索功能的起点，搜索入口的可见性、易用性是直接影响网站搜索体验的要素。搜索入口可以分为 4 种，包括导航搜索、通栏搜索条、搜索功能图标以及特殊样式，其中前 3 种样式比较常见，其权重依次降低。

1．导航搜索入口

导航搜索入口是指在网站页面的主导航栏中放置搜索功能入口，通常情况下是放置在水平导航栏的右侧。导航在网站中的任意页面中都会出现，这种情况下无论用户当前处于网站中的什么位置，搜索的入口都是存在的，让用户可以随时在网站中进行搜索操作。

在该汽车门户网站中，将搜索入口放置在车型导航栏的右侧，与车型导航栏结合在一起，方便用户直接搜索感兴趣的车型。整个页面中蓝色作为主色调，而搜索框则使用了与蓝色形成强烈对比的橙色作为主色，从而有效地在页面中突出了搜索入口的位置。

这是新浪微博的移动端界面，在界面底部的导航栏中设置了搜索功能入口图标，并且在界面顶部的标签下方还设置了通栏搜索条。搜索功能入口在界面中的表现非常突出、醒目。

2．通栏搜索条

通栏搜索条通常出现在网站页面的顶部位置，可以放置在导航栏的上方或者下方，用户进入网站后一目了然，可以快速进行搜索操作。特别是在大型电商类网站页面中，通常都会采用这种通栏搜索条的方式。因为网站中包含的商品非常丰富，目的性明确的用户通常进入网站后都希望能够快速地找到自己所需要的商品，这个时候为用户提供一个直观、显眼的搜索功能入口是贴心的设计。

在该素材网站中，在页面顶部的导航栏下方放置通栏的搜索条，并在搜索条的四周进行留白处理，使搜索栏在页面中的视觉效果非常突出，便于用户直接搜索需要的素材资源。

在该移动端电商界面中，将搜索条放置在界面的顶部，并以通栏的形式表现。当用户进入该界面中时，第一眼就能够找到搜索入口。

3．搜索功能图标

以用户最容易理解的放大镜图标作为搜索功能的入口，在页面中占据的空间较小，出现的位置也并没有严格的限制。当用户需要使用搜索功能时，可以单击搜索功能图标，在页面中显示出搜索文本框以及提交按钮，不需要使用时，该部分内容会自动隐藏，留出更多空间来显示页面内容。尽管图标样式的搜索功能入口能够有效地触发搜索功能，但是其在形式上并不突出。

在该网站面中，为了突出页面的完整性，以图标的形式来呈现搜索功能入口，在导航栏的右侧放置放大镜图标，并且为搜索功能设置了相应的交互效果。当鼠标移至该图标上方时，图标变为红色，在页面中突出显示。单击该图标时，在整个页面上方覆盖半透明红色背景色块，并在该色块上方显示搜索文本框和提交按钮，效果非常明确、鲜明。如果用户不需要使用搜索功能，还可以单击右上角的关闭按钮，返回至网站页面。

技巧点拨

图标形式的搜索功能入口在移动端页面中应用非常普遍，因为其能够有效地节约屏幕空间，用于展示更多的内容。

4．特殊样式

特殊样式的搜索功能入口在 PC 端的网站页面中使用较少，一般出现在移动端的页面设计中，根据移动端的设计风格来决定搜索功能的表现样式，例如 Android 系统原生应用中的悬浮按钮功能等。

4.3.3　满足用户潜在需求——搜索提示

从用户层面来看，用户点击搜索入口后，直接进入搜索功能，在搜索文本框中输入搜索关键字，即可开始搜索信息。但是用户的潜在需求却包含更多信息，例如，用户需要有指导来告诉他们在这里可以搜索什么，这些指导说明可以通过搜索框中的提示信息来告知用户。

专家提示

在移动端，用户点击搜索入口后，通常会跳转到一个独立的搜索中间页面。搜索中间页面可以被认为是仅次于搜索结果页面而存在的。在搜索中间页面中主要包含的设计要素包括：提示信息、搜索分类、搜索历史、热门搜索词等。

1．提示信息

提示信息是与该网站能够实现的搜索功能相关的文案内容，常见样式为出现在搜索框中的纯文字提示。文字提示信息在用户体验中相当于一种前置反馈，这种设计是体现网站友好性的一个小细节，对用户也是一种良性的引导，给用户提供了心理预期。

在搜索文本框中可以添加一些有意义的提示文本，例如直接告诉用户可以输入的内容来引导用户，文字内容要简洁、明了。

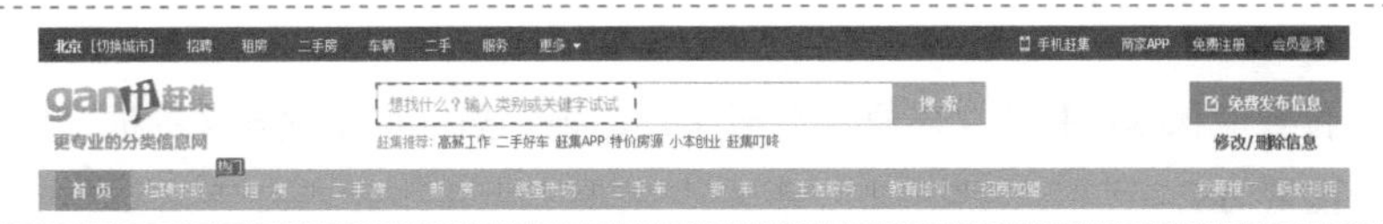

在“赶集网”的网站页面中，将搜索栏放置在页面顶部的中间位置，在搜索文本框中给出的搜索提示信息为“想找什么？输入类别或关键字试试”，非常直接地提示用户输入类别名称或者关键字进行搜索，简洁、明了。

在搜索文本框中可以添加推荐内容，推荐内容根据网站类型的不同有所区别。例如，电商类网站通常推荐的内容为最新的促销商品或活动信息，影视类网站推荐内容为当前最火的电影电视等。

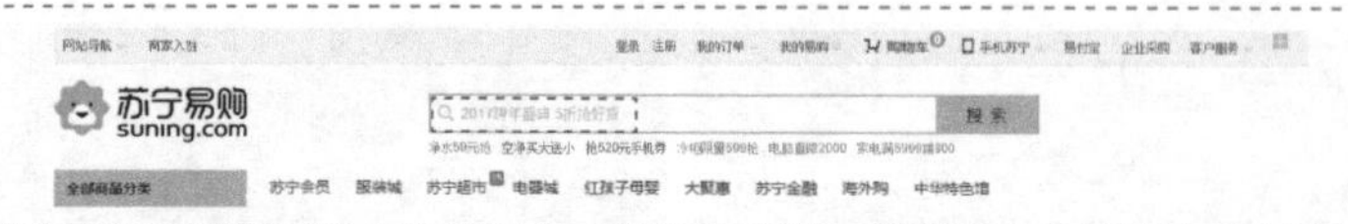

电商类网站通常会不定期举行各种促销活动。这时可以将最新的促销活动信息作为搜索提示信息放置在搜索文本框中，从而提高促销活动的曝光度。例如，在“苏宁易购”网站的搜索框中放置的提示信息为“2017 跨年盛典 5 折抢好货”，如果用户想使用搜索功能，就一定能够看到该促销信息。并且如果用户并没有在搜索文本框中输入内容，而直接单击“搜索”按钮，也将进入该促销信息页面，这样就大大提高了促销信息的曝光度。而且这里的提示信息还可以根据最近的活动随时进行更换。

技巧点拨

搜索文本框中的提示信息内容主要起到给用户提示的作用，所以通常会使用浅灰色文本进行表现。而用户在搜索文本框中输入的内容通常都是以深灰色或黑色来表现，从而有效地区分了提示信息内容与用户自己输入的内容。

2．搜索分类

在许多综合性门户网站和电商网站等包含大量信息的网站所提供的搜索栏中，通常都会包含搜索分类功能，便于用户选择搜索的范围。搜索功能是全局性的，仅在搜索框中出现提示信息还不足以满足用户对于信息分类搜索的需求，因此需要提供搜索分类功能，在搜索开始之前就缩小搜索的范围，提升操作的便捷性和智能化效果。

“新浪”网站是一个综合性的新闻门户网站。在该网站页面中，将搜索栏放置在顶部网站 Logo 的右侧，并且在搜索框的左侧通过下拉列表的形式表现搜索分类。用户进行搜索时，可以通过选择相应的搜索分类，从而缩小搜索的范围，便于更精确地找到自己想到的内容。

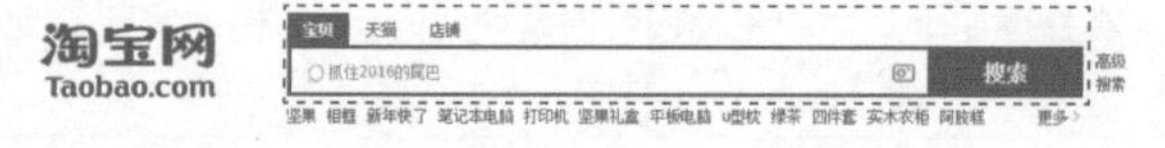

“淘宝”网站是一个综合性的电商网站，该网站的搜索栏则使用选项卡的方式来表现搜索分类功能。用户可以单击不同的选项卡，从而确定在哪一种分类中进行搜索，缩小搜索范围。

3．搜索历史

搜索历史可以作为一种快速搜索的功能入口，呈现用户的搜索历史记录。一来可以方便用户下次对于重复性的内容快速搜索，二来也便于收集用户习惯。

在设计搜索历史功能时，需要注意以下几点。

（1）位置

搜索历史的位置应该紧贴搜索文本框，此时用户的视觉焦点位于搜索文本框，更容易注意到搜索文本框下方的搜索历史。

（2）显示样式

一般搜索词会作为一个完整的搜索内容呈现，而且会涉及点击操作，因此不适合折行或者截断显示，以便于用户对自己搜索了哪些词一目了然，一般的处理方式是固定行数显示。而在移动端页面中，也可以将搜索历史以按钮的样式显示，强化可点击的操作意象。

（3）数量

还需要限制搜索历史的数量。显示的搜索历史数量过少对于用户来说没有太大的意义，因为旧的内容很容易被新的搜索词替换掉；显示的搜索历史数量过多则会占据页面太多的空间。特别是在移动端，更是需要控制搜索历史的显示数量。

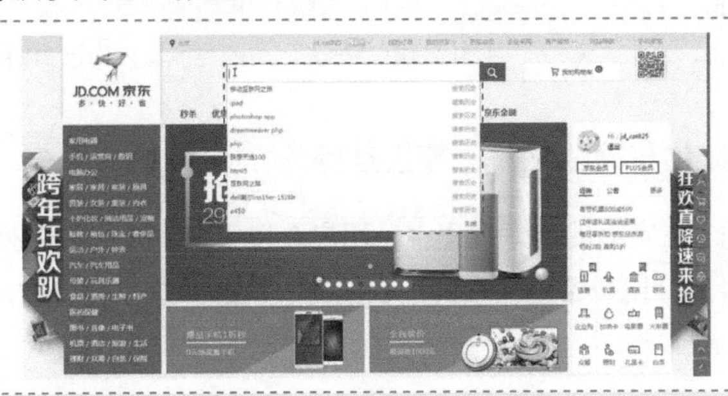

“京东”网站的搜索框提供了搜索历史的功能，当用户在搜索文本框中单击时，系统即可自动在搜索文本框的下方显示出用户在“京东”网站中最近搜索的 10 条历史记录。如果用户需要搜索之前搜索过的内容，直接在搜索历史列表中进行选择即可，方便用户的操作。

4．热门搜索词

热门搜索词一般是产品需求驱动出现的，可以让页面内容更加丰富，同时也透露出当前主推的内容，提升内容的曝光率和点击量。当前网站主推的内容或商品以及搜索频率较高的内容都可以作为热门搜索词。

技巧点拨

通常在一些大型的综合门户或者电商网站中，都会在网站搜索框附近放置热门搜索词，用户只需要单击相应的关键词，即可实现快速搜索的功能，而不需要在搜索文本框中输入搜索内容，这也是一种提高用户操作体验的方式。

热门搜索词与搜索历史有许多相似点，因此需要注意在样式上与搜索历史内容进行区分。不同于搜索历史的是，热门搜索词是网站管理人员设置的内容，不是用户主动有意识或无意识触发的，因此就存在用户接受度的问题。热门搜索词的数量需要仔细斟酌，通常是 5 至 9 个，能够让用户一目了然。较为复杂的搜索词则更需要简化数量，让用户能够抓住重点。放置过多的搜索词，会稀释用户的注意力。

大多数网站都会将热门搜索词放置在搜索框的下方，这样可以使版面更加美观，也避免对用户使用搜索功能造成干扰。

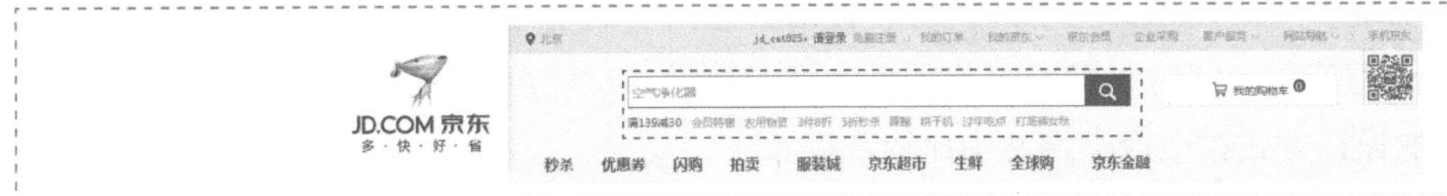

在“京东”网站中，将热门搜索词放置在搜索框的下方，并且使用红色的文字来突出重点搜索词的表现效果。除了在搜索文本框的下方放置热门搜索词，许多电商网站还会在搜索文本框中将促销产品或信息作为提示信息内容进行展现。

还有一种方式是将热门搜索词放置在搜索框的右侧。这种方式对用户的干扰最小，但是其横向空间的扩展性较差。

有些网站也会将热门搜索词放置在搜索文本框的内部。这种方式的提示效果最为明显，当用户想要使用网站的搜索功能时，第一眼就能够看到文本框中的热门搜索词，大大增加了热门搜索词的曝光度。

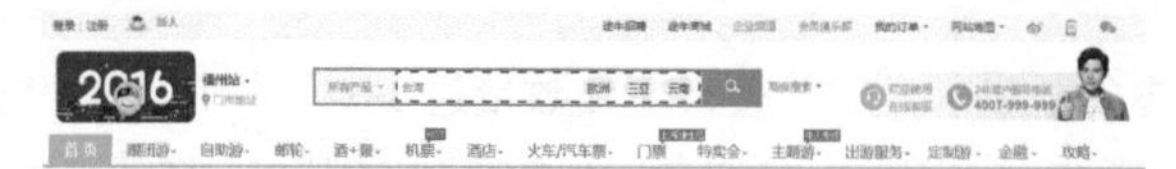

在“途牛旅游网”的搜索栏中，将热门旅游目的地放置在搜索文本框中。当用户需要使用搜索功能时，第一眼就能够看到所推荐的热门旅游目的地，单击相应的搜索词，即可快速跳转到相应的页面。如果用户对推荐的热门旅游目的地并不感兴趣，在文本框中单击，则文本框中的推荐信息就会消失，用户可以输入自己需要搜索的内容。

4.3.4 用户操作便捷化与简洁化——搜索过程

从用户操作场景来看：在实际的搜索过程中，用户在搜索文本框中输入搜索关键字，核心目标就是快速输入关键词。或者说，用户希望输入的过程便捷、快速。这也是影响用户体验的关键点。

专家提示

这种用户便捷、快速的输入搜索关键字的过程，很难在系统输入法上做文章。但是可以在其他方面给用户带来“便捷”“快速”的体验，包括根据用户输入的内容即时呈现的搜索关键词。这也是搜索功能好用性和易用性的一种体现。

用户在搜索文本框输入搜索关键词的过程中也伴随着对应的反馈。此时出现的即时反馈主要包括两种样式，即搜索联想词和分类匹配。这样能够提高搜索功能的友好性体验。

1．搜索联想词

搜索联想词是根据用户逐渐输入内容而不断呈现的包含输入关键词的列表。对于功能完整的搜索过程，搜索联想词能够对用户的输入信息起到纠正、提醒、引导的作用。对于有固定搜索结果的网站而言，搜索联想词能起到便捷搜索的作用。

在“京东”网站的搜索文本框中，当用户输入搜索关键字时，系统会自动根据用户所输入的搜索关键字匹配相关的联想关键词，并且搜索文本框的下方会显示出 10 条联想词，其中联想词的加粗部分为系统自动匹配的部分。这样就可以大大地减少用户的输入，从而快速进行搜索操作。

2．分类匹配

对于多模块或者内容较多的网站来说，不仅在结构中需要对不同范畴或属性下的内容进行分类，在搜索过程中也要明确告知用户该分类下的内容，提高信息内容的清晰度。用户在搜索的过程中可以实时切换搜索的分类范围，同时显示固定范围下的搜索数量，这样可以使用户的搜索结果更加准确。这种分类匹配的设计方式在电商类网站中比较常见。

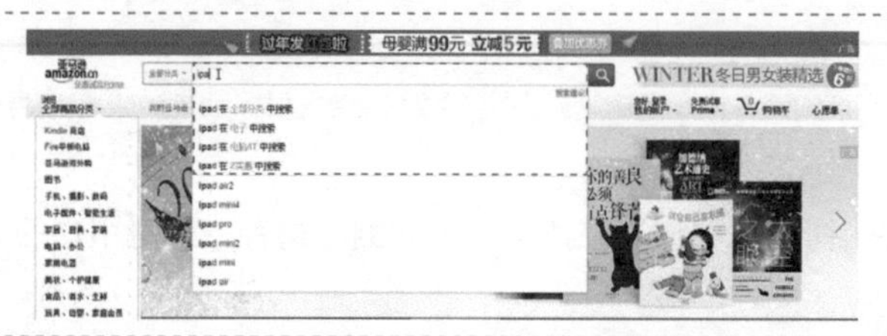

在“亚马逊”网站的搜索文本框中，当用户输入搜索关键字时，在搜索框的下方会分为两个部分，上半部分为系统根据用户所输入的搜索关键字进行的分类匹配，选择相应的选项可以直接在所选择的分类中进行搜索，缩小搜索的范围；下半部分为根据用户所输入的内容匹配的联想搜索词。

4.3.5　用户的终极目标——搜索结果

搜索结果页是指用户点击搜索按钮后看到的搜索内容页面，是用户搜索的目标所在，因此如何准确地呈现用户所搜索的内容是重点，用户需要一眼就看到目标信息。本着所见即所得的理念，有了目标信息，通用的交互操作和功能在这里也都能够实现，这样用户的操作体验才具有一致性和连续性。

1．多维度展示搜索结果

虽然搜索结果页面不是固定内容的页面，每次搜索都会重新请求服务器加载新的内容，但是网站中的内容分类是固定的。因此当搜索结果的种类比较多时，可以使用相应的形式对搜索结果进行分类显示，有助于提升信息的清晰度和可读性，帮助用户快速找到目标信息。

2．为搜索结果添加相应的功能操作

为搜索结果添加相应的功能操作，可以帮助用户快速完成相关功能的操作，缩短操作路径。例如，电商类的产品，可以在搜索结果页面中为商品添加购买或加入购物车的按钮，用户可以直接点击进行购买或加入购物车的操作，而视频类的搜索结果页面，则可以添加播放和下载按钮，用户可以直接进行视频的播放或下载，这样可以有效缩短用户的操作流程。

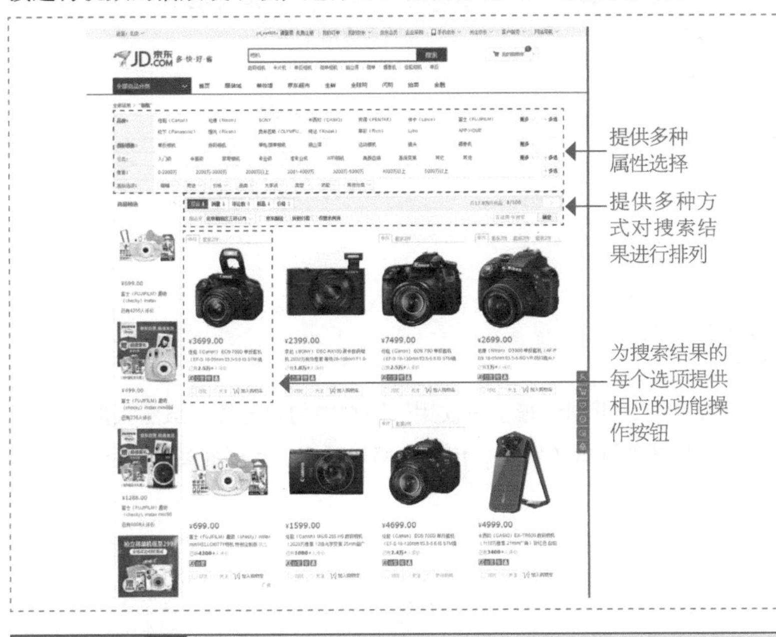

在“京东”网站的搜索结果页面中，在搜索结果列表的上方提供了多种属性选择，用户可以通过对这种相关属性的选择来进一步缩小搜索结果的范围，从而便于用户快速找到自己需要的商品。在搜索结果的上方还提供了多种对搜索结果进行排列的方式，同样可以辅助用户快速在搜索结果中查找需要的商品。在搜索结果中，为每个搜索结果都提供了相关的功能操作按钮，便于用户在不进入详情页面的情况下，快速实现重要的功能操作。

专家提示

一个简易的搜索功能，可能有关键词 + 搜索结果就可以。但是一个完善的搜索功能，却要通过对搜索主体偏好的猜测、对输入内容的语义分析、对搜索结果的质量评估分析、对搜索结果的排序方式的调整，为用户呈现适当的结果。

4.4　文字交互体验设计

在网页设计中，文字交互提示信息的巧妙使用，不仅让网页瞬间亮起来，并且能够提升用户的感知度和感官体验。文字交互提示是一种实现网页功能的交互环节中的一种补充设计，在内容表达上需要尽可能简洁高效。

4.4.1 关于文字交互

用户在浏览网站时，注意到某些文字，当他使用鼠标悬停、滑过、单击、拖动与文字进行互动时，看到文字发生了变化。其中，悬停、滑过、单击、拖动这些可以认为是交互行为，文字可以认为是交互对象，而文字发生变化则是交互反馈。

这些变化可以是字体大小、颜色发生改变，也可能是一些动态效果。好的交互效果能够激发用户的好奇心，增加用户浏览网站的时间，加深用户对网站的印象。

说到网页文字颜色的变化，这里分享 3 个关于网页文字颜色的小规范。

（1）同一个网站需要确定出文字主色调，特殊情况可以有两种左右的辅助文字颜色。

（2）正文的文字颜色为深灰色，建议选用 #333333 至 #666666 之间的颜色。如果选用其他文字颜色作为正文主色调，安全起见可能采用明度不大于 30% 的颜色。

（3）蓝色的文字一般会在绝大多数超链接的位置使用，其他地方应该谨慎使用。

最重要的一点是，规范可以灵活应用，但是一定要考虑网页的整体配色风格。下面推荐一些网页中常用文字颜色供读者参考。

	文字颜色	适用范围
价格文字	#CC0000	所示价格文字
重要文字	#CC6600	提示性文字，需要用户特别注意
常规文字	#333333	普通信息、标题
次级文字	#666666	帮助信息、说明性文字
辅助文字	#999999	页面中的一些辅助性文字

4.4.2 常见文字交互方式

常见的文字交互方式主要有以下 4 种。

1．文字颜色变化和下划线

鼠标悬停时，文字颜色发生变化和出现下划线很多时候用于网页中的超链接。虽然大部分网站会将超链接文字颜色设置成蓝色带下划线的样式（常规、传统、用户习惯、易读性高），但这并不是唯一的样式。

专家提示

超链接除了需要在大段文字中脱颖而出，还应该考虑用户的阅读体验。很多网站的超链接设计在提升用户体验上在不断地优化创新。

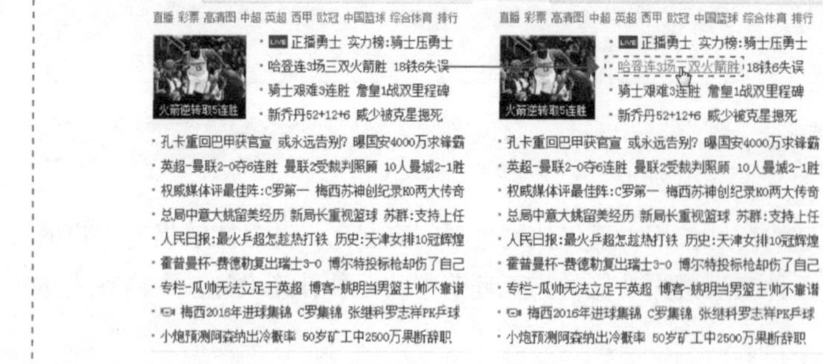

在新闻类网站中，通常将新闻标题文字设置为链接默认的蓝色，这种方式符合用户的认知习惯。当鼠标移至新闻标题文字上方时，文字颜色发生变化，并且为超链接文字添加下划线，用户能明确这是一个链接。这样能够让用户体验到和网站的互动，同时暗示用户进行点击。

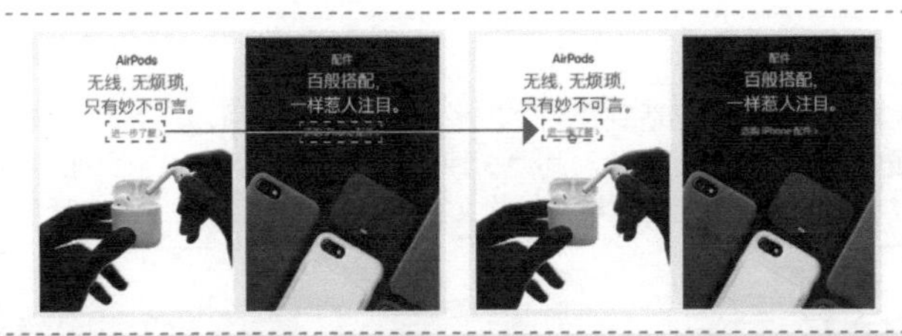

在苹果官方网站中，将超链接文字设置为传统链接文字的蓝色。当鼠标悬停在超链接文字上方时，超链接文字出现下划线。虽然没有特别改变文字的颜色，但超链接文字右侧的小箭头有一个引导作用，让用户明白这里可以点击。当用户把鼠标放置在超链接文字上方时，文字底部出现一条和文字相同颜色的下划线，强化了超链接的特征。

2．出现新信息

出现新信息是指，当用户将鼠标悬停在页面中某个元素上方时，在指定的位置会以交互的方式出现新的文字信息。这可以使网站页面显示更加动感，还为用户提供了一种选择方式。

在该网站页面设计中，使用尺寸相同的图片与文字相结合展示了各分类的名称。当鼠标移至某个分类上方时，分类名称文字向上移动，向用户展示出该分类的热门程度。当用户第一眼看到页面时，版块内容干净清晰，可以直接点击进入自己感兴趣的分类，而当鼠标移至分类上方时触发交互效果，为用户带来交互体验。

3．按钮效果

在一些网站页面中，为了突出某个文字链接，会将该文字链接设计为按钮的样式。当用户将鼠标移至该按钮文字上时，整个按钮的颜色以及按钮中的文字颜色同样会发生交互变化。这种设计小细节，用户不经意发现后，可以感受到一种独特的交互体验。

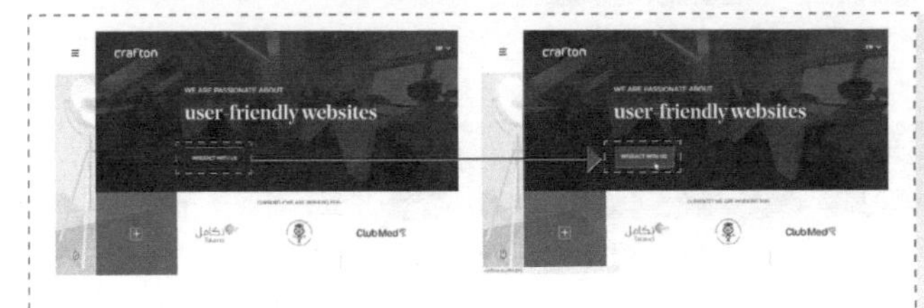

将文字链接设计成简约的线框按钮的形式，能够有效地突出该文字链接，吸引用户进行点击操作。当用户将鼠标移至该按钮形式的链接文字上方时，原本透明线框样式链接文字变成红色背景白色加粗文字的样式，并且伴随着样式过渡动画，给用户带来很好的交互体验。

4．文字悬停的动态效果

文字悬停的动态效果是指当鼠标悬停在文字上方时，触发文字动态效果的表现。这种方式主要用于网站页面中一些特定文字，例如 Logo 文字或网站名称文字等，增强网站的交互动感。具备良好交互的网站一定会越来越受到用户青睐，也将会成为网页设计的发展趋势。

该网站的设计非常个性，在页面中间位置使用大号的粗体文字表现网站的主题，并且为主题中的每个字母都添加了交互动画效果。当用户将鼠标移至某个字母上方时，即可触发该字母动画效果的播放，鼠标移开后恢复默认效果，并且每个字母的动画效果都不相同，给人带来很强的交互感。充满新意的交互设计方式能够给用户留下深刻印象。

技巧点拨

文字悬停出现动态效果这种方式，不适宜在内容较多的网站页面使用，只适合一些个性特征较强的网站，通过这样的交互方式来增强页面用户的交互体验。其他 3 种文本交互方式，在网站页面中的使用较多。特别是文字颜色变化和出现下划线的方式，是最基础也是最常见的文字交互方式。

4.4.3 超链接文字交互

超链接文字的样式一般在搜索引擎的网站呈现蓝色字样，大多会在下面加上下划线以便识别。不过现在考虑到不影响文本的可读性与用户体验，逐渐取消了下划线。而在有些别的网站，考虑到界面设计风格各方面的因素而不用蓝色。

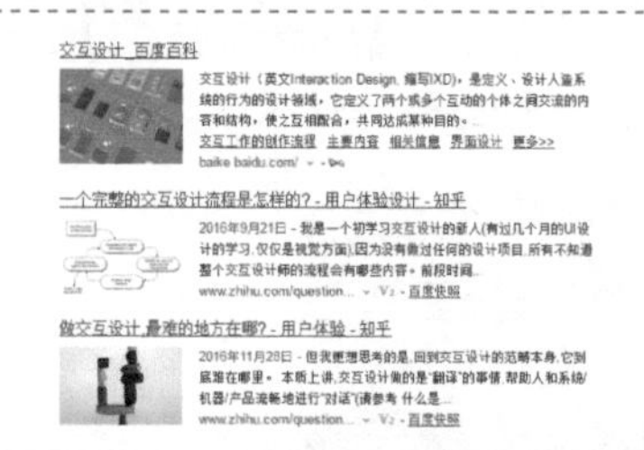

百度搜索结果页面中，所有的文字链接都采用了传统的蓝色和下划线的样式，搜索关键字则显示为红色，有效突出了文字超链接。

网易新闻页面中，文字超链接并没有设置为传统的蓝色和下划线的效果，而是统一使用了灰色来表现超链接文字。当鼠标移至超链接文字上方时，文字的颜色变化为红色。

链接在交互上一般会呈现出 4 种状态，即默认状态、鼠标悬停状态、点击时状态和点击后状态。例如，下图的网站中为链接设置了 4 种状态的不同效果。

默认状态下，超链接文字显示为白色加粗，无下划线样式。

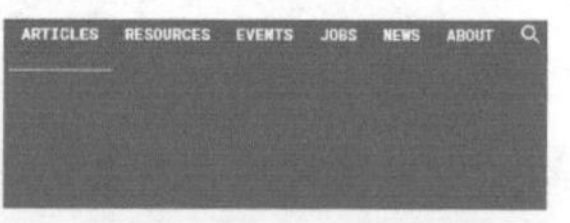

鼠标悬停状态，超链接文字下方显示半透明线条。

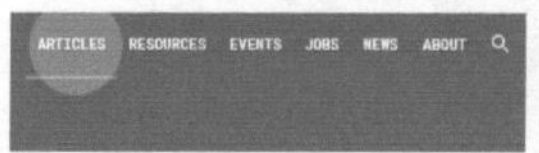

点击状态，超链接文字有波纹晕开的动态效果。

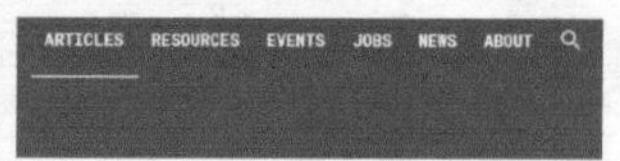

点击后状态，超链接文字下方显示白色线条。

有些网站只使用链接的默认状态、鼠标悬停状态和点击后状态这 3 种状态。因为点击状态发生的速度非常快，用户不留意都很难注意到，所以这 3 种状态也是新闻网站中文字链接常用的 3 种状态。

（默认状态）（鼠标悬停和点击状态）（点击过后状态）

在新浪新闻网站中，为文字超链接设置了 3 种状态：默认状态，新闻标题超链接文字显示为蓝色无下划线的效果；鼠标悬停和点击状态，新闻标题超链接文字显示为橙色有下划线效果；点击后状态，新闻标题超链接显示为灰蓝色无下画线状态。这样用户能够轻松地分辨出哪些信息已经阅读，哪些信息还没有阅读。

专家提示

之所以点击过后状态与默认状态的超链接文字颜色比较相似，主要是从页面的整体视觉风格来考虑的。如果将点击过后状态的超链接文字设置为一种其他颜色，那么在这种文字链接较多的新闻网站中，就会破坏整个页面的视觉效果。

还有一些网站只使用链接的默认状态和鼠标悬停状态这两种状态，主要是提醒用户该文字是可点击的超链接文字，通常应用于文字链接较少的网站页面中。

技巧点拨

移动端页面中，超链接文字有些时候只有一种状态，也可以称为静态链接。在不同的使用场景会因为当时的情况选择合适的交互体验设计。有的情况下还会加上音效，使用户体验更畅快，这在移动端使用的情况下会较多一些。

4.5 按钮交互体验设计

在网页中，按钮是一个非常重要的元素，按钮的美观性与创意是很重要的。设计有特点的按钮不仅能给浏览者一个新的视觉冲击，还能够给网站页面增值加分。网页中的按钮主要具有两个作用：第一是提示性作用，通过提示性的文本或者图形告诉用户单击后会有什么结果；第二是动态响应作用，即当浏览者在进行不同的操作时，按钮能够呈现出不同的效果。

4.5.1 网页按钮的功能与表现

目前在网站中，普遍出现的按钮可以分为两大类：一种是具有表单数据提交功能的按钮，这种我们可以称为真正的按钮；另一种是仅仅表示链接的按钮，我也可以将其称为“伪按钮”。

1．真正的按钮

当用户在网页中的搜索文本框中输入关键字，单击“搜索”按钮后网页中将出现搜索结果；当用户在登录页面中填写用户名和密码后，单击“登录”按钮，即可以会员身份登录网站。这里的“搜索”按钮和“登录”按钮都是用来实现提交表单功能的，按钮上的文字说明了整个表单区域的目的。比如，“搜索”按钮的区域显然标明这一区域内的文本输入框和按钮都是为搜索功能服务的，不需要再另外添加标题进行说明了，这也是设计师为提高网页可用性而普遍采用的一种方式。

通过以上的分析我们可以得出，真正的按钮是指具有明确的操作目的性，并且能够实现表单提交功能的。

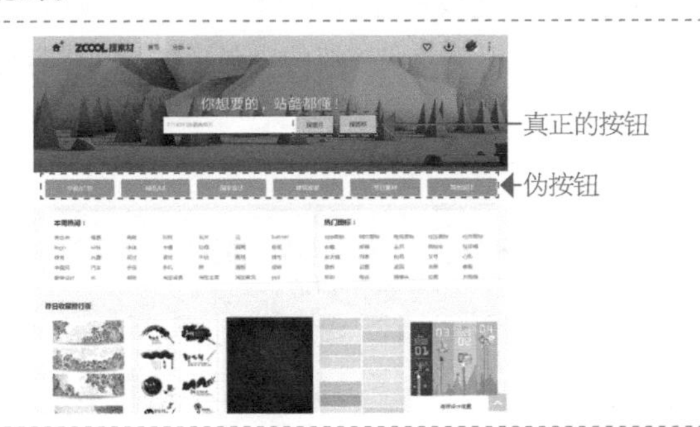

在该设计素材网站页面中，既包含了真正的按钮，同时也包含伪按钮。在页面上方的 banner 图像上搜索文本框后的两个搜索按钮就是真正的按钮，它们的作用主要是提交搜索表单中的信息到服务器进行处理。而在 banner 图像下方横向排列的多个按钮都是伪按钮，主要是为了突出素材分类，便于用户快速选择素材类别。

专家提示

实现表单提交功能的按钮的表现形式，可以大致分为系统标准按钮和使用图片自制的按钮两种类型。系统标准按钮的设计是模拟真实的按钮。无论是真实生活中的按钮，还是网页上的系统标准按钮，都具有很好的用户反馈。

2．标准按钮的优势

（1）易识别。与各式各样的图片按钮相比，在网页中标准按钮更容易被用户识别，这降低了用户识别上的负担。

（2）操作反馈好。标准按钮具备多种状态，“正常状态”“鼠标经过状态”“点击状态”等，多种状态标准按钮能够传达更丰富的信息。

标准按钮也存在相应的问题：样式过于单一、呆板，无法满足多种不同设计风格的需求。目前，大多数情况下设计师都会通过 CSS 样式对网页中的标准按钮风格进行设置，包括按钮的颜色、立体效果、文字大小、文字颜色等，使得按钮与网页的整体设计风格相统一。

在该招聘网站首页，可以看到页面中有两个表单功能区域，一个是位于 banner 图像上方右侧的注册表单，一个是位于 banner 图像下方的搜索表单。根据页面的设计风格，分别通过 CSS 样式对表单提交按钮的样式效果进行了设置，使其看上去更加美观，并符合网页设计风格。

3．伪按钮

在网页中，为了突出某些重要的文字链接而将其设计为与网页风格相统一的按钮形式，使其在网页中的表现更加突出，吸引用户的注意，这样的按钮称为伪按钮。在网页中大量存在这样的按钮，从表现上看是一个按钮而实际上只提供了一个链接。

该手机 App 应用介绍网站页面的设计非常简洁，采用图文相结合的方式进行介绍，并且在页面中通过伪按钮的形式来突出表现该 App 应用的下载链接，引起用户的注意。两个按钮采用了不同的色彩进行区别表现，突出了针对不同系统的下载链接，非常直观。

造成伪按钮泛滥的最根本原因还在于相当多的设计师还没有意识到伪按钮与真正按钮的区别，在设计过程中随意地使用按钮这种表现形式。伪按钮最好不要使用按钮的表现形式，这样容易造成用户的误解，降低用户的使用效果。

技巧点拨

想要使网页中的某个链接更为突出，也可以将网页中某一两个重要的链接设计成伪按钮的效果。但一定要与真正按钮的表现效果相区别，并且不能在网页中出现过多的伪按钮，否则会给用户带来困扰。

4.5.2 关于幽灵按钮

幽灵按钮有着最简单的扁平化几何形状的图形，如正方形、矩形、圆形、菱形，没有填充色，只有一条浅浅的轮廓线条。除了线框和文字之外，它完全（或者说几乎）是透明的。这些按钮通常比网页上传统的可点击按钮要大许多，也被置于页面中显著的位置，例如屏幕的正中央。

专家提示

各种类型的网站（特别是移动端）中都能够发现幽灵按钮的身影，它有着多种设计风格，却几乎都与单页网站有关联，还有那些极简风格或扁平风格的设计方案。这种风格的按钮在全屏照片背景的网站中也大受欢迎，不像传统按钮那样。这种简洁的样式，是出于不干扰图片的考虑。

“薄”和“透”是幽灵按钮的最大特点。不设置背景色、不添加纹理，按钮仅通过简洁的线框标明边界，确保了它作为按钮的功能性，又达成了“纤薄”的视觉美感。置于按钮之后的背景往往相对素雅，或加以纯色，或高斯模糊，或色调沉郁，这使得即使有按钮也不影响观看全图。背景得以呈现又不影响按钮的视觉表达，双方相互映衬而达成微妙的平衡。

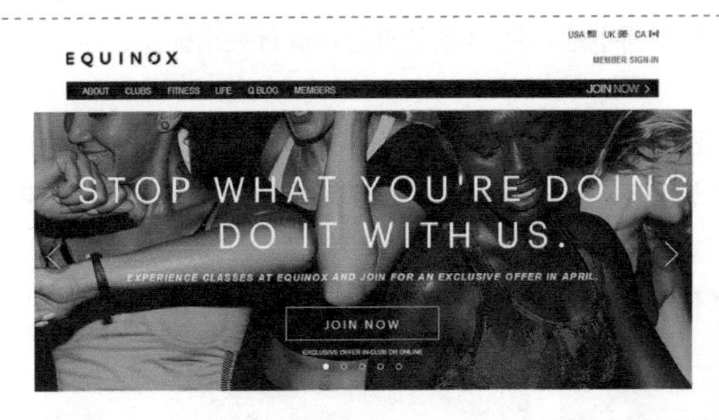

在该网站页面设计中，在导航栏下方的焦点轮换图上放置了标题文字和幽灵按钮。稀疏的大写标题文字和纤细的幽灵按钮在高饱和度背景图片上相互辉映，拥有别样的美感。

技巧点拨

幽灵按钮的设计切记保持简约的风格，应该精细微妙，而非浮华炫目。幽灵按钮有助于打造高端的设计风格。在设计中，简单往往给人一种高雅的感受。

4.5.3　如何设计出色的交互按钮

用户每天都会接触到各种按钮，从现实世界到虚拟的界面，从移动端到桌面端，它是如今界面设计中最小的元素之一，同时也是最关键的控件。在设计按钮的时候，我们是否想过用户会在什么情形下与之交互？按钮将会在整个交互和反馈的循环中提供什么信息？

接下来，我们就深入到设计细节当中，讲解如何才能够设计出色的交互按钮。

1. 按钮需要看起来可点击

用户看到页面中可点击的按钮会有点击的冲动。虽然按钮在屏幕上会以各种各样的尺寸出现，并且通常都具备良好的可点击性；但是在移动端设备上，按钮本身的尺寸和按钮周围的间隙尺寸都是非常有讲究的。

技巧点拨

普通用户的指尖尺寸通常为 8 至 10 毫米，所以在移动端的交互按钮尺寸最少也需要设置在 10 毫米 ×10 毫米，这样才能够便于用户的触摸点击。这也算是移动端上约定俗成的规则了。

想要使页面中所设计的按钮看起来可点击，注意下面的技巧：

（1）增加按钮的内边距，使按钮看起来更加容易点击，引导用户点击。

（2）为按钮添加微妙的阴影效果，使按钮看起来“浮动”出页面，更接近用户。

（3）为按钮添加鼠标悬浮或点击操作的交互效果，例如色彩的变化等，提示用户。

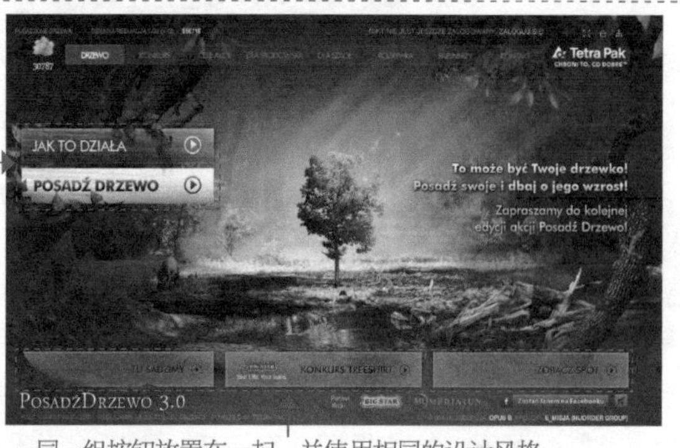

不同颜色的按钮，区分不同的功能或内容

同一组按钮放置在一起，并使用相同的设计风格

在该网站页面中，为重要的功能选项使用了按钮的表现形式，并且用不同颜色的按钮来区分不同的功能或内容。因为该网站页面使用了图像作为页面背景，为了使按钮能够从背景中突显出来，还为按钮添加了阴影、纹理等效果。按钮在页面的视觉效果鲜明，能够给用户很好的引导。

2．按钮的色彩很重要

按钮作为用户交互操作的核心，在页面中适合使用特定的色彩进行突出强调，但是按钮的色彩需要根据整个网站的配色来进行搭配。

网页中按钮的色彩应该是明亮而迷人的，这也是为什么那么多 UI 设计师都喜欢采用明亮的黄色、绿色和蓝色的按钮设计的原因。想要按钮在页面中具有突出的视觉效果，最好选择与背景色相对比的色彩作为按钮的色彩进行设计。

该网站页面使用倾斜渐变颜色作为页面的整体背景，页面表现出非常绚丽的视觉效果。在页面左侧位置，以左对齐方式放置简洁的白色主题文字和绿色按钮，绿色的按钮与渐变色的页面背景形成鲜明的视觉对比，在页面中的效果非常突出。并且该按钮还添加了交互动画效果，当鼠标移至该按钮上方时，按钮放大并变为白色的背景与灰色的按钮文字，无论是在视觉效果还是在交互上都给用户很好的体验。

专家提示

按钮的色彩还需要注意品牌的用色，设计师需要为按钮选取一个与页面品牌配色方案相匹配的色彩，它不仅需要有较高的识别度，还需要与品牌有关联性。无论页面的配色方案如何调整，按钮首先要与页面的主色调保持关联与一致。

3．注意按钮的尺寸

只有当按钮尺寸够大的时候，用户才能在刚进入页面的时候就被它所吸引。虽然幽灵按钮可以占据足够大的面积，但是幽灵按钮在视觉分量上的不足，使得它并不是最好的选择。所以，我们所说的大不仅仅是尺寸上的大，在视觉分量上同样要“大”。

专家提示

按钮的大小尺寸也是一个相对值。有的时候，同样尺寸的按钮，在一种情况下是完美的，而在另外一个页面中可能就是过大了。很大程度上，按钮的大小取决于周围元素的大小比例。

将按钮放置在视觉中心位置，以较大的尺寸表现，并且色彩也比较鲜艳，充分吸引用户的注意

将按钮设计为不同的颜色，用于区分不同的功能

该运动品牌的宣传网站页面设计非常简洁。使用明度和饱和度都较低的运动人物图片作为页面的背景，在页面中间位置使用粗壮的大号字体突出表现主题，在主题文字下方放置色彩鲜艳的按钮。并且按钮的周围有充足的留白，使按钮的效果非常突出，便于引导用户进行点击。

在移动端页面的设计中，按钮的尺寸需要稍大一些，这样更便于用户使用手指进行触摸操作。在该移动端页面中，根据按钮的功能进行分组，登录按钮更加靠近表单元素，使用户更容易理解。

4．注意按钮的位置

按钮应该放置在页面的哪些位置呢？页面中的哪些地方能够为网站带来更多的点击量呢？

绝大多数的情况下，应该将按钮放置在一些特定的位置，例如表单的底部、在触发行为操作的信息附近、页面或者屏幕的底部、信息的正下方。因为无论是 PC 端还是移动端的页面中，这些位置都遵循了用户的习惯和自然的交互路径，使得用户的操作更加方便、自然。

在该页面中，将统一风格的按钮放置在屏幕的底部，用户在查看网页内容时，视线自然向下流动到按钮上，用户可以通过按钮上的描述文字来区别按钮功能。

在该网站页面中，在搜索表单元素之后放置明亮色的表单提交按钮，使该搜索功能在页面中突显出来。并且通过半透明的黑色矩形背景，使搜索表单元素与按钮表现为一个整体功能。

5．要有良好的对比效果

几乎所有类型的设计都会要求对比度，在进行按钮设计的时候，不仅要让按钮的内容（图标、文本）能够与按钮本身形成明显的对比，而且按钮和背景以及周围元素也要能够形成对比效果，这样才能够使按钮在页面中凸显出来。

黄色的按钮在黑色的背景上非常突出，使用户一眼就能够注意到

鲜艳明亮的黄色与黑色的对比度最为强烈。在该网站页面设计中，使用接近黑色的灰度图像作为页面的背景，在页面中搭配高明度的黄色主题文字和功能操作按钮。将两个按钮分别设置为黄色线框按钮和色块按钮，使得按钮不仅与页面背景形成对比，也更好地区分了不同的功能，具有明显的视觉对比性。

6. 要使用标准形状

尽量选择使用标准形状的按钮。

矩形按钮（包括方形和圆角矩形）是最常见的按钮形状，也是按钮的默认形状，它符合用户的认知习惯。当用户看到它的时候，立刻会明白应该如何与之进行交互。至于是使用圆角矩形还是直角矩形，就需要根据页面的整体设计风格来决定了。

圆形按钮广泛适用于时下流行的扁平化设计风格，目前也能够被大多数用户所接受。

绿色大尺寸按钮，使其在页面中凸显出来

方形和圆角矩形按钮在网页中的应用最为普遍。在该网站页面中，使用图片作为页面的满屏背景，在页面中间位置放置 Logo、简洁的粗体大号文字和绿色的矩形按钮。绿色的按钮与页面中其他元素明显区分开，并且尺寸较大，使得按钮在页面中凸显出来。

在该页面中，使用楼盘的宣传效果图作为网页的满屏背景，在页面中间位置放置了 4 个圆形黑色按钮，用于突出表现该楼盘的 4 个突出特点。黑色的按钮虽不像其他色彩那样突出，但是该页面中内容较少，而按钮尺寸较大，所以不会影响黑色按钮的视觉表现。

7. 明确告诉用户按钮的功能

每个按钮都会包含按钮文本，它会告诉用户该按钮的功能。所以，按钮上的文本要尽量简洁、直观，并且要符合整个网站的风格。

当用户单击按钮的时候，按钮所指示的内容和结果应该合理、迅速地呈现在用户眼前。无论是提交表单、跳转到新的页面，用户通过单击该按钮应该获得他所预期的结果。

使用不同的颜色来表现不同功能的按钮，并且，在按钮上用文字明确说明该按钮的功能

该运动网站的设计非常简洁、清晰，使用深蓝色的运动人物图片作为页面的背景，页面底部放置高饱和度黄色导航菜单，与背景图像形成强烈的对比，有效突出导航的表现。页面中两个不同颜色的按钮，分别实现不同的功能，在按钮上明确地标注了该按钮的功能和目的，使得按钮的视觉效果清晰，表达目的明确，并且能够与导航菜单的颜色形成呼应。

8. 赋予按钮更高的视觉优先级

几乎每个页面中都会包含众多不同的元素，按钮应该是整个页面中独一无二的控件，它在形状、色彩和视觉重量上，都应该与页面中的其他元素区分开。试想一下，当你在页面中所设计的按钮比其他元素都要大，色彩在整个页面中也是鲜艳突出的，它绝对是页面中最显眼的那一个元素。

红色的按钮与页面背景和其他视觉元素形成对比，并且，鲜艳的小面积颜色在页面中具有很高的视觉优先级

在该网站页面的设计中，使用不同明度和纯度的蓝色作为页面背景，搭配相应的素材图像，表现出浩瀚的宇宙星空的感觉。在页面中间位置放置大号加粗的主题文字，使用白色与黄色来表现主题，而主题文字下方的按钮则使用了与背景形成强烈对比的红色，使其在页面中的表现非常突出，在页面中拥有最高视觉级别。

专家提示

不论是在 PC 端还是在移动端，用户在使用网站时都是通过点击相应的按钮顺着设计师的想法走下去的。如果能够在页面中合理地使用按钮，用户会得到很好的用户体验。如果所设计的页面中用户连按钮都需要找半天，或者是单击按钮经常出现误操作之类的，用户会直接放弃该网站。

4.5.4　实战分析：设计手机宣传网站

产品宣传类网站主要以产品的宣传展示为主，常常页面中的内容较少，这就需要通过出色的视觉和交互设计来吸引浏览者的关注，从而突出表现产品的特点，给用户留下深刻的印象。本实例所设计的手机宣传网站，就是主要通过交互的方式来展示网站内容的，通过出色的色彩搭配，使得网站表现非常富有活力。

1．色彩分析

该手机宣传网站使用高饱和度的蓝色作为主色调，蓝色是一种富有科技感的色彩，给人无限的遐想空间。在页面中搭配不同明度和饱和度的蓝色，丰富页面色彩的层次感。在页面中加入黄色和红色，使得页面的表现更加活跃、时尚，并富有动感效果。

2．用户体验分析

该手机宣传网站页面采用满屏布局方式，自由的版式与设计风格使得页面的表现更加富有活力。该网站采用全交互的方式表现，在页面左右两侧分别设计了箭头按钮，有效地提示用户单击可以切换页面中的内容，并且为按钮设置红色的背景，使其在页面中特别突出。页面的背景同样可以采用动画的方式进行呈现，从而使得页面更加富有现代感。

3．设计步骤解析

（1）在 Photoshop 中新建文档，将页面尺寸设置为 1400 像素 ×750 像素。该网站页面的主色调为高饱和度的蓝色，我们为页面背景填充蓝色。

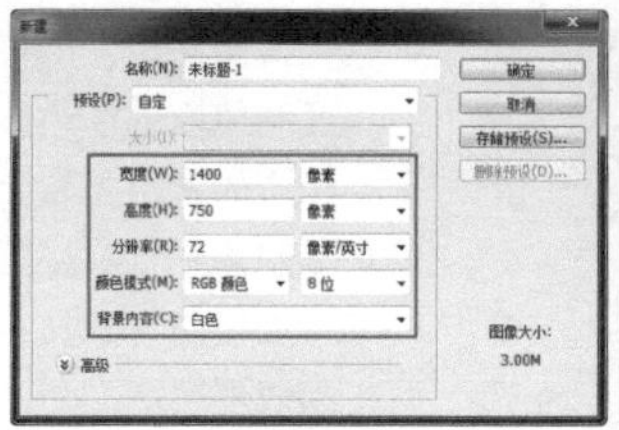

专家提示

该手机宣传网站页面采用的是满屏布局方式，但是每个用户所使用的显示器分辨率大小不同，所以页面并没有一个固定的尺寸。在设计时，可以创建一个适用于大多数用户显示器分辨率的尺寸。在将该页面制作成 HTML 页面时，可以将页面的宽度和高度设置为 100%，从而使制作出的 HTML 页面无论在何种分辨率下浏览，都能够以满屏的方式显示。

（2）绘制多个不同颜色的圆角矩形，并分别进行旋转操作，使得页面背景的表现更加丰富，给人一种时尚与现代感。在页面左上角位置绘制蓝色矩形色块来衬托纯白色 Logo 的表现效果。

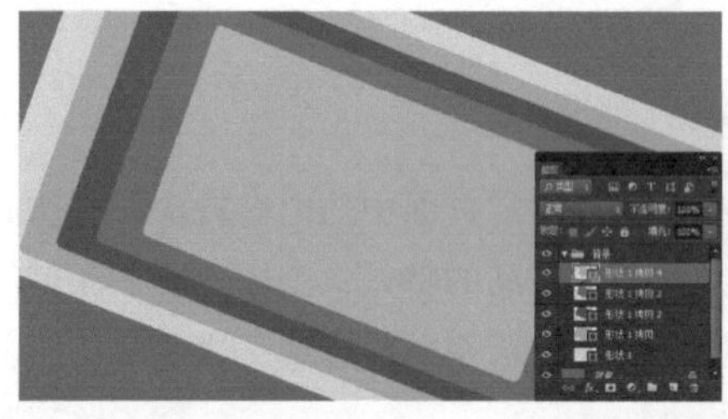

（3）在页面顶部绘制灰色的矩形色块，并对其角度进行处理，使其表现更具有特点，添加相应的导航菜单文字，完成网站导航的设计。为主体内容部分设计几何形状的背景，突出主体内容的表现。

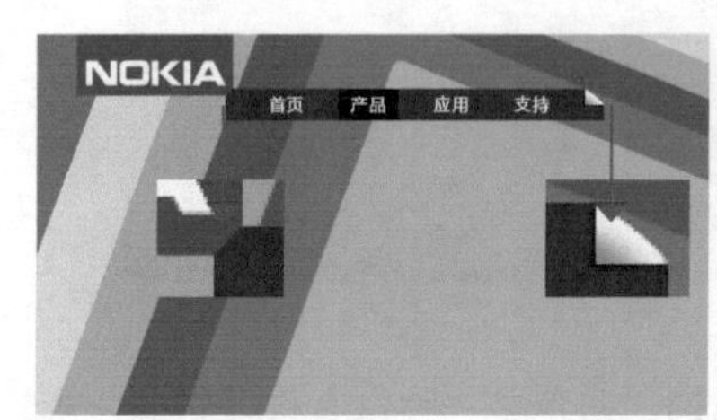

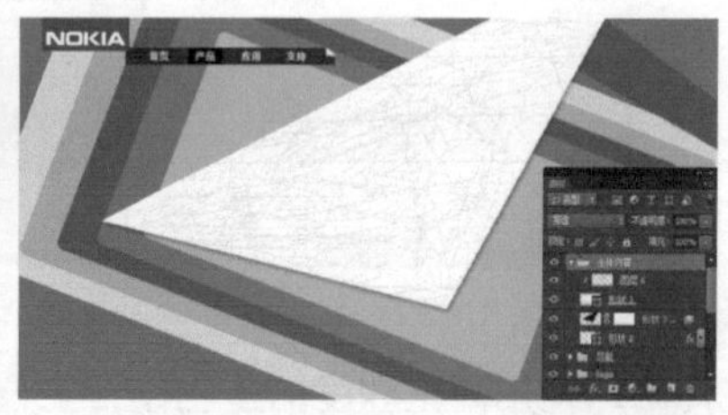

（4）将抠取的手机产品图片拖入到设计页面中，进行倾斜处理并添加“投影”图层样式，与背景色块叠加地放置，能够产生很强的立体空间感。添加正文内容，正文内容采用右对齐的方式，使内容清晰、易读。

（5）在页面中绘制多种不同大小的几何形装饰性元素，使页面的表现更加富有现代感。在页面的左右两侧分别设计两个用于切换页面内容的按钮，并且使用红色进行突出表现，有效吸引用户关注并进行点击。

（6）在页面底部绘制黑色矩形并添加相应的版底信息内容，完成该手机宣传网站的设计制作。

4.6 网站页面中其他交互体验细节

网络营销手段层出不穷的今天，如何实实在在地留住网站访问者才是根本所在。发掘潜在用户，维护现有用户，才能实现网络营销的最终目的。

4.6.1 在线咨询

在线咨询是一种网页即时通信的统称，也可以称为在线问答、在线客服等。相比其他即时通信软件（如 QQ、淘宝旺旺等），它能够与网站实现无缝结合，为网站提供和访客对话的平台；网站访客无需安装任何软件，即可通过网页进行对话。

1．主动邀约式

相信大家都会碰到这样的问题，正在看网页的时候，突然弹出一个对话框，然后提示你不需要帮助，要不要在线咨询。当时的你是什么感觉？是不是有一种不爽的感觉？

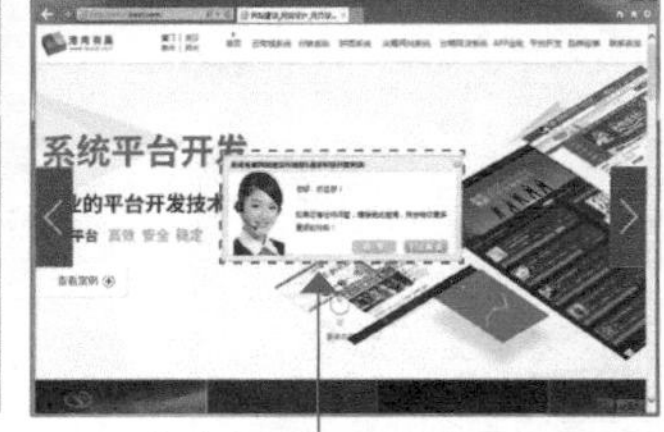

自动弹出的咨询对话窗口　　自动客服提示对话框

在以上的两个网站截图中我们可以看到，当用户刚进入网站页面时，就会自动弹出咨询对话框或者是咨询提示窗口。这种主动邀约的方式不但促进不了与用户之间的有效沟通，反而会打断用户的正常浏览，使用户反感，我们当然不推荐这种方式的。

这种主动弹出的咨询提示框就属于主动邀约式的，但用户真的喜欢这种形式吗？

2．用户触发式

网站存在的意义，就是希望用户可以自行查看内容，然后做出自己的选择判断，从而降低客服人员成本。但是网站需要为用户提供明确的在线咨询入口，当用户在浏览网站的过程中，有不清楚或感到困扰的地方，能够第一时间找到咨询入口，并得到满意的答复，这样才能够为用户提供更好的用户体验，而不是强迫用户接受咨询服务。

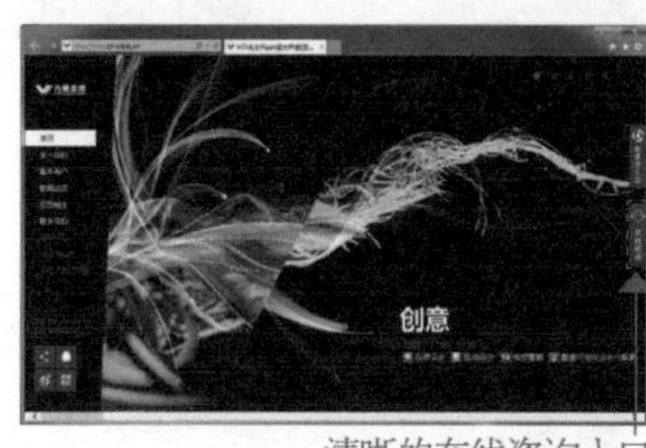

清晰的在线咨询入口

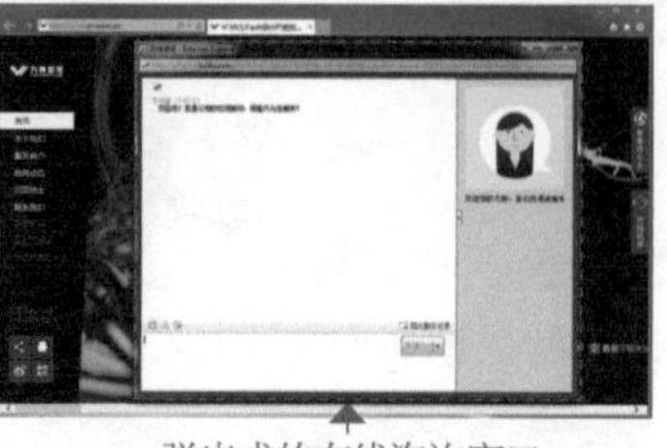

弹出式的在线咨询窗口

在该提供设计服务的网站设计中，在页面右侧使用红色图标的方式清晰地展现在线咨询的入口，并且无论用户当前浏览到网站中的什么页面，都可以在网站的右侧同一位置找到该在线咨询入口。当用户对网站的服务信息感兴趣时，就可以单击该在线咨询图标，系统以弹出窗口的方式显示在线咨询。这也是用户比较容易接受的一种方式，系统将选择权和决定权交给用户自己。

目前，设计在线咨询功能的网站大多是电商网站，因为用户在商品的购买、支付、送货、售后等各方面都有可能会遇到各种各样的问题。为了便于用户能够享受到更加完善的服务，在线客服的功能是非常有必要的，这也是完善用户体验非常重要的一个方面。

在“京东”网站页面中，在网站界面的右侧悬挂一系列快捷功能图标，这些功能图标会随着页面的滚动而滚动。其中有一个图标就是在线咨询，当用户单击该图标时，会在网站界面的右侧展开在线咨询窗口。在咨询窗口的上方使用不同的色块分别标注“在线客服”“电话客服”和“服务建议”3 个分类选项，便于用户快速选择相应的咨询方式，非常方便。用户不需要使用时可以将其关闭，不会对用户的浏览进程造成干扰。

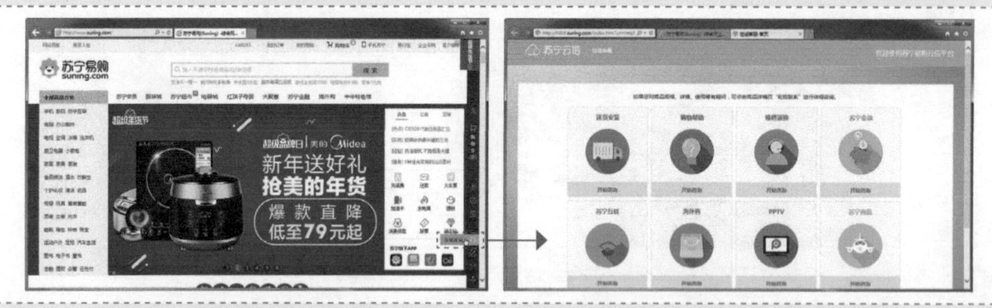

在“苏宁易购”网站页面的右侧，使用灰色背景色块来突出一系列快捷功能图标的表现，其中同样包含了“在线咨询”的入口图标，方便用户在网站浏览过程中可以随时随地地进行咨询。当用户单击右侧的“在线咨询”入口图标时，会以新开窗口的方式显示相关的咨询问题种类。网站精心地将用户在购买商品以及网站服务方面的相关咨询进行分类，使用户能够方便地选择相应的咨询服务，非常贴心。

专家提示

当下流行的在线咨询功能的核心是拥有实时通信功能，能够实现在线洽谈，实现网站与用户的互动。通过网页对话、主动邀请、流量分析、数据管理、内部管理、文件传输、访客阻止、系统设定、历史记录等功能来实施网络整合营销。

4.6.2　意见反馈

在很多网站中都会设计“意见反馈”的功能，只是在不同的网站中名字不同。例如：反馈、意见反馈、帮助与反馈、支持与帮助等。意见反馈功能在网站中的作用是不能忽视的，它是用户意见收集的入口。

意见反馈的主要功能就是在页面中提供一个入口让用户来填写所要反馈的信息，既然是要让用户填写的，就要求这个入口第一要显眼，能让用户快速找到；第二要易操作，用户通过简单的打开、输入、提交即可完成；第三要友好，即用户体验要好，可以有答复，让用户看到我们的用心，给用户一个愉悦的感受，激发他们使用意见反馈的热情。

技巧点拨

简单来说，意见反馈功能要显而易见、方便快捷，然后配合友好的设计、用心的服务，来发挥意见反馈功能真正的效用。

1. 显而易见

首先需要明确的是，意见反馈功能肯定不会是网站的核心功能，所以注定了其只能够在网页中占据很小的一块位置。以前最常见的是将意见反馈功能的入口放置在页头或页尾，目前也还有许多网站采用这样的形式。

现在也有很多网站将意见反馈功能入口设计成悬浮在页面右下方位置，并且可以跟随用户在页面中的浏览位置而移动。这样设置都是为了方便用户能够轻易地找到意见反馈功能的入口。

“腾讯视频”网站中的意见反馈入口采用了图标与文字相结合的方式，并且以悬浮的形式放置在浏览器窗口的右下角，无论页面如何拖动，它始终位于浏览器窗口右下角。还为意见反馈入口制作了交互效果，默认情况下显示为灰色的图标和文字，当鼠标移至该对象上方时，图标和文字的颜色都变成鲜艳的橙色，非常醒目。

专家支招

其实，意见反馈功能是我们有求于用户的，所以最好能够让用户直接看到，而不需要用户再去寻找，这样用户体验才好。

2. 方便快捷

有了显而易见的意见反馈功能入口，接下来要做的就是如何让用户能够快速地填写好意见并将意见提交给系统。

意见反馈页面一定要尽量简洁方便，减少用户的填写量。页面中的提示引导信息也要尽量地准确，不要造成误解。能够帮助用户完成的部分尽量帮用户自动完成，剩下的部分就只能靠用户来完成了。我们所能做的就是期待用户认真填写并提交成功。

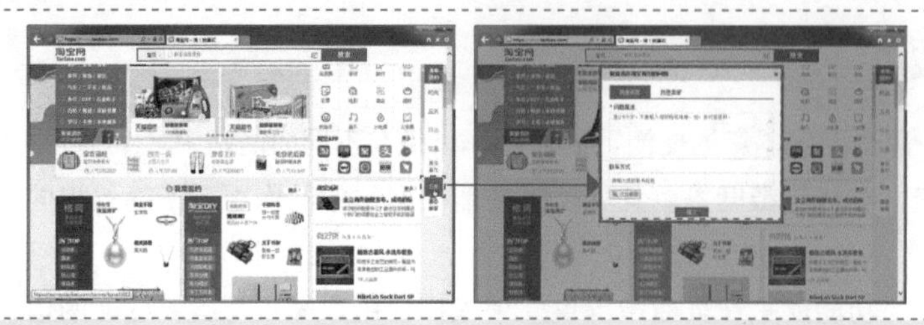

“淘宝”网站的意见反馈入口放置在页面右侧，与其他一些功能选项组成快捷导航栏，并且应用了交互效果。当用户将鼠标移至“反馈”文字上方时，以红橙色背景方块的形式突出显示。单击意见反馈入口，以弹出窗口的形式提供了简洁的反馈选项，用户只需要填写问题描述信息，并留下联系方式即可，非常简便。当用户提交反馈意见后系统会自动关闭反馈窗口，不会打断用户的浏览。

当用户完成意见反馈信息的填写并提交之后，一定要能够自动返回到原来用户所在的页面，否则很影响用户体验。

技巧点拨

当用户在页面中单击意见反馈功能入口进入到意见反馈界面时，还需要注意一个权限验证的问题，不需要用户再次登录注册显得很重要，如果无法实现单点登录，也会影响到用户体验。

3．友好和答复

很多时候，完成前面两个步骤的操作就基本上完成了意见反馈功能的使命，但是为了能够让用户积极地反馈，适当地提升意见反馈的用户体验是很有必要的。例如在意见提交成功时给用户一个笑脸的提示，以示鼓励，再例如设置一些小的奖励等，这些都能够促进用户积极地反馈意见。

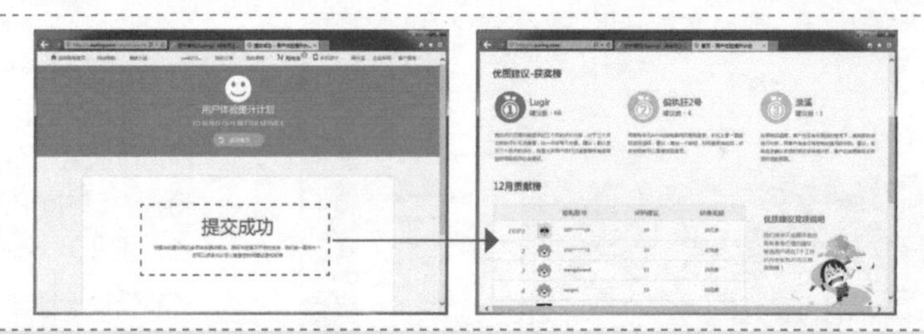

“苏宁易购”网站的意见反馈提交成功后，会显示笑脸图标以及提交成功的提示信息，用户可以单击提示信息中的“我的建议”文字，查看所提交的意见的处理情况。并且在该意见反馈成功页面的上方还放置了一个“返回首页”的按钮，单击该按钮可以返回到“用户体验提升计划”的首页，可以看到苏宁易购会通过奖励代金券的形式来鼓励有效的用户意见反馈，这样会提升用户反馈意见的积极性。

是否对用户反馈的意见进行答复，可以由网站的开发团队来决定。有些反馈意见的解决方案会直接体现在后期的改版中，可以通过电子邮件的形式向用户进行回复。这样一是能够安抚用户，二是让用户感觉受到重视，能够有效增进用户对网站的好感。

4.6.3　面包屑路径

面包屑路径又称为面包屑导航，面包屑路径是一种辅助和补充的导航方式，它能帮助用户明确当前所在的网站内位置，并快捷返回之前的路径。

面包屑通常水平地出现在页面顶部，一般会位于标题或页头的下方。面包屑路径是提供给用户回溯到网站首页或入口页面的一条快速路径，绝大多数的面包屑路径看起来形式如下。

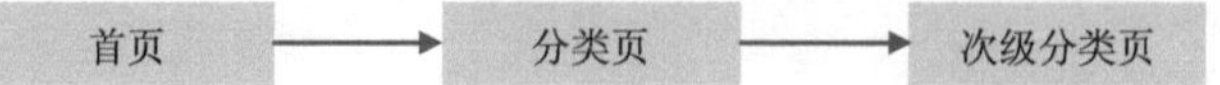

面包屑路径简单、直观、灵活、应变能力强。面包屑路径显示了用户的当前位置，帮助用户理解与其他页面之间的位置关系。网站中常见的面包屑路径主要有以下 3 种表现形式。

1．定位面包屑路径

定位面包屑路径是面包屑路径中最常见的一种形式。基于位置的面包屑显示用户在网站中的哪一个级别页面，当前页面路径在网站中拥有唯一的位置。

通常情况下，在多于两级以上的网站页面中都会使用定位面包屑路径。在定位面包屑路径中，每一个页面的链接表示它比它右侧的页面链接高一个层级。

该网站页面在顶部 banner 图片的下方放置定位面包屑路径。通过该面包屑路径，用户可以非常清晰地了解当前所处的位置，并且为面包屑路径中除当前页面以外的路径页面都添加了相应的链接，用户通过在面包屑路径中单击链接即可跳转到相应的页面，非常方便。

专家提示

网站中的定位面包屑路径展示的不是导航的历史，而是在整个网站中某个固定的位置，本质上它是网站结构的线性表示。就是说，不管用户如何到达当前目标页面的，面包屑的路径都是一样的。

2．属性面包屑路径

属性面包屑是描述一个页面的方式，不是它在网站中的位置，也不是访问的路径。属性面包屑路径给出了当前页面所属类别的信息。在电商类网站中的搜索结果页面，通常都可以通过各种不同的属性选项对搜索结果进行筛选，此时使用的就是属性面包屑路径。在属性面包屑路径中，包含了对结果筛选条件的描述。

在使用电商网站页面进行商品搜索时，在搜索结果页面通常都可以通过各种属性来缩小搜索结果范围，便于用户能够更加准确、快速地找到需要的商品，在这里就可以看到属性面包屑路径。

3．路线面包屑路径

路线面包屑路径是动态的，它是根据用户的点击所产生的。根据用户到达目标页面的方式的不同，目标页面上所生成的面包屑路径也不相同。

路线面包屑路径经常用来指引用户进行某种操作，例如“注册”流程，它动态地显示用户完成注册所需要的过程。

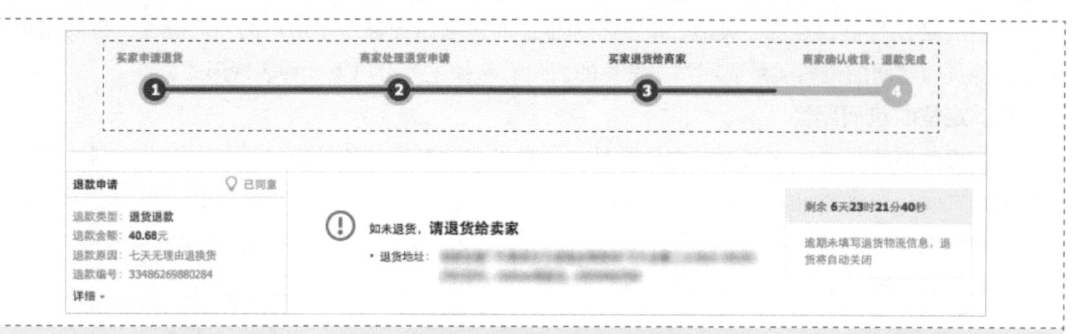

这是“天猫”网站的退款进度页面。页面顶部的退款进度显示条就可以理解为路线面包屑路径，用于表明页面处于任务步骤中的位置，并且一般头部的区域是不可点击进行跳转的，只是发挥指示作用。

技巧点拨

面包屑路径只是一个辅助的导航工具，所以谁都不希望它占据巨大的页面空间，它应该尽量地小，但是又能够方便访问，向用户传达出这种辅助的设计意图。一个原则就是，用户浏览页面时，不能第一眼就被面包屑路径所吸引。

4.6.4 页面刷新

用户在网站中进行浏览操作时，经常涉及页面刷新。传统的页面刷新方式为整页刷新，这种方式会打断用户的浏览进程，给用户不好的体验。在网站页面中应该尽量使用 Ajax 技术，实现网站页面的局部刷新，从而减少页面刷新率，实现更加流畅的用户浏览体验。

传统的网站页面都会涉及大量的页面刷新，用户点击某个链接，请求发送回服务器，然后服务器根据用户的操作再返回新的页面。其数据交互的流程如下。

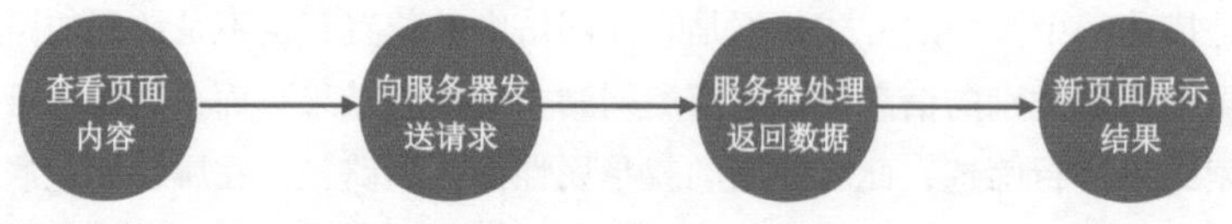

在传统的网站页面中，每一次交互数据都需要经历以上的交互流程。当获取到新的数据后，即便用户看到的只是页面中的一小部分有变化，也要刷新和重新加载整个页面，包括公司标志、导航、头部区域、页脚区域等，这样会造成用户体验的中断。

使用 Ajax 技术可以实现在浏览器与服务器之间使用异步数据传输，这样就可以使网页只向服务器请求少量的信息，而不是整个页面，即只对页面的局部进行刷新，使用户的浏览更加流畅。其数据交互的流程如下。

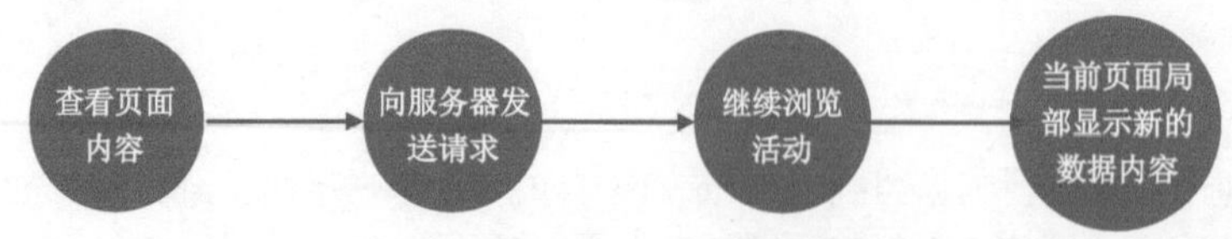

使用 Ajax 技术后，用户仍然像往常一样浏览和使用网站页面。例如单击页面中的链接，已经加载的页面中只有一小部分区域会更新，而不必再次加载整个页面了。这样就保证了用户体验的连续性。

这是“新浪”网站首页中的新闻模块，该栏目就采用了 Ajax 技术，在用户浏览过程中，如果有更新的新闻内容，则会有新闻列表上方显示“点击查看更多”的提示。当用户单击该提示时，则会只刷新该栏目中的新闻列表，获取最新的新闻内容，而不会对整个页面进行刷新，既加快了页面的显示，又不会打断用户的浏览。

专家提示

Ajax 数据交互方式在客户端与服务器之间多了一个 Ajax 引擎和 XML 服务器，类似于缓冲的作用，可以让用户在同一个页面进行多个不同的操作而不相互干扰，从而提高了用户的体验度。

4.7 本章小结

在互联网时代，品牌的需求是这样的：品牌希望做的不仅仅是展示（这是互联网初期的形态），它们更希望通过交互方式和终端用户做一对一的沟通，传递给用户品牌价值、品牌主张、品牌定位及活动资讯。网站如何实现与用户更好的沟通，这就是网站交互的内容。在本章中，详细向读者介绍了交互体验在网站设计中的表现，读者在网站设计过程中需要注意交互细节的处理，以便在网站中获得更加出色的交互体验。

第 5 章 内容体验要素

当我们在浏览一个网站时，一般会迅速地对网站的外观和使用感受做个评判。良好的内容体验主要是指：网站具有清晰的层次结构、具有良好浏览速度和兼容性、网站中的广告不干扰用户的正常访问、网站权限设置合理等。在本章中将向读者介绍有关网站浏览体验的相关要素。

5.1 网站结构与栏目规划

网站的栏目结构是一个网站的基本架构，通过合理的栏目结构使得用户可以方便地获取网站的信息和服务。网站的栏目结构一般是树形的，分一级栏目、二级栏目、三级栏目。一般来说网站栏目不要超过三级。

5.1.1 网站结构对用户体验的影响

网站栏目层次结构是指网站中页面间的层次关系，按性质可分为逻辑结构及物理结构。网站栏目结构对网站的搜索引擎友好性及用户体验有着非常重要的影响。

（1）网站结构在决定页面重要性（即页面权重）方面发挥着非常关键的作用。

（2）网站结构是衡量网站用户体验好坏的重要指标之一。清晰的网站结构可以帮助用户快速获取所需信息；相反，如果一个网站的结构极其糟糕的话，用户在访问时就犹如走进了一座迷宫，最后只会选择放弃浏览。

（3）网站结构还直接影响搜索引擎对页面的收录，一个合理的网站结构可以引导搜索引擎从中抓取更多有价值的页面。

技巧点拨

网站的栏目结构也决定了搜索引擎是否可以顺利地为网站的每个网页建立索引，因此网站栏目结构被认为是网站优化的基本要素之一。网站栏目结构对于网站的成功运营推广发挥了至关重要的作用。

5.1.2 网站的物理结构与逻辑结构

网站的结构分为物理结构与逻辑结构两类。

1．物理结构

通俗地说，物理结构就是网站的实际目录结构，就是服务器上某个分区下面的文件夹和文件所构成的树状目录。

不过，这里有个特例，就是非树状的物理结构，因为它根本没有文件夹的概念，相当于把网站中的所有文件都放置在根目录中。例如，下面的示意图，这种方式叫作扁平式物理结构。

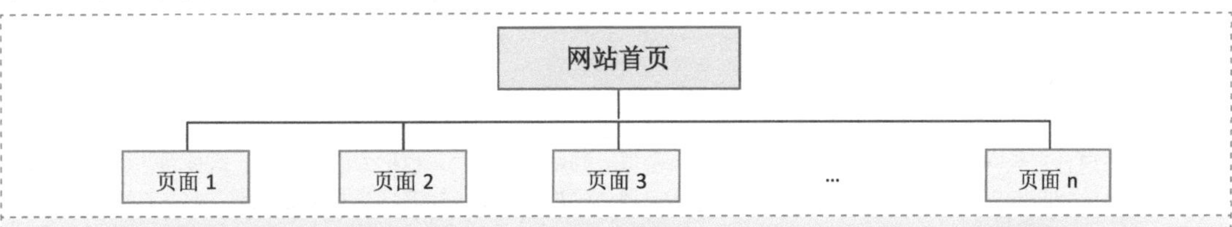

这种网站结构只适合小型的网站使用，因为如果网站页面比较多，太多的网页文件都放在根目录下的话，查找、维护起来就显得相当麻烦。但是这种结构对于 SEO 非常有利，搜索引擎更喜欢这种清晰的网站结构和简洁的 URL。

对规模大一些的网站，往往需要二到三层甚至更多层级子目录才能保证网页的正常存储，这种多层级目录也叫作树状物理结构，即根目录下再细分成多个频道或目录，然后在每一个目录下面再存储属于这个目录的终极内容网页。例如，下面的示意图。

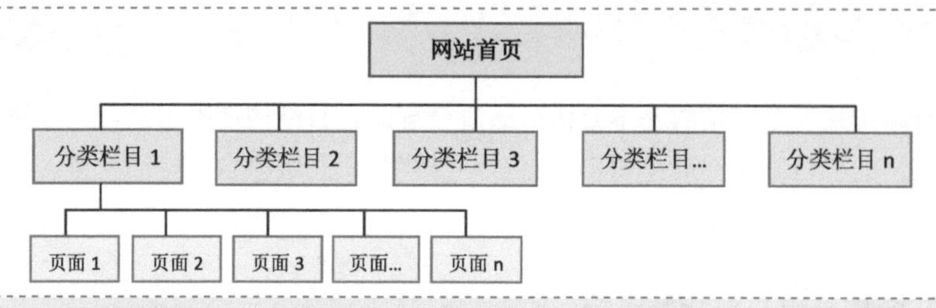

采用树状物理结构的好处是维护容易，但是搜索引擎的抓取将会显得相对困难一点点。目前互联网上的网站，因为内容普遍比较丰富，所以大多都是采用树状物理结构。

从用户的体验来讲，网站的物理结构展示方式就是这样的。下面，我们以一个常见的品牌展示与销售网站为例来讲解该网站的层次结构。

在页面顶部的中间位置放置主导航菜单，使用户能够方便地快速进入感兴趣的频道页面。

底部浮动导航提供相关的快捷访问，但是其视觉层次要低于页面中的其他内容。

网站首页，在该页面中放置最新、最热门的信息内容，是网站所有卖点的聚合。并且需要能够引导用户通过导航菜单访问网站中的其他栏目页面。

在页面主导航中单击某个主导航菜单项，即可进入该频道页面中。

在该页面中显示的是商品的不同系列，用户可以单击某个系列，即可进入该系列的商品列表页面。

网站频道页面，它是根据网站定位，对所传递给用户的内容进行分类细化后的聚合页面。每个频道都有自己独特的定位，当然，它是从属于这个网站的核心定位的。

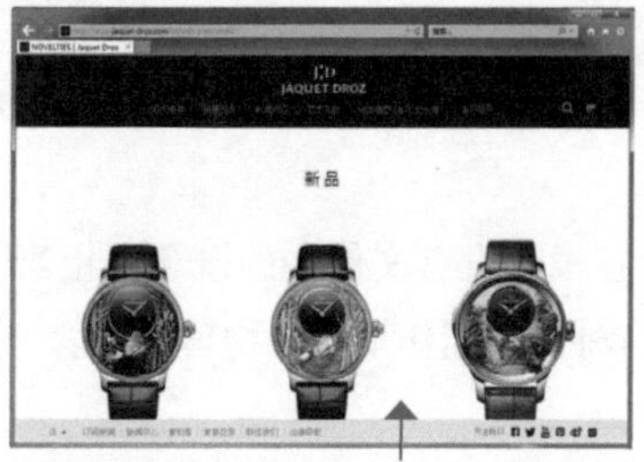

选择某一个系列之后，即可进入该系列的商品列表页面。

网站的列表页，它是网站频道中某一个栏目的内容聚合页面。一般是按照时间先后顺序对内容进行排列，方便用户查找更多同类的信息。

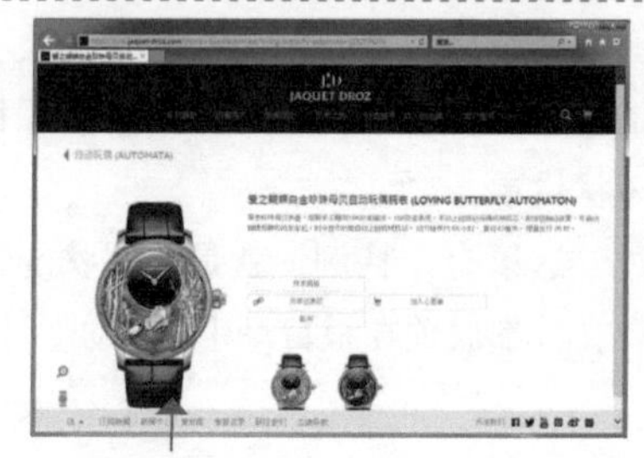

在列表页面中单击某一个商品，进入该商品的详情页面。

网站的内容页，也称为详情页面，这是网站层级结构中的最后一层。该网站共有 3 层结构，整个网站的层次结构非常清晰，方便用户查找和浏览内容。

技巧点拨

一般来说，网站的栏目层级最多不超过三层。网站导航要求清晰、合理，通过 JavaScript 等技术使得层级之间伸缩便利，更加利于用户的浏览，也方便搜索引擎收录。

2．逻辑结构

逻辑结构其实就是由网站内的链接构成的一张大大的网络图，网站地图一般就是比较好的一个逻辑结构示意图，优秀的逻辑结构设计会与整个站点的树状物理结构相辅相成。

根据前辈们的一些设计经验，我们将网站的逻辑结构设计要素总结如下。

- 网站主页需要链接所有的频道主页。
- 网站主页一般不直接链接内容页面，除非是非常想突出推荐的特殊页面。
- 所有频道主页需要能够与其他频道主页相互链接。
- 所有频道主页都需要能够返回到网站主页。
- 频道主页也需要链接自身的频道内容页面。
- 频道主页一般不链接属于其他频道的内容页面。
- 所有内容页面都需要能够返回到网站主页。
- 所有内容页都需要能够返回到自己的上一级频道主页。
- 内容页可以链接到同一频道的其他内容页面。
- 内容页一般不链接属于其他频道的内容页面。
- 内容页在某些情况下，可以用适当的关键词链接到其他频道的内容页面。

专家提示

优秀的网站物理结构和逻辑结构都非常出色，两者既可以重合也可以有区分。而控制好逻辑结构也会使网站的用户体验变得更加优异，并且能够促进和带动整个网站的页面在搜索引擎上的权重。

5.1.3 常规网站栏目设置存在的问题

网站栏目的规划，其实也是对网站内容的高度提炼。即使是文字再优美的书籍，如果缺乏清晰的纲要和结构，恐怕也会被淹没在书本的海洋中。网站也是如此，不管网站的内容有多精彩，缺乏准确的栏目提炼，也难以引起浏览者的关注。

越来越多的企业网站现在已经非常重视优化与推广了，大家都在追求推广与优化的结果，却都忽视了一个很重要的问题：自己的网站是否符合用户需求？而更重要的是自己的网站栏目是否合理？

我们去浏览一些企业网站，会发现大部分企业网站的栏目都是一个样子，基本都包括：首页、关于我们、产品展示、新闻中心、成功案例、联系我们。

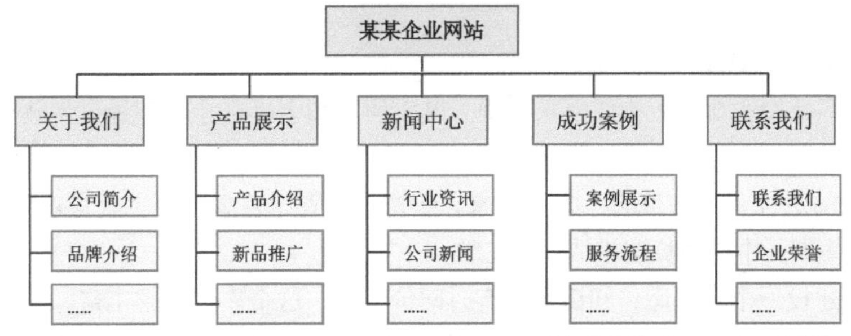

很多企业都很期待能做一个营销型网站，但是到最后，做成的仅仅只是一个普通的展示型网站。因为他们在进行网站策划的时候，根本没有把营销思路和用户需要放入企业网站的策划方案中。

这是一个常见的展示型企业网站，其导航菜单中的栏目都是我们最常见的一些。这样的栏目设置并没有什么错误，但是千篇一律的栏目设置不仅没有体现出企业的特点，也很难给用户留下深刻印象。

5.1.4 如何设置“诱惑”的网站栏目

很多企业网站还仅仅只是把网站当作一个展示型网站来做的，没有充分考虑营销。我们完全可以根据企业网站的类型，抓住访客的心理，去推敲用户到底需要什么，根据企业实际情况去选择建立一个特色栏目。

1. 导航的“诱惑”

现在的网站拼的不是海量的信息和华丽的页面，这些已经无法成为一个网站的核心竞争力了。现在比的是专业的归类和精确的导航，把内容按重要程度分别给予不同的位置和不同大小的入口。

该汽车宣传网站的设计非常简洁，使用汽车广告图片作为页面的满屏背景，在页面中只放置了导航和相应的功能操作按钮。其导航选项名称的设置则打破了常规，通过富有个性化的导航选项名称来吸引浏览者的点击，给用户带来新鲜感。

建设一个网站，构思一定要明确，框架要清晰，让用户很容易地知道网站所要提供的各类信息在哪里，更方便地找到各类信息内容。另外，无论是导航标题还是栏目名称都要明确，让用户清楚它将要通往哪里。这里的明确从某种意义上说就是对用户的“诱惑”，诱导用户去点击。

该设计类的网站采用童话般的设计风格。在网站中，其栏目名称的设置也与网站的设计风格保持了统一，无论是主导航栏中的“涂鸦馆”“鲸鱼镇”，还是其他栏目名称“鲸鱼镇的声音”“苹果涂志”等，都与整个网站的主题与风格非常贴近，能更有效地吸引用户点击。

2. 信息传递的“诱惑”

为了让网站真正地吸引人，有了好的导航，从逻辑结构上来讲，我们接下来就要在栏目的设定上下功夫了。

每一个栏目的定位、栏目目的、服务对象、子栏目设置、首页内容、分页内容等都要搞清楚。栏目的设定，要短期、中期和长期相结合来完成。

长期栏目是建设一个知识库，知识是没有时间价值的，这个库资料越丰富，就越能带来稳定的流量和吸引力。中期的栏目就是和网站互动，引导用户参与网站，需要培养用户习惯。短期的栏目就是日常信息内容的更新，吸引用户进行浏览和体验。

该电商网站活动页面中的栏目规划非常直观、清晰。在页面顶部放置该电商网站的长期固定栏目，而在页面的左侧以垂直的方式放置当前活动期间的短期栏目，便于用户区分和浏览。

要真正解决栏目的诱惑性，除了栏目数量、栏目定位之外，栏目的名称设计也是非常重要的。栏目名称是非常直观的用户体验内容。

技巧点拨

我们知道，好的文章的标题就像是文章的眼睛，不仅能够吸引读者对里面的内容产生兴趣，还能够对文章起到个整体概括的作用。网站栏目的名称就好像是文章的标题一样，能够清晰、简洁、直观地概括该栏目中的内容就显得非常重要。

3．栏目位置的“诱惑”

栏目在页面上的呈现位置会影响到用户浏览体验的顺序和方向，如果这种顺序和方向不够人性化或不便利，那么网站的内容也就很难发挥其作用，用户的黏性自然会很低。还应该注意的是，页面上的细节应该完美统一，不能让人感觉这个网站是东拼西凑的、凌乱而不可信。

一般来说，在一个网站页面中，重要的栏目需要放在页面中显著的位置，更新较快的要放到上面。这虽然是细节性的东西，但是会在很大程度上影响到用户的浏览和体验。

下面是根据经验总结出来的不同类型网站中栏目的常规摆放方法。

网站类型	栏目摆放说明
综合门户网站	第一屏的内容应该是以新闻为主，社会新闻、娱乐新闻、体育新闻等。总之是“谁火谁上头条”，吸引用户的注意力
娱乐门户网站	第一屏也可以是新闻为主，另外加一些娱乐八卦的图片或是视频吸引点击
旅游门户网站	第一屏应该放置一些主推的线路和一些风景图片，可以推一些精品旅游线路、特惠旅游线路等
读书类网站	第一屏肯定需要放置最热门的书籍
购物类网站	第一屏需要放置一些热门的促销商品和促销活动，以及特价商品等，更重要的是提供购物指引和注册诱惑
游戏类网站	第一屏应该放置游戏最新活动和新闻，以及一些精彩的游戏截图或视频
行业门户网站	第一屏应该放置行业新闻，推荐产品以及登录、注册入口
餐饮类网站	第一屏应该放置优惠餐饮信息，餐饮健康信息等。以菜谱推荐为主的，放一些热点菜谱推荐和各类菜式的分类链接
社交类网站	第一屏可以放置最新的注册用户推荐或者是访问量最大的用户图片，以及会员登录和注册入口，使用优美的语言吸引用户注册成为会员

在该知名快餐连锁品牌官方网站中，在页面顶部放置导航菜单，方便用户访问网站中各频道页面。在导航下方，通过选项卡的方式来展示各种推荐产品，并且这些产品也会不定期地进行更换。由于其采用广告图片的形式进行表现，并且在页面中占据较大的面积，能够给用户带来很强的诱惑感，从而很好地吸引了用户对网站栏目中信息的浏览。

技巧点拨

每个网站都会有一个主题，按照一定的方法将网站的主题进行分类，并将它们作为网站的主栏目。主题栏目的个数在总栏目中需要占据绝对的优势，这样的网站才会显得更加专业，主题突出，容易给人留下深刻的印象。

5.2 网站内容

一个网站在上线之初，其各个栏目内容已经定位。对于大多数的网站而言，不可能追求综合性门户网站那样的内容全面、丰富，毕竟我们没有足够的能力、精力、资金、人才去经营。我们只能发挥自己所长，在某个细小领域里去奋斗。网站上线后最重要的就是内容建设，只有内容建设好了，才能使所创建的网站立于不败之地。

5.2.1 内容分类名称简单明了

网站内容的分类名称要简单明了，分类可以根据网站的内容多少来进行，内容越多那么分类需求就越明显。网站分类名称要容易理解并且要跟网站的主题内容相关。

例如，一个旅游相关的网站中，某个栏目被命名为“精彩专题”，一般用户对于这种栏目名称难以理解，用户不知道这个精彩专题是什么意思。我们在对栏目进行命名时需要避开这样主题不明确的栏目名称。

该旅游网站的栏目划分比较细致，并且栏目名称的设置非常明确、便于理解。例如该截图中“出境长线”和“出境短线”，用户一看就能够明白该栏目主要介绍的是什么。而且在栏目主标题名称的右侧还对旅游目的地进行了细分，各目的地名称之间使用空格进行分隔，非常明确、直观。

5.2.2 不同类型网站的内容分类

在进行网站设计的时候，要首先思考用户为什么会来到你的网站，你能为用户提供什么样的内容，什么样的功能，如何展示网站的内容。要站在用户的角度，去体会你的网站。在体会网站的同时要记得理解用户。用户非常忙，他们都是急性子，短时间找不到想要的东西，就会生气地走开，你就会失去一些用户了。

1．企业网站的内容分类

企业网站一般主要是以企业展示为主，所以包含的都是企业的一些信息，如新闻中心、产品中心、公司简介、服务项目、联系我们等。企业网站相对来说内容并不是很多，所以通常以一个主导航为佳，不需要其他的二级导航分类。而且企业网站的展示主要以介绍企业和产品为主，如果你的产品不多，尽量不要设置二级导航。因为栏目分类多，就会影响用户体验，并且对搜索引擎的内容抓取也不好。

在该企业展示网站的栏目设置中，采用了常规的设置方式，在页面顶部设置了主导航菜单，并且其栏目的划分均为企业网站的常规栏目，栏目名称的设置也非常便于用户的理解。用户在网站中进行浏览时，能够一目了然地分辨各栏目中相关的内容。

2．产品宣传网站的内容分类

产品宣传类网站通常是根据产品类型来进行栏目的划分，或者按照产品的功能来进行栏目的划分。但是需要注意选择其中一种方式划分就好，不要同时使用两种或多种方式对栏目进行划分，这样会使用户感到混乱。

该汽车品牌宣传网站，按照该品牌旗下的产品名称来设置相应的栏目。将导航菜单放置在页面顶部，并通过背景颜色突出表现，非常便于用户有选择性地进行浏览。

3．主题活动网站的内容分类

主题活动网站的内容划分一定要紧扣活动主题，栏目不宜设置过多，每个栏目都需要尽量与主题相贴近。这样不仅能够加强网站主题的表现，也便于在用户浏览过程中留下统一的印象。

在该饮料品牌的主题活动网站中，栏目的划分非常简洁，并且将“回首页”栏目放置在最右侧，突出其他活动栏目的表现。在栏目名称的设置上，“敢激浪”“耍街酷”“精舞门”等都能够表现出青春、激情的特点，也能够与网站的整体设计风格相统一。

5.2.3 网站内容的丰富性和原创性

用户永远都是喜新厌旧的，所以在内容的丰富性方面，每一个栏目都应该确保足够的信息量，避免栏目无内容的情况出现。同时，应该尽量多采用原创性的内容，从而确保内容的可读性。

其实任何一个网站都不可能做到所有内容都是原创的，但是一个网站如果没有原创内容，那只能够起到搬运工的作用，显然是不可能受到用户青睐的，搜索引擎算法也会屏蔽这样的网站内容。那么，如何才能够做好网站的原创内容呢？我们从以下3个方面为大家进行分析。

1．正视用户体验度

原创内容大多并不需要长篇大论，一般来说，三五百字就足以将一个新闻主题或者一个功能技巧表达清楚。而且，如今用户都希望能够迅速、快捷地获取所需要的信息，长篇大论的方式显然是不符合用户体验要求的。所以我们认为原创内容需要精简，但是在内容精简的过程中，要注意把主题信息内容表达清楚，让用户能够看懂，这是底线。这样我们就会发现，原创的内容似乎也不是那么难写，同时每天也能够创作出更多的原创内容了。

2．注重相关性的内容

在为网站添加原创性内容时，内容的主题必需要和网站的主题相关联、相匹配，不能添加与网站主题无关的内容，这样会让用户感觉网站不够专业。

“站酷网”是一个专注设计文章与设计资源的网站。进入该网站的“文章”频道中，在“类别”分类中，“原创/自译教程”“站酷专访”“站酷设计公开课”这几个分类中的内容都是原创内容，只不过这些原创内容有许多都是该网站的注册会员整理上传再通过网站审核的，这样就能够保证网站中有源源不断的原创内容。在“类别”分类下方的“子类别”中可以看到，每个子类别都是与设计相关的，网站中所有的内容都是围绕着设计展开，这样也使网站显得更加专业。

3. 原创内容需要图文并茂

虽然搜索引擎对文字内容更加具有吸引力，但是为了提升网站的用户体验度，以图文相结合的方式来表现网站内容不失为一个好方法。这样的原创内容既可以获得搜索引擎的青睐，同时用户在阅读的过程中，也更加容易理解，并且不会使用户感到枯燥。

同样是“站酷网”某篇文章的详情页面，我们可以看到其文章内容采用图文相结合的表现方式，文字介绍部分相对比较简短，同时搭配与文字内容相关的图片，使得文章内容通俗易懂，用户在阅读过程中也非常轻松。实际上，即使文章内容只是一些经验和技巧之类的，我们也可以尽可能使用图表的形式来表现，这样的方式比纯文字内容更加具有吸引力。

5.2.4 网站内容的更新

网站内容是网站组成的核心部分，并且是使网站取得用户的认可、进行网站推广最好的资源。高效的网站内容策略是一个网站长期发展的根本，特别是在搜索引擎时代，具有高价值的网站内容更加容易获取搜索引擎的青睐。

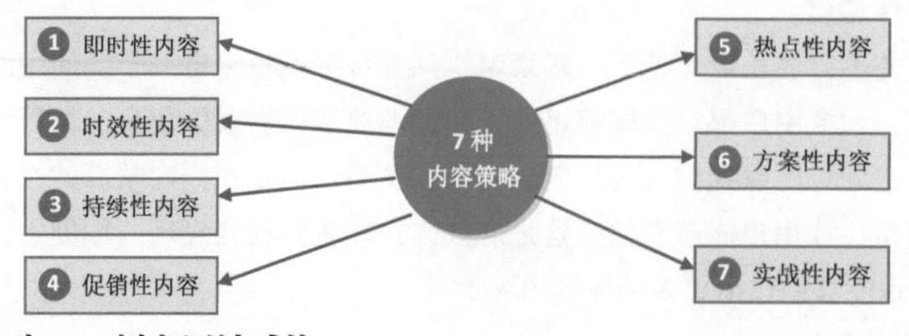

1. 即时性内容——树立网站威信

即时性内容是指内容充分展现当下所发生的事和物。当然，即时性内容策略上一定要做到及时有效，如果发生的事和物有记录的价值，必须第一时间完成网站内容的更新。其原因在于第一时间报道和第二时间报道的区别比我们想象的大很多，其所带来的价值更不一样。

不仅如此，就搜索引擎而言，即时性内容无论是在排名效果还是带来的网站流量上都远远大于转载相同类型的文章。

2．时效性内容——给用户新鲜感

时效性内容是指在特定的某段时间内具有最高价值的内容，时效性内容越来越被网站营销所重视，并且逐渐被加以利用使其效益最大化。网站营销利用时效性创造有价值的内容并展现给用户。

专家提示

我们身边所发生的事和物都具备一定的时效性，在特定的时间段拥有一定的人气关注度，网站必须合理把握以及利用该时间段，创建丰富的主题内容。时效性内容也十分受搜索引擎的重视，搜索结果页面中也充分利用了时效性。

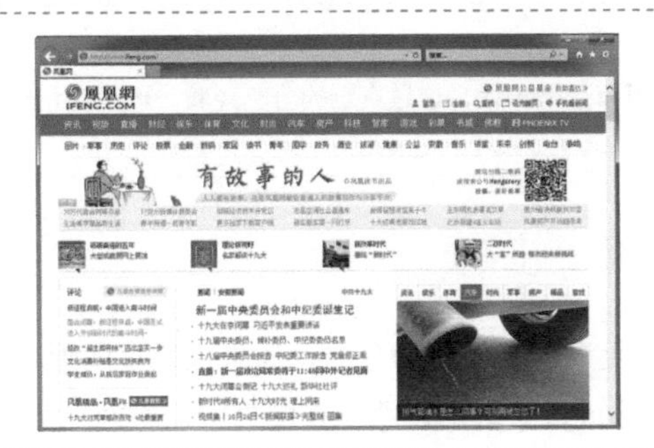

对于综合性新闻门户网站来说，新闻内容的实时更新就显得更加重要。用户每天都希望通过新闻网站来获得最新的新闻资讯，所以新闻网站的内容每天都需要进行更新，甚至一天都会更新几次。如果发生什么重大事件，甚至会开辟专题页面，实时更新事件的最新进展，时时保持新闻资讯的新鲜度。

3．持续性内容——稳定网站用户

持续性内容是指内容含金量不随时间变化而变化，无论在哪个时间段内容都不受时效性限制。它不像之前的即时性内容，需要和时间赛跑，持续性内容相比之下更像是稳定访问流量的一个步骤，可以说它是网站价值建设中的中流砥柱，企业网站更是如此。

试想行业中不可能每天都有大新闻产生，企业站要想获得更多的流量，除了靠时效性内容引流外，更需要靠持久性内容来吸引用户。这些内容才是一个企业站安身立命的根本。

4．促销性内容——吸引访客眼球

前面提到的即时性内容是一个引流不错的选择，可那并不是唯一可以引流的内容形式，利用热点或是节日做一些促销活动，同样是引流过程中值得肯定的操作。

促销性内容即在特定时间内进行促销活动而产生的营销内容，时间主要把握在节日前后。促销性内容主要由网站利用人们需求心理而制定，能够充分体现优惠活动。促销性内容的价值往往是提高企业更加快速地销售商品，提升网站形象，其多应用于电商网站或企业网站。

5．热点性内容——提高网站关注度

热点性内容顾名思义就是指某段时间内关注度和搜索量较高的内容形式。合理利用热门事件能够迅速带动网站流量的提升。当然，热门事件的利用一定要恰到好处。

热点性内容可以根据自身网站权重而定，了解竞争力大小、是否符合网站主题非常重要。利用热点性内容能够在短时间内为网站创造流量，获得非常不错的效益。

6．方案性内容——提升网站价值

方案性内容是具有一定逻辑并符合营销策略的内容，它的制定个性化比较强，不同的网站有着不同的风格。而且在制定方案性内容的时候，一些元素比如受众的定制、企业文化的走向、价值观的建设、营销理念以及预期成果都需要涉及。

专家提示

方案性内容对于用户来说，内容的含金量非常高，用户能够从中学习经验、充实自我、提升自身行业综合竞争力。不过方案性内容在编写上具有一定的难度，需要具有丰富的相关经验才能够把握好。互联网上方案性内容相对较少，因此获得的关注更多。

7. 实战性内容——让用户更信赖

大家都知道，我们在网站上补充内容，为的是让访问用户更了解我们，相信我们的实力。可是有些网站也要问问自己，仅仅凭借几篇文章，用户就会对我们的网站产生信赖感吗？

在网站中，多更新实战操作性内容就能够解决这样的问题。想获得高转载率，就要多写一些干货文章，分享一些实践操作经验。一样的道理，企业网站想要留住访问用户，就要用实践操作的内容来吸引用户的访问。

技巧点拨

实战操作性内容往往更能够获得用户的关注。因为这是实战，这是真正的分享经验，可以让用户学习到真正的东西。

5.3 文字内容排版

图形和文字是设计构成要素中的两大基本元素。在传达信息时，如果仅通过图形来传达，往往不能达到良好的传达效果，只有借助文字才能达成最有效的说明。在网页中也不例外，在图形图像、版式、色彩、动画等众多构成要素中，文字具有最佳的直观传达作用以及最高的明确性。它可以有效地避免信息传达不明确或歧义的现象发生。

5.3.1 网页文字的 5 个重要属性

用户会在网上阅读到大量的新闻及各类文章，这些页面展示的主体大多都是一些长篇大段的文字。对于这种以文字内容为主的页面，我们在设计过程中应该从以下 5 个方面来把握文字的处理。

本节主讲前两方面。

1. 字体

字体分为衬线字体（serif）和非衬线字体（sans serif）。简单地说，衬线字体就是带有衬线的字体，笔画粗细不同并带有额外的装饰，开始和结尾有明显的笔触。常用的英文衬线字体有 Times New Roman 和 Georgia，中文字体则是我们在 Windows 操作系统中最常见的宋体。

非衬线字体与衬线字体相反，无衬线装饰，笔画粗细无明显差异。常用的英文非衬线字体有 Arial、Helvetica、Verdanad，中文字体则有 Windows 操作系统中的“微软雅黑”。

专家提示

有笔触装饰的衬线字体，可以提高文字的辨识度和阅读效率，更适合作为阅读的字体，多用于报纸、书籍等印刷品的正文。非衬线字体的视觉效果饱满、醒目，常用作标题或者用于较短的段落。

2．网页中常用中文字体

在不同平台的界面设计中，规范的字体会有所不同。网页正文内容部分所使用的中文字体一般都是宋体 14px，大号字体使用微软雅黑或黑体。大号字体是 18px、20px、26px、30px，一般使用双数字号，单数字号的字体在显示的时候会有毛边。

网站页面中字体的选择是一种感性的、直观的行为。网页设计师可以通过字体来表达设计所要表达的情感。但是，需要注意的是选择什么样的字体要以整个网站页面和浏览者的感受为基准。另外，还需考虑到大多数浏览者的计算机里有可能只有默认的字体。因此，正文内容最好采用基本字体。

在该活动宣传页面的设计中，可以看到主题文字是经过特殊处理的变形文字，用于突出页面主题。而页面中的其他文字都采用了系统默认的字体，标题文字都采用了大号加粗的非衬线字体，非衬线字体的表现简洁、自然。通过不同的字体大小和粗细对比，突出信息标题，使得内容更有层次，并便于用户快速阅读。

3．字号

在互联网上我们会注意这样的一个现象，国外网站大部分以非衬线字体为主，而中文网站基本就是宋体。其实不难理解，衬线字体笔画有粗细之分，在字号很小的情况下细笔画就被弱化，受限于计算机屏幕的分辨率，10px~12px 的衬线字体在显示器上是相当难辨认的，同字号的非衬线字体笔画简洁而饱满，更适于做网页字体。

如今随着显示器越来越大，分辨率越来越高，用户经常会觉得网页中 12px 大小的文字看起来有点吃力，设计师也会不自觉地开始大量使用 14px 大小的文字，而且越来越多的网站开始使用 15px、16px 甚至 18px 以上的字号做正文文字。

下面我们分别对比一下中英文的衬线字体与非衬线字体在不同字号下的显示效果。

大号字字体的使用，对英文字体来讲，衬线体的高辨识度和流畅阅读的优势就体现出来了。对于中文字体来说，宋体在大于 14px 的字号状态下显示效果就会有一些不协调，这时候我们就可以使用非衬线字体“微软雅黑”来表现大于 14px 的字体，使文字获得更好的视觉效果。

虽然网页上字号不像字体那样受到多种客观因素制约，看起来似乎设计师可以自由选择字号，但这并不意味着设计师可以“任性”了。出于视觉效果和网站用户体验考虑，仍然有一些基本的设计原则或规范是需要注意的。

> **专家提示**
>
> 在一个网站中，文字的大小是用户体验的一个重要部分。随着网页设计潮流的不断变化，文字大小上的设计也在不断改变。如果网站上的文字无法阅读或者用户根本不感兴趣，这个设计就是失败的。而文字并不是仅仅放在网页上就可以了，还需要合理的布局和样式搭配才能起作用。

我们通过观察和实践，总结了几条网页中字号应用的规范，可以使网页设计更加专业。

（1）字号尽量选择 14px、16px 等偶数字号，文字最小不能小于 12px。

（2）顶部导航文字为 12px 或 14px；主导航菜单文字为 14px~18px；工具栏文字为 12px 或 14px。一级菜单使用 14px，二级菜单使用 12px。或一级菜单使用 12px 加粗，二级菜单使用 12px。版底文字为 12px 或 14px。

这是某电商网站的首页第一屏，页面中字体大小的设置完全符合规范的要求。顶部功能选项文字为 12px，主导航菜单文字为 18px，商品分类菜单中的主分类名称与子分类名称也按照 14px 和 12px 依次排列。这里的文字设计还涉及了粗细的差别，让层次区分更加明显。通过文字字号传达出清晰的网站结构，这种视觉差异让用户可以快速找到想要的商品，而不是把太多时间用在研究导航上，能有效提升网站用户体验。

（3）正文字体大小：大标题文字为 24px~32px；标题文字为 16px 或 18px；正文内容文字为 12px 或 14px。可以根据实际情况对字体加粗。

这是某网站页面中正文内容字体大小的设置，注意观察页面中各版块的栏目标题与正文内容的字号大小。版块标题文字为 18px，内容标题文字为 16px 加粗，正文内容文字为 14px。文字内容的层次分明，又有效突出了重点，看上去让人非常舒服。

（4）按钮文字：例如登录、注册页面按钮或者网页中的其他按钮中文字通常为 14px~16px，可以根据实际情况调整字体大小或加粗。

这是一个常见的网页商品列表效果，按钮中的文字为 16px，比商品名称文字小，比商品介绍文字大。因为该文字是以按钮的形式表现的，其在页面的效果比其他文字内容都要突出。

（5）同一层级的字号搭配应该保持一致。例如，同一层级的版块中标题文字和内容文字大小的一致性。

此外，随着网页设计开始流行大号文字设计风格，一些品牌网站、科技网站、活动网站，以及一些网站产品展示栏目的文字字号都给人非常棒的视觉体验。

在苹果官方网站中，产品展示文字以较大号的字体搭配，文字内容简短有力，可读性强，同时非常具有视觉冲击力，突出显示了“苹果”的品牌特征。

（6）广告语及特殊情况中，需要根据实际的设计效果来选择设计字号。

该活动宣传网站页面的内容较少，在页面中使用较大的手写毛笔字体来表现该活动的主题，在用户打开网页的第一时间吸引用户的眼球，快速传递主题信息内容。并且在主题文字的局部点缀了少量黄色与红色，使得页面的表现更加富有活力。

上面分享的规范只是我们根据长期项目总结的最佳实战经验，在实际网页设计中，还需要设计师们根据网站特征和具体情况灵活处理。

专家提示

关于网页中文字的“行宽”“间距”和“背景”这 3 个重要属性，将在“5.3.3　最佳易读性规范”中进行详细的介绍。

5.3.2　网页文字使用规范

网站页面中，文字设计能够起到美化网站页面、有效传达主题信息、丰富页面内容等重要作用。如何更好地对网站中的文字进行设计，以达到更好的整体诉求效果，给浏览者新颖的视觉体验呢？

1．字体不要超过三种样式

在同一个网站页面中，字体的使用不要超过 3 种样式。通常情况下，在网站页面中使用一至两种字体样式就可以了，然后通过字体大小或颜色来强调重点内容。如果在网站页面中使用的字体过多，会显得这个网站非常不专业。

在网页界面中只使用一至两种字体，通过字体大小的对比同样可以表现出精美的构图和页面效果。在左侧的网站页面中，只使用了两种字体，内容标题使用大号的非衬线字体“微软雅黑”，正文内容则使用了衬线字体“宋体”。

2．文字与背景的层次要分明

在视觉传达中向大众有效地传达作者的意图和各种信息，是文字的主要功能，所以网页中的文字内容一定要非常清晰、易读，这也是大多数网站的正文部分采用纯白色背景搭配黑色或深灰色正文内容的原因。网页内容的易读性和易用性是用户浏览体验的根本诉求。如果文字的背景为其他背景颜色或者图片，则一定要考虑使用与背景形成强烈对比的色彩来处理文字，使文字与背景的层次分明，这样才能够使页面中的文字内容清晰、易读。

该网站页面不同的内容使用了不同颜色的背景；浅绿色的导航菜单中搭配深绿色的文字，形成明度的对比；蓝色背景上搭配白色和黄色的文字，形成色相的对比；白色背景上搭配蓝色和黑色的文字，很好地区分了页面中不同的内容区域。并且都采用了文字与背景对比的方式，使页面中各部分文字内容清晰、易读。

3．字体要与整体氛围相匹配

在网页中，需要根据页面的整体氛围来选择合适的字体进行表现。这里主要是指网页中的广告图片，而不是正文内容字体。

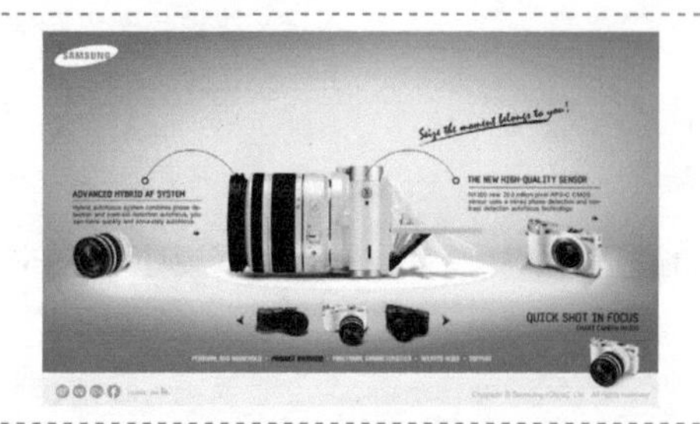

该网站页面是一个数码相机产品的宣传页面，页面中的信息内容较少，主要是以产品宣传展示为主。页面中的产品广告宣传语使用了倾斜的手写字体，给人一种随性、舒适，更加生活化的感觉。而关于产品介绍的正文内容则使用了常规的非衬线字体来表现，方正、清晰，使浏览者阅读起来更加方便。

5.3.3 最佳易读性规范

在最佳易读性规范中，主要向大家介绍文字排版中行距和间距的设置，以及如何为文字设置合适的行宽和行高，帮助浏览者保持阅读节奏，让浏览者拥有更好的阅读和浏览体验。

1．行宽

我们可以想象一下：如果一行文字过长，视线移动距离长，很难让人注意到段落起点和终点，阅读就比较困难；如果一行文字过短，眼睛要不停来回扫视，就破坏阅读节奏。

因此我们可以让内容区的每一行承载合适的字数，来提高易读性。传统图书排版每行最佳字符数是55~75个，实际在网页中，每行字符数75~85个比较合适。如果是14px大小的中文字体，建议每行的字符数35~45个。

该网站页面中的文字排版效果就具有很好的辨识度和易读性，无论是字号的大小、行距、间距的设置都能够给人带来舒适并且连贯的阅读体验。因为该网站页面使用了满屏的背景图像，为了使文字内容在页面中具有清晰的视觉效果，为文字内容添加了黑色半透明的矩形色块背景。这样使得页面更具有层次感，并且文字内容成组，也更具有可读性。

2. 行距

行距是影响易读性的重要因素，一般情况下，接近字体尺寸的行距设置会比较适合正文。过宽的行距会让文字失去延续性，影响阅读；而行距过窄，则容易出现跳行。

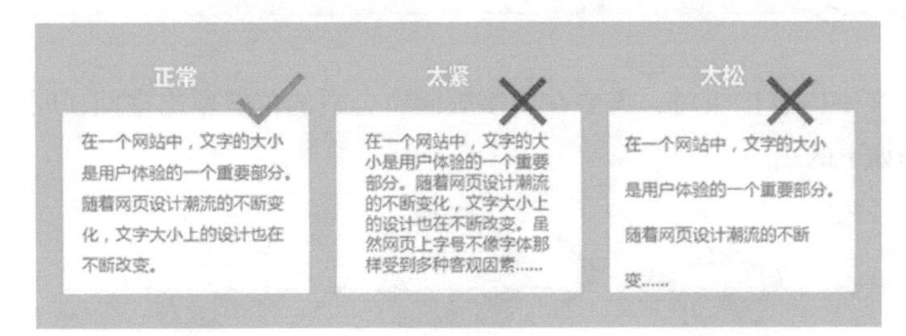

网页设计中，一般根据字体大小选 1~1.5 倍作为行间距，1.5~2 倍作为段间距。例如，12px 大小的字体，行间距通常设置为 12px~18px，段落间距则通常设置为 18px~24px。

另外，行间距 / 段落间距 =0.754，也就是说行间距正好是段落间距的 75%，这种情况在网页文字排版中非常常见。

在这个关于企业介绍的网站页面中，我们可以看到，分别使用了不同的字体大小和字体颜色来区分标题与正文内容，各部分都设置了相应的行间距，使得文字内容清晰、易读。

技巧点拨

在实际的设计过程中，我们还需要能够对规范进行灵活应用。例如，如果文字本身的字号比较大，那么行间距就不需要严格按照 1~1.5 倍的比例进行设置。不过行间距和段落间距的比例还是要尽可能符合 75%，这样的视觉效果能够让浏览者在阅读内容时保持一种节奏感。

专家提示

行距不仅对可读性具有一定的影响，而且其本身也是具有很强表现力的设计语言，刻意地加宽或缩小行距，可以加强版式的装饰效果，以体现独特的审美情趣。

3. 行对齐

文字排版中很重要的一个规范就是把应该对其的地方对齐，例如每个段落行的位置对齐。通常情况下，建议在网站页面中只使用一种文本对齐方式，尽量避免使用文本两端对齐。

在该网站页面中，将页面内容集中在水平居中的位置排版，四周的留白使目光很容易集中到内容上。每一组信息内容都是由图片、标题和正文组成，图片与文字介绍采用了垂直居中的对齐方式，而标题文字与正文则采用左对齐的方式，使得页面中的内容排版非常清晰、直观，给人简洁而整齐的视觉印象。

专家提示

网站页面无论是哪种视觉效果，精美的、正式的、有趣的、个性的还是严肃的，一般都需要应用一种明确的对齐方式来达到目的。

4．文字留白

在对网页中的文字内容排版时，需要在文字版面中合适的位置留出空间，叫作留白。留白面积从小到大应该遵循如下的顺序。

此外，在内容排版区域之前，需要根据页面实际情况给页面四周留出空白。

在网页中，适当的留白处理能够有效地突出页面主体内容的表现。在该网站页面中，使用蓝天与麦田图像作为页面背景，页面的内容主要集中在中间的绿色背景区域，四周的留白处理就能够有效突出页面中间的主体内容。主体内容部分、段落之间也适当做了留白处理，使得文本内容层次清晰，便于用户的阅读。

5.3.4　在文字排版中应用设计 4 原则

在设计领域中被广泛应用的四项基本原则，包括对比、重复、对齐、亲密性，在网页设计中对文字内容的排版设计也非常适用。

1．对比

在文字排版设计中，我们可以将对比分为 3 类：主要是标题与正文字体、字号对比，文字颜色对比，以及文字与背景对比。

（1）标题与正文字体、字号对比

在网页文本排版设计中，需要使文章的标题与正文内容形成鲜明的对比，从而给浏览者清晰的指引。通常情况下，标题的字号都会比正文的字号稍大一些，并且标题会采用粗体的方式呈现，这样可以使网页中文章的层次更加清晰。

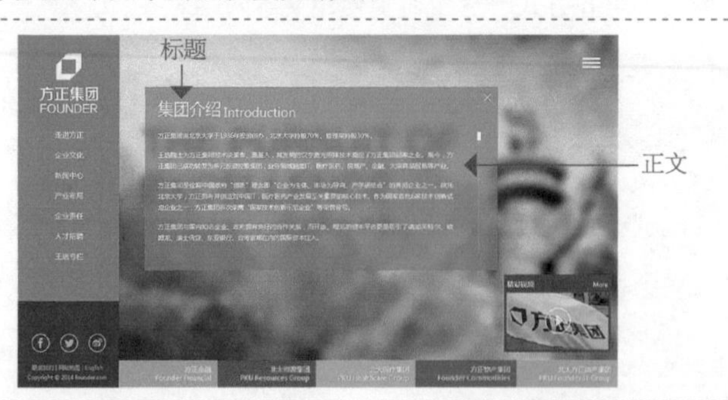

在该网站的内容页面，读者能够清晰地分辨内容的标题与正文。标题使用大号的粗体微软雅黑字体，正文部分使用的是普通字号的宋体。标题与正文内容的对比清晰，从而使文字内容富有层次，很容易吸引浏览者眼球，并且浏览者也可以快速选择自己感兴趣的内容开始阅读。

（2）文字颜色对比

在一些网站的正文内容中，常常会将正文中的一部分文字使用与主要文字不同的另一种颜色进行突出表现，这种对比就是文字颜色对比，能够有效增加视觉效果，突出展示正文内容中的重点。

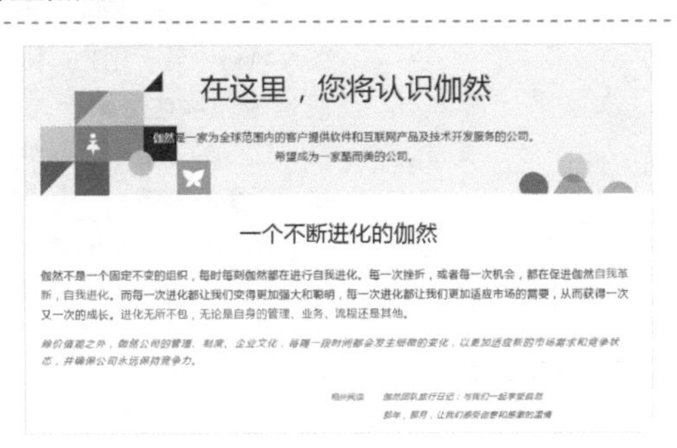

在该网站页面中，我们可以清晰地看到段落文本中的重点内容使用红橙色进行突出表现，从而与正文中的其他文字内容形成鲜明的对比。右下方的“相关阅读”同样使用了与正文不同的文字颜色，并且使用小号斜体字，从而有效地区分各部分不同的文字内容，给浏览者清晰的视觉指引。

（3）文字与背景对比

文字与背景对比是文字排版中非常常用的一种方式，正文内容与背景合适的对比可以提高文字的清晰度，产生强烈的视觉效果。

在该网页页面中，既有白色的页面背景，也有红色的页面背景，在白色页面背景部分搭配红色的标题和黑色的正文，使背景与文字形成对比；在红色背景部分搭配白色的文字内容，同样形成背景与文字的鲜明对比。通过文字与背景的对比将文字内容清晰地衬托出来，既有丰富的层次感，同时又具有很强的视觉冲击力。

设计师在使用文字与背景对比的原则时需要注意，必须确保网页中的文字内容清晰、易读，如果文字的字体过小或过于纤细，色彩对比度也不够的话，则会给用户带来非常糟糕的浏览体验。

专家提示

如果在设计过程中对色彩的对比把握不够准确的话，可以借助颜色对比检测工具（例如 Check My Colours、Colour Contrast Check）检测色有效期和亮度差，从而确保网页内容的易读性。

2．重复

设计中的元素可以在整个网页设计中重复出现，对文字来说，可能是字体、字号、样式的重复，也可能是同一种类型的图案装饰、文字与图片整体布局方式等。重复给用户一种有组织、一致性的体验，可以创造连贯性，显得更专业。

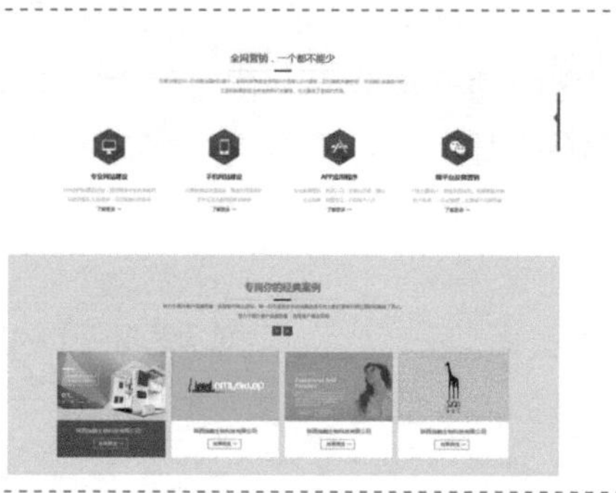

在该网站页面中的这两个栏目都采用了重复的排版手法，上面的栏目采用相同风格的一系列图标加标题与说明文字的形式，下面的栏目采用了图片与说明文字的形式，内容不同，而布局方式统一，图片风格一致。用户一眼看过去，就能清楚地理解这是属于同一个版块的内容，这样的重复很容易给浏览者一种连贯、平衡的美感。

技巧点拨

重复原则在网页设计中应用比较广泛，单一的重复可能会显得单调。设计师在网页设计过程中，可以根据不同的网站需求进行灵活应用。比如有变化的重复能够增加页面的创新，为网页增添活力。

3．对齐

在网页设计中，元素在页面中不能随意摆放，每一个元素都应该与页面内容存在某种联系。网页中元素的对齐是必不可少的，对齐处理可以帮助设计师设计出吸引人的作品，是优秀网页设计的潜在要求。

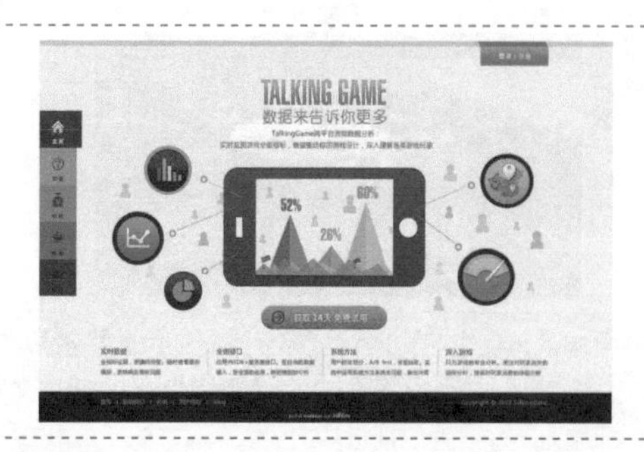

在该网站页面中，可以看到页面中间主题图片上方的主题文字内容采用了居中对齐的方式排版，而主图图片底部的功能说明文字，则采用了左对齐的方式排版，并且标题与正文内容采用了不同的文字颜色，使文本内容看起来层次清晰，效果较好。

4．亲密性

亲密性是指在网页中将相关的内容组织在一起，让它们从页面整体视觉效果上更加和谐、统一。在网页中，元素位置的接近意味着存在关联。

要在网页中体现出元素的亲密性，可以从两个方面入手：（1）适当留白，（2）以视觉重点突出层次感。

在该果汁品牌介绍网站页面中，有多个元素在一起的组合排版。浏览者首先被广告图片和广告图片中的文字吸引，然后视线向下移动到文字描述内容以及蓝色的链接文字。这些元素的亲密性与对比形成一种平衡，视觉层次清晰，给人一种舒适感。

5.4 图片排版技巧

图片是构成网页最基本的元素之一，图片不仅能够增加网页的吸引力，传达给用户更加丰富的信息，同时也大大地提升了用户在浏览网页时的体验。在网站中，使用漂亮的图片能够有效地提升网站页面的视觉美感，但是仅仅有漂亮的图片是不够的，重要的是如何在网站页面中对图片进行合理的布局设计，为页面内容的呈现打好基础。

5.4.1　图片展示方式

网页中图片展示方式丰富多样，不同形式的图片展示效果也让浏览网页的乐趣变得更加多样化。

1．传统矩阵展示

将网页中的图片限制最大宽度或高度并进行矩阵平铺展现，这是最常见的多张图片展现形式。不同的边距与距离会产生不同的风格，用户一扫而过地快速浏览可以在短时间获得更多的信息。同时，鼠标悬浮时显示更多的图片信息或功能按钮，既避免过多的重复性元素干扰用户浏览，让使得交互形式带有乐趣。

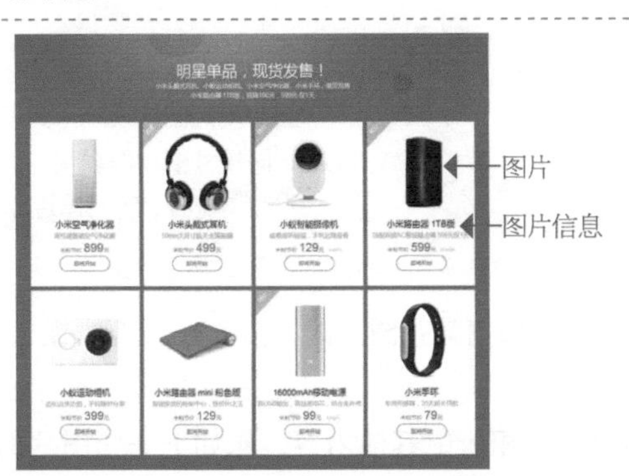

传统矩阵式的图片展示应用比较广泛，在很多素材、教程、电商等类型的网站中都会以这种方式进行图片展示，效果直观、清晰、规整。

专家提示

这种传统的矩阵平铺展示图片的方式虽然使得页面整齐、统一，但是显得略微有些拘谨，用户的浏览体验会有一些枯燥感。

2．大小不一的矩阵展示

在传统矩阵式平铺布局基础上挣脱图片尺寸一致性束缚，图片以基础面积单元的 1 倍、2 倍、4 倍尺寸展现。大小不一致的图片展现打破重复带来的密集感，却仍按照基础面积单元进行排列布局，为流动的信息增加动感。

为图片加入交互动画效果，默认情况下所有图片都以降低明度的方式显示。当鼠标移至某个图片上方时，该图片以清晰的原图显示，从而在众多的图片中突出表现。

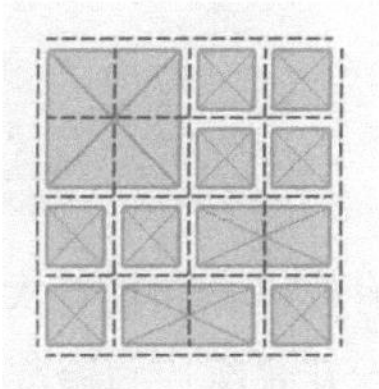

大小不一的矩阵图片展示方式并不是很常见，这种方式通常应用于摄影、图片素材类网站中，结合相关的交互效果，能够给用户带来不一样的体验。这种大小不一的图片对于视觉流程会造成一定的干扰，如果页面中的图片较多，需要谨慎使用。

专家提示

这种不规则的图片展示方式为浏览带来乐趣。但由于视线的不规则流动，这样的展现形式并不利于信息的查找。

3. 瀑布流展示

瀑布流的展示方式是最近几年流行起来的一种图片展示方式，定宽而不定高的设计让页面突破传统的矩阵式图片展现布局，巧妙地利用视觉层级，视线的任意流动又缓解了视觉疲劳。用户可以在众多图片中快速扫视，然后选择其中自己感兴趣的部分。

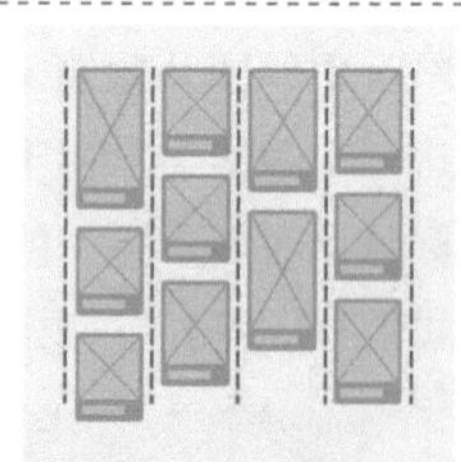

瀑布流的图片展示方式很好地满足了不同尺寸图片的表现，但这样也让用户在浏览时，容易错过部分内容。

4. 下一张图片预览

在一些图片类的网站页面中，当以大图的方式预览某张图片时，需要在页面中提供下一张图片预览的功能，这样能够有效地提升用户体验。

在最大化网页中某张图片的同时，让用户看到相册中其他内容，比如下一张图片的部分预览，能吸引用户继续点击浏览。下一张缩略显示、模糊显示或部分显示，不同的预览呈现方式都在挑战用户的好奇心。

有些网站在用户浏览具体图片时，并不提供下一张图片的预览，只有等用户将鼠标悬停在“下一张”按钮上方时才会出现下一张图片的缩览图。虽然出现缩览图的动画效果并不能让用户理想地实现预览，但昙花一现的刺激促使用户去进行“下一张”的点击。

默认情况下，在页面中只显示当前浏览的大图，当鼠标移至浏览器左边缘时，以动画方式显示上一张图的缩览图。如果鼠标移至浏览器右边缘时，则以动画方式显示下一张图的缩览图。

还有些网站在预览大图的同时，不但提供了“上一张”和“下一张”的切换按钮，并且提供了该图前后几张图片的缩览图。这种更多内容的展现形式，不但显得内容丰富，更会吸引用户继续浏览。

在该网站的图片展示页面中，通过背景色将页面区分为上下两个功能区域。上部分是大图展示，可以通过左右箭头进行大图的切换；下部分则提供了该系列的其他图片缩览图，吸引用户继续点击。

5．成员与访客头像显示

网站成员与访客头像本身也是图片，不同于用户所展示的图片，头像更多展示的是历史互动信息，并可以进行延伸互动。头像悬停时可以显示更多信息及功能按钮，或显示更大尺寸的头像。

5.4.2　图片展示技巧

网页中的视觉元素，诸如照片和视频，会让用户感到很亲切，因为它们和我们的生活最为接近，我们感同身受。实际上，每一幅图片，都可以看作现实生活的缩影，而用户喜欢这种熟悉感，所以它们能够营造良好的用户体验。

1．图片与页面整体协调

可用性至上！因此网站中所使用的图片必须与页面的整体相协调，并且与文字产生对比。要想产生鲜明的对比，就要学会观察；图片比较亮，那么文字可以使用较深的颜色，反之亦然。如果想要使用白色字体和亮色背景，那么最好使用一些黑色元素作为过渡，例如为文字添加投影。

时尚品牌宣传网站通常使用大幅的人物摄影来突出表现时尚感。该时尚品牌的网站页面就是使用时尚人物摄影图片作为页面的满屏背景。该人物摄影图片的色调偏暗，表现出高贵与时尚感，页面中搭配少量的白色文字，在暗色调图片的衬托下非常清晰、易读。整个页面简洁、协调。

2．使用高质量的清晰图片

网页中所使用的图片最基本的要求就是一定要有较高的清晰度。例如一个美食网站，如果页面中的食品图片都是比较模糊的图片，你觉得这样的图片能够吸引用户吗？

如果网站并没有合适的高清晰度图片可用，那么建议采用字体设计、新颖布局、极简主义等风格，宁缺毋滥，宁肯一张图也不配，也不能配上一堆质量低劣的图片。

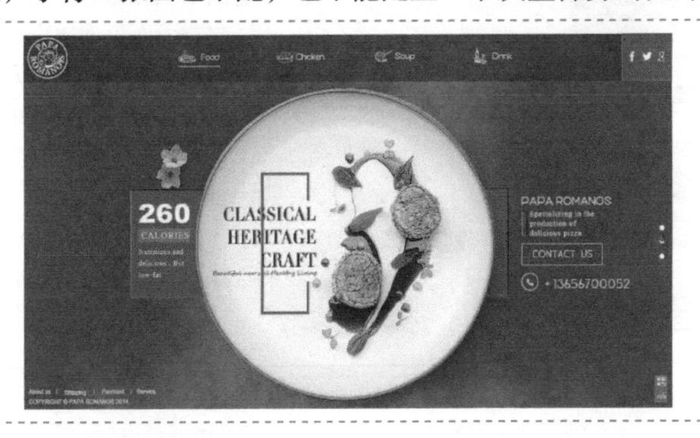

该美食网站页面，运用高质量的清晰美食照片搭配简洁的文字，使整个网站显得非常精致。页面使用灰暗的低饱和度色彩作为背景，更加突显美食的精致与诱人，点缀少量红色，有效突出重点信息的表现。

3．图片与网站内容有关联

一图胜千言，但是以文字内容为主的页面，搭配的图片一定要与文字内容具有关联性，这是常识，保持元素一致性。如果网页中的内容比较灵活，比如说卖保险的，那么配图可以符号化一点，但是还是要和产品 / 服务相关。而且符号象征意义一定要强，这样就非常便于辨认。而且需要注意的是，不同国家、不同文化的符号象征意义不同。

导航菜单，便于用户跳转到其他页面

信息搜索，便于用户快速预订相应行程

对于旅游类网站来说，精美的风景图片是必不可少的。在该旅游网站的设计中，就使用精美的风景图片作为整个页面的满屏背景，迅速地吸引浏览者的目光。页面中的信息内容较少，使页面的表现简洁而清晰。

4. 大图很受欢迎

这条原则再明显不过了，图像越大，视觉冲击力也越大。目前很多企业网站都使用大图作为整个页面的满屏背景，但这种情况需要注意的是，图片背景一定不要影响到页面中内容的清晰表达，否则就没有意义了。

该汽车宣传网站页面运用大幅的汽车广告图片作为页面的满屏背景，给人很强的视觉冲击力。在页面中搭配少量的文字介绍内容，图片与文字相辅相成，使页面的表现效果强烈而直观。

5. 吸引注意力

当文章和页面中有吸引眼球的图像时，爱屋及乌，用户会对内容高度敏感。当用户在网页中面临大段的文本时，人们的大脑便倾向于“略过这片内容”吧，很少有人会保持注意力，继续阅读细节。图像能够打破视觉的单调性，帮助用户聚集注意力于文章、链接、故事。简而言之，图像能让用户集中注意力。

为每条信息内容搭配一张相关联的图片，有效吸引用户的注意力。

采用了交互设计的方法，当鼠标移至某个图像上方时，该部分会显示为半透明的黑色背景，从而有效区分信息。

在该旅游网站的内容页面中，页面以深蓝色作为主色调，使整个页面表现出宁静而深沉的印象，而内容部分则使用了白色的背景，非常清晰。内容部分并没有大段的文字描述，而是采用了文字与图片相结合的方式，使得图片在页面中的表现非常突出，吸引人们对内容进行关注。

技巧点拨

即便是内容主导的网站，也需要图像作为润色，良好的图片运用能够成就优秀的设计。人都是视觉动物，在浏览网页时，对于图像有一种渴望，因此添加图片非常重要。而且，一定要是合适的、相关的图片。

5.5 网站内容编排技巧

在印刷媒介的编辑设计里，题目的位置、文字的数量，正文的大小、行间距、字间距等都需要仔细的计算才能保持整体的均衡。这些在网页设计中也都同样需要考虑到，这样才能够使网站的内容页面给用户一种赏心悦目的感受。

5.5.1　突出文章标题

标题是文章的有机组成部分，对于突出主题、表现文章内容有着重要的作用。在页面呈现上，突出文章标题，可以减缓用户的阅读时间，为快速决策是否阅读文章的详细内容提供帮助。结合笔者自身的经验，将网站中文章标题的规范要求总结如下表所示。

要求	说明
准确	文章的标题必须能够准确地反映文章的主题内容，禁止为页面的排版好看而故意加长或者断章取义设置文章标题
亮点	文章标题至少要体现文章中的一个亮点，亮点是指能够触发用户剧烈情感变化的人或事
单句	文章标题尽量使用单句，力求主谓宾结构完整，避免出现复句
少用标点	文章标题中尽可能不使用各种标点符号，从而保持整个页面的清新
通俗	文章标题应该通俗易懂，禁止使用过于专业或晦涩难懂的词语，严禁出现常人不熟知的人名、地名（必须出现时应作说明）或引起歧义的地名缩写
半角	在文章标题中出现的数字或字母应该使用半角字符，中文网站中的文章应该尽可能避免在文章标题中使用英文
汉语规范	新闻类网站中的文章标题必须使用规范的普通话，严禁使用港台词汇

技巧点拨

为了使网站中的文章标题更有力量，可以在文章标题中加入动态词汇，主要表现方式为“主体 + 行为 + 客体”。文章标题中尽可能避免“的”字结构、“是”字结构、“和”字结构等静态句式出现。

5.5.2　合理使用导读

对于习惯了快餐阅读的互联网用户来说，导读的作用是非常大的。在制作导读的时候，一定要保证这部分内容明显，并处于靠近文章顶部的位置。如果用户不能够很快地识别它们，那么它们也就没有什么用处了。

另一方面，导读是吸引用户阅读正文的重要引导，一定要足够吸引人。我们在实际的编辑工作中发现，很多人将导读简单地认为就是正文的第一段内容，事实上这是不对的。

一般而言，导读可以用以下 3 种方式编辑成文，一是将文章中最精彩的内容提出来；二是综合全文的内容，告诉用户正文的基本信息；三是重新编写一段用户的需求，最后告诉用户阅读正文就能够获得这种需求。

这是某设计网站的文章内容页面，可以看到在文章标题的下方，正文内容的上方，使用浅灰色背景来突出文章导读内容。在该文章导航内容中，通过简短的文字描述了该文章的核心内容，强调该文章能够对用户起到的帮助。这样，用户在浏览过程中，通过文章导读就能够快速地了解该文章的重点，非常实用和方便。

5.5.3 使用数字加深用户印象

在网站的信息内容中，经常会出现使用中文还是数字的选择，例如“20 天”和“二十天”，从语义上来说，两者没有什么不同。但是从吸引用户眼球的效果看，“20 天”更加直观。

专家提示

用户总是对阿拉伯数字比较敏感，因为阿拉伯数字在人类大脑中的运算速度更快。不然为什么我们从小学识字，都是从 123 开始的呢。

实际上，大街上的打折信息“5 折”和“五折”相比，“5 折”会更加吸引人们的关注。所以，当网站内容中包含数字和文字混排的时候，我们应该尽量使用数字来吸引用户的注意力，加深用户的印象，这一点特别适用于文章标题。

这是某婚纱促销活动页面，在页面顶部的宣传大图中，使用很醒目的大号加粗字体来表现促销的主题，并且主题文字中的数字又比其他文字更大、更粗。人类对于数字比较敏感，所以很容易被数字吸引。并且促销主题使用高饱和度的洋红色进行表现，与背景的高明度浅蓝色形成对比，突出促销的主题。

5.5.4 图文并茂的表现技巧

对于网站内容页面来说，大篇幅的纯文字内容会吓跑用户，即使对文字内容进行了精细的排版处理，也不能得到内容页面理想的呈现效果。图文并茂是网站内容页面的基础要求。

1. 常规文章中插图的放置

常见的方式是将图片放置在文章标题的下方、文章内容的顶部，这样做的目的是吸引浏览者的注意，通常都会将文章中的图片摆放在水平居中的位置。一般情况下，并不建议采用文本绕图的形式，因为这样或多或少会影响到用户的正常阅读。

2. 网站广告尽量不要放置在正文内容中

以前很多网站喜欢将广告放置在正文内容中，事实上，在正文内容中插入广告会破坏文章的完整性，这样做会打断用户对正文内容的正常阅读。如果一定要在内容页面中放置广告，可以选择将广告放置在内容页面的侧边栏或者正文内容的下方，这样不会破坏正文内容的完整性，也不会给用户带来误导。

在新闻类网站的文章内容页面，通常将新闻图片放置在新闻标题的下方、新闻正文内容之前，通过新闻图片来吸引读者的关注。而新闻内容页面中的广告，通常会放置在页面的侧边栏或者正文内容结束的位置，从而避免影响用户对正文内容的正常阅读。

3. 尽可能多地划分内容段落

用户普遍缺乏耐心，大多数互联网用户都是采用快速浏览的方式来阅读网站内容。为了方便用户的阅读，应该尽可能将一篇文章划分为多个内容段落，每个段落有 2 至 3 句话组成比较合适，过长的段落会令用户在阅读的过程中会产生疲惫感。

4．为大篇幅内容分页

对于篇幅过长的内容，一定要进行分页处理。分页的初衷是方便用户体验，用户一般会看两到三屏的内容。而如果内容多出三屏甚至更多，很明显用户没有耐心去浏览，严重影响用户体验，分页恰好解决了此问题。另一方面分页也保证页面的负载均衡，受限于网络速度，分页可以使页面加载速度有所提升，提高用户访问速度和节省打开页面的时间。

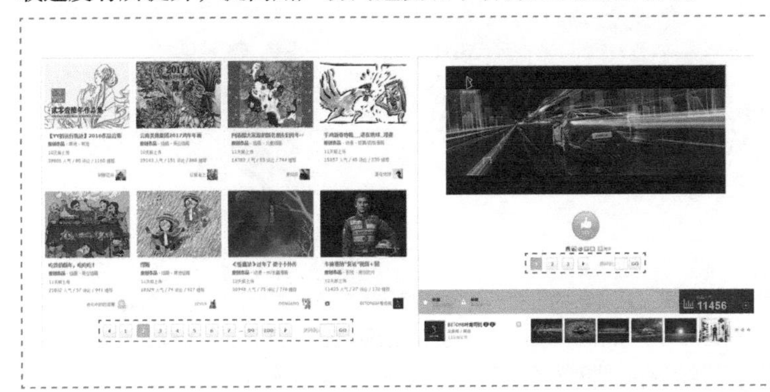

在内容列表页以及内容详情页中，为了防止内容过多而导致页面过长，都需要对页面内容进行分页处理。例如左上图为网站中的内容列表页面，右上图为网站中的内容页面。虽然在各网站中分页的设计形式不同，但是其目的就是更好地便于用户进行浏览，提升用户的浏览体验，所以其他的设置方式以及表现形式也需要考虑到方便用户的操作。

专家提示

在进行分页设计时，需要注意如下的一些问题：一定要提供大面积的可点击区域，一般不要使用下划线，要标明当前页，要隔开网页链接，要提供上一页和下一页链接，要提供首页和末页链接。

5.5.5　网站内容编写的其他技巧

用户上网很少是为了认真阅读，用户在网页上大多数是采用浏览信息的方式，相比较计算机上阅读，纸面的文字读起来更有质感也更亲切。正因为如此，我们在设计网站的内容时，需要考虑用户浏览信息的习惯，减少篇幅过长的文字堆砌。

技巧点拨

网站的文字大段地出现，用户看起来很伤神，网页的文字能简短就简短些，当编写好一段文字后，一定要仔细阅读是否能够有所删减。网页上给用户呈现的文字应该尽量是重点文字，避免废话连篇地占用网页空间。

1．为网页内容合理分段

在编辑网站内容时，大篇幅的内容应该划分为几个小部分并分别添加合适的标题。这样用户在阅读时，就能够先通过阅读标题了解内容，而不用费很多时间阅读不需要的段落内容了。当然，段落标题的意义是概述一段文字，因此标题需要仔细斟酌，切不可随意地安放一句话当作标题。

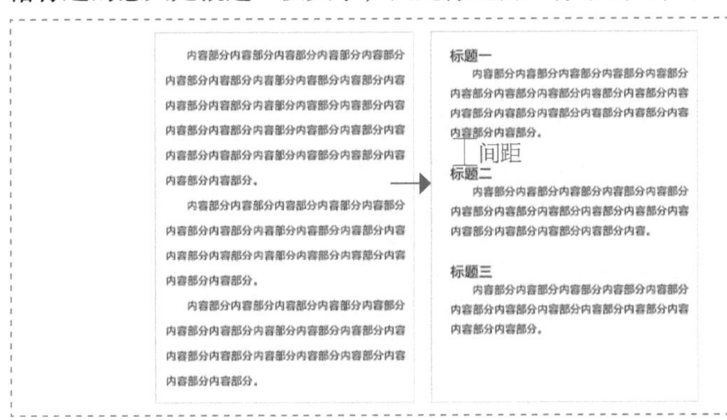

当网站中的正文内容篇幅较多时，应该将正文内容划分为多个段落，并且为每个段落设置一个恰当的标题。另外，标题与内容要比其他的信息接近，当标题和上下的文字间距相同时，标题就会“飘”在两段文字之间，让用户茫然。标题和文字间应该使用紧凑原则来布局，这样用户就能够准确地知道概述的是哪个部分的内容。

2. 为网页内容添加留白

网页需要留有一些空白，分为无心留白和有意留白。因为内容多少的缘故出现的留白是无心留白，特意安排的空白空间是有意留白。虽然无心留白也能够让界面有呼吸的空间，在设计时还是应当多使用有意留白。段落中的留白给网站内容留了一些呼吸的空间，让页面更通透，来访的用户不会被大量的密集文字压得喘不过气。

该时尚女装品牌网站采用极简主义设计风格，首页以及其各内容页面的设计都非常简洁。在设计中为页面安排有大量的留白，只是通过精美的人物模特图片与简洁的文字相结合来表现页面内容，给浏览者一种简洁而优雅的感受。并且大量留白的运用也能够更好地突出页面中内容的表现，使浏览者更加专注于页面内容的阅读。

3. 为网页内容搭配恰当的图示

图片比文字更能够直接传达信息，图片的出现让页面更加生动，也让用户可以更容易知晓网站的内容。但是图片的大小需要仔细考虑，根据网页设计的大小来安排图片的排版。图片的大小应尽量不要占满屏幕，因为，当用户在浏览网页时看到满屏的一个大图，很可能不会记得往下滚动，这样下方的内容就被用户忽视了。

5.5.6 实战分析：设计手机促销页面

本案例设计一个手机促销列表页面，运用几何图形对页面进行分割构图，分栏目对产品进行列表展示。整体上采用了矩阵列表的形式对产品图片进行排列展示，页面的整体效果清晰、自然。

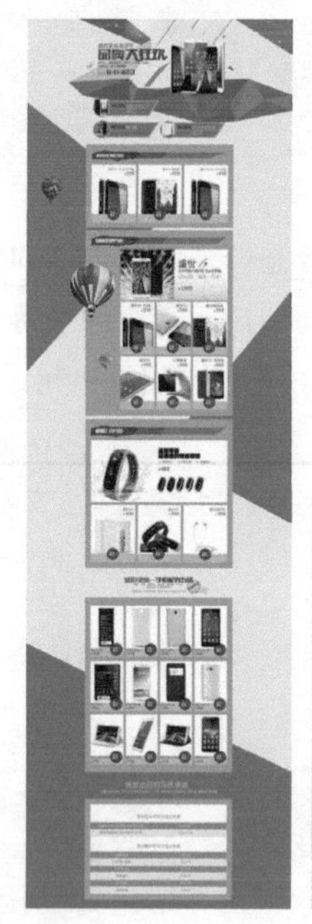

1．色彩分析

该手机促销列表页面使用蓝色作为页面的主色调，蓝色可以给人一种清爽、科技感。页面中局部点缀洋红色的栏目标题和购买按钮，能够有效地突出栏目信息和购买按钮，诱导消费者点击购买。整个页面的色调统一、重点突出，给人一种简洁、舒适的感受。

2．用户体验分析

产品列表页面不需要很花哨的表现形式，重点是清晰、直观地展示产品。本案例所设计的手机产品促销页面运用几何方块图形来分割页面和区分栏目内容，在不同的栏目中分别采用了“矩阵排列”和“特别突出”两种布局形式对产品列表进行布局设计，页面的布局结构清晰、自然，能够有效地传达页面中的产品信息。

3．设计步骤解析

（1）在Photoshop中新建文档，将页面尺寸设置为1920像素×6285像素。为页面背景填充浅蓝色，并使用矢量绘图工具在背景中绘制蓝色几何形状图形，使页面背景的表现效果更加富有现代感。

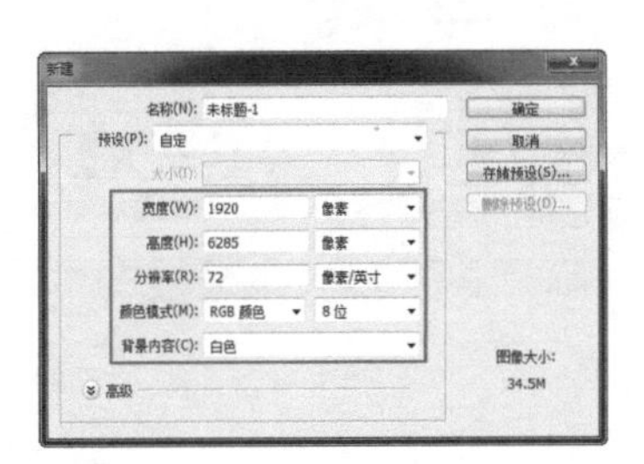

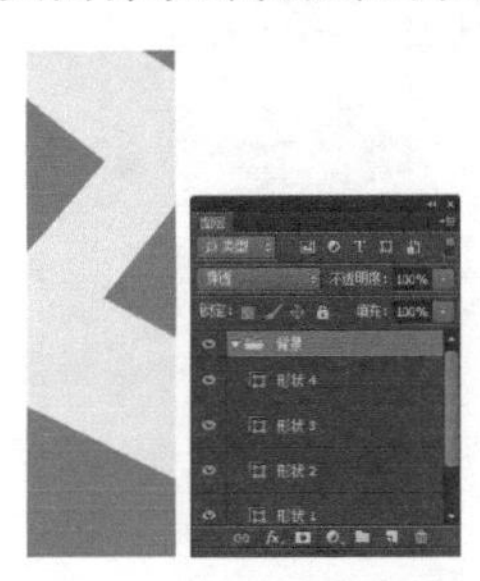

（2）在页面顶部绘制蓝色的几何形状图形并拖入产品图片。添加相应的促销主题文字，对主题文字进行变形处理，通过对比的色彩搭配，突出促销主题。

（3）在主题内容区域绘制多个不同大小和颜色的三角形作为装饰，突出页面主题。在主题内容下方制作促销与抢购的产品。

（4）绘制蓝色矩形作为栏目内容的背景，绘制几何形状图形作为栏目的标题，并且栏目名称的背景图形为洋红色，与蓝色形成对比，突出栏目标题的名称。使用矩阵排列的方式来展示产品图片，并且将产品的价格和购买按钮设计为洋红色，吸引用户关注。

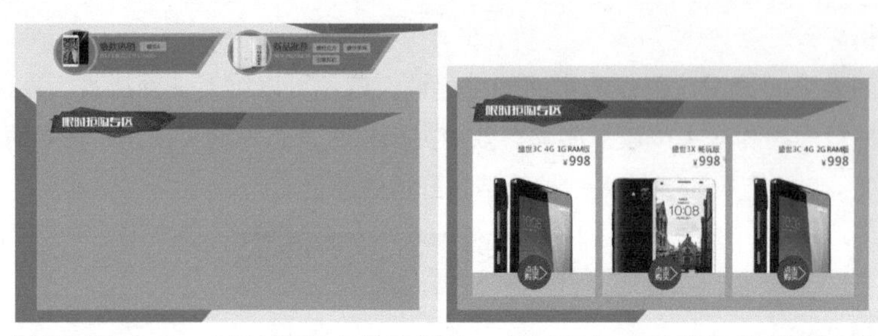

（5）使用相同的制作方法，可以制作出其他栏目，并添加相应的装饰性图形。最终完成该手机促销页面的设计制作，页面中的产品整体采用矩阵排列的方式进行展示，整洁清晰，局部又富有变化，给用户带来清晰、流畅的视觉体验，最终效果如下右图所示。

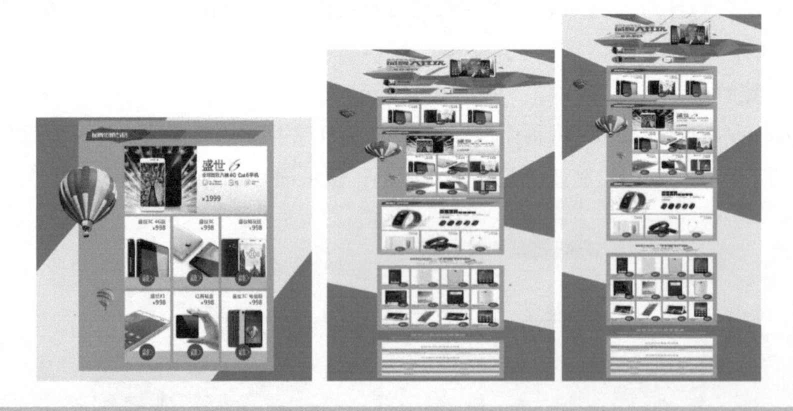

5.6 本章小结

内容是网站的本质，如果一个网站只有绚丽的视觉效果和出色的交互，而没有用户感兴趣的内容，或者网站中的内容非常混乱，不易阅读，那么用户迟早也会离开。网站的内容体验不仅要为用户提供清晰的页面层次结构、有价值的内容，更要为用户提供清晰、易读的排版，这样才能够让用户在使用网站的过程中更加地轻松和流畅。在本章中向读者介绍了网站内容体验的相关要素，希望通过本章内容的学习，读者能够在网站设计中为用户提供更加流畅的体验。

第 6 章 情感体验要素

情感体验是指用户心理方面的体验，强调产品、系统或服务的友好度。首先产品、系统或服务应该给予用户一种可亲近的心理感觉，在不断交流的过程中逐步形成一种多次互动的良好的友善意识。网站情感体验就是用感性带动心理的体验活动，是呈现给用户的心理上的体验，强调友好性。

6.1 用户认知心理

心理学是研究人类实际心灵、行为的学科。心理学对人类的影响不断深入。在用户体验设计过程中，无论是产品经理、前后端开发人员、架构师还是数据分析师，都是为用户服务的。而用户需求是时刻在变化的，只有从用户的角度去思考问题，充分了解用户心理，才能真正地设计出具有良好用户体验的产品。

6.1.1 设计心理学

开展设计心理学的研究是为了协调生产者、设计师与消费者之间的关系，使每一个消费者都能够使用到满意的产品。要达到这一目的，必须了解消费者心理和研究消费者的行为规律。

专家提示

设计心理学是 20 世纪 90 年代形成的一门独立学科，它建立在心理学基础上，是把人们的心理状态，尤其是人们对于需求的心理，通过意识作用于设计的一门学问。它同时研究人们在设计创造过程中的心态，以及设计对社会和对社会个体所造成的心理反应，并反过来作用于设计，使设计更能够反映和满足人们的心理。

设计心理学认为，一个好的设计应该是符合消费者心理的。那么好的设计应该符合哪些标准呢？

1．创造性设计

创造性设计是最重要的前提，因为人类文明史证明人类的进步、社会的发展都是创造的结果。没有创新，就不会有进步。设计心理学借助消费者满意度调查问卷，采集消费者心理数据，反映消费者的需求动机，为创造性的设计提供依据。

该有关残疾人运动的网站页面，最大的特点就是其独特的页面布局设计，通过不规则形状的拼接表现内容，并且拼接成的形状与该网站的 Logo 图形相似，形成呼应效果。通过这样的布局形式，页面表现出很强的运动感，给人留下深刻印象。

2．适用性设计

适用性是衡量产品设计的另一条重要标准，这是产品存在的依据。设计师不只设计一个物，在设计之前看到的不仅是材料和技术，而且看到了人，考虑到人的使用要求和将来的发展。对于网站设计来说，需要使所设计的网站能够适应在不同的设备上浏览，并且在不同的设备上都能够给用户以良好的体验。设计心理学提供的消费者满意度，将是适用性设计的依据。

随着移动互联网的发展，各种智能移动设备越来越多，而我们设计的网站要能够适应在不同的设备中进行浏览，这已经成为一种行业标准，并且都需要能够给予用户良好的体验。

3．美观性设计

美观是所有设计师的追求，但美观是不能用一把尺子去衡量的。美观的确是人们生活中的感受，是存在的，却又与人的主观条件，如想象力、修养、爱好分不开，所以又是可以改变的。设计心理学提供的消费者心理和微观分析知识，将使设计者了解消费者审美价值观的差异。

拟物化设计，模拟物体在现实生活中的真实表现

扁平化设计，更加注重界面信息内容的直观表现

人们的审美不断随着潮流趋势进行变化。例如以前人们喜欢拟物化的设计风格，通过阴影、高光、渐变、纹理等各种手法模拟物体在实现生活中的真实表现，甚至交互形式也是模拟现实生活中的方式，但拟物化方式更多的是注重视觉效果的表现。而目前流行的扁平化设计风格，去除了冗余的效果和交互，其核心在于更好地突出界面的主题和内容，交互的核心在于突出功能本身的使用。

4．理解性设计

理解性设计是指设计必须被人们所理解，使用户一眼识别这是什么产品、作用是什么等。设计心理学提供的消费者认知活动规律，将使设计师掌握造型识别、图形识别、广告识别等心理学基础，力求满足消费者的心理。

虽然我们可能看不懂日文，但是该网站的主题还是非常容易看懂的，这是一个以保护动物为主题的网站。使用突出的黄色文字表现主题，并且用黄色的线框来突出主题文字，使其与灰色的背景形成强烈对比。配合页面背景的动物图片，浏览者非常容易理解。

5．以人为本的设计

好的设计作品应该是含蓄的，突出的应该是人，满足的是人的要求。设计心理学讨论对象和背景的关系，其中人是第一位的，其余全是背景，这不仅是观念上的标准，也是现代设计管理的核心。

许多网站喜欢使用经过模糊处理或者灰暗的图片作为页面的背景，因为这种背景让整个页面显得更加人性化。在模糊或灰暗的背景上面使用极简的图标与细线来进行设计，还能有效突出页面信息内容的表现，而背景又能够在很大程度上烘托出页面所要表现的氛围。

6．永恒性设计

永恒性设计是指不应该片面追求流行趋势，不应该片面渲染、夸大商业性或噱头，好的设计是经得住时间考验的。

简约、直观的设计总是能够经受住时间的考验，无论什么时候都不会过时。该汽车宣传网站的设计非常简洁，以黑色作为页面背景，在页面中有效突出汽车产品的表现效果。页面中的文字采用了与背景形成对比的白色与黄色，并且采用了短的视觉段落，内容清晰、易读。

7．精细化设计

精细化设计是指必须精心处理每一个细节，从构思到设计的完成，要使用户感到耐人寻味而又不烦琐，从整体到细节都很和谐。设计师要使设计体现出人的力量，给产品以灵魂。

所有的设计都是由细节决定成败的，很多时候一点点距离或一点点色值的不相同，也会对设计的整体效果造成很大的影响。例如在该网站页面的设计中，虽然是简单的扁平化设计，但是独特的倾斜布局，以及页面中每个细节的处理，都给人一种和谐、精美的感觉。

8．简洁化设计

简洁是好的设计的重要标准。烦琐是设计所避讳的。设计心理学可以帮助设计师依据消费者的认识规律，达到设计简洁化的效果。

该手表品牌的宣传网站设计非常简洁，这也迎合了当下的设计趋势。极简的设计能够使浏览者很容易地将视觉焦点集中在产品以及相关的介绍文字上，从而有效地突出网站要表达的主题和重点内容。

设计师希望用户能跟着设计的意愿走，这就是设计中要运用心理学的主要原因。在设计中考虑心理学的因素，将会产生具有积极意义的结果。

6.1.2 基于设计心理学的原则

在互联网产品的设计过程中，同样需要考虑消费者的心理。花时间去分析用户的需求以及怎样才能满足他们的需求，这将为互联网产品的目标受众注入源源不断的心理动力。

美国学者唐纳德·诺曼提出了设计心理学的 6 条设计原则。

1．应用已知的知识

如果对完成任务所需的知识有一定的认知，用户就会学得更快，操作起来也更加轻松自如。

无论是在PC端还是移动端，抽奖设计通常都是模仿现实生活中的摇奖机。这样的设计其实就是利用了人们已知的对于幸运转盘的心理模型，那种等待出奖的感受对于使用者来说是一种难以抗拒的诱惑。抽奖页面中摇奖机的设计也正是利用了这样的特点，用户熟悉并知道它的规则，同时也乐于尝试。

2．简化任务流程

设计师应该简化产品的操作方法，通过新技术对复杂的操作流程加以重组。

例如，很多网站都会在内容页面中加入分享功能，可以一键将页面内容分享到微博、微信等各种社交平台。

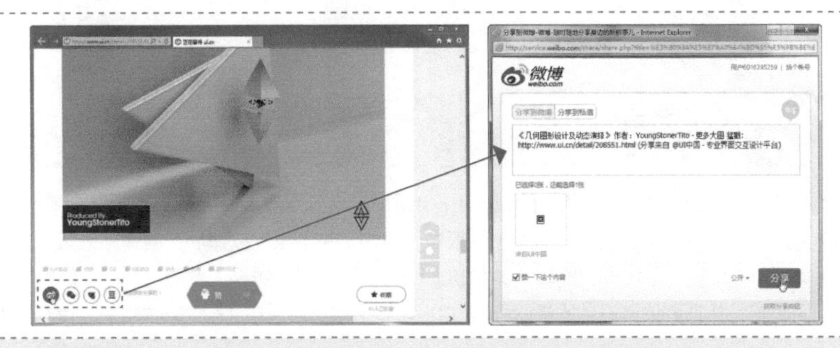

例如，在该网站内容页面的底部，为用户提供了将文章内容分享到相应的社交媒体的按钮。当单击相应的图标时，会直接弹出窗口，甚至不需要填写任何内容，直接单击“分享”按钮，即可完成网页内容的分享。一方面我们可以将社交分享加入到活动机制中，刺激网友参与；另一方面也可以通过社交媒体的传播扩大网站的影响力。

复杂的流程：单击“微博分享”→进入微博页面→登录微博→单击“转发”按钮→填写个人转发信息→确认发送。

简化后的流程：单击“微博分享”→ cookie 自动记录用户的登录状态→弹出转发提示窗口→确认转发。

3．注重可视性

设计师应该注重可视性，这样在执行阶段，用户便可明白哪些是可行的操作以及如何进行操作。而在评估阶段，应该注意操作行为与操作意图之间的匹配，使用户很容易看出并理解系统在操作过程中的状态，也就是说要把操作结果显示出来。

这是在网站中很常见的文章评论功能，设计师一般都会很清楚地标识出提交按钮，用户可以很容易地领悟到如何填写评论并提交，并且在该评论文本框的下方还会给出“还可以输入多少个字符”的实时提示。在提交评论信息之后，提示会立即显示在该评论框的下方，给用户及时的反馈。如果不能及时显示评论内容，则需要给用户一个反馈信息，告知用户提交结果，以免因为没有任何反馈而让用户产生疑惑。

4．建立正确的匹配关系

设计师应该利用自然匹配，确保用户能够看出下列关系：

（1）操作意图与可能的操作行为之间的关系；

（2）操作行为与操作结果之间的关系；

（3）系统实际状态与用户通过视觉、听觉和触觉所感知到的系统状态之间的关系；

（4）所感知到的系统状态与用户的需求意图和期望之间的关系。

例如，目前的互联网产品功能越来越多，交互操作也越来越丰富，例如上传功能、转发分享功能、投票功能、答题功能和抽奖功能等。为了能够让不了解互联网产品的普通用户轻松使用，交互弹出框是必不可少的设计需求，而这样的功能就体现了功能与用户操作间之间正确的匹配关系的原则。

这是“花瓣网”的图像采集功能，类似于收藏功能。当用户单击图像左上角的“采集”按钮时，会弹出“转采”提示框，在该提示框中用户可以选择将该图像放入自己的哪个画板中，单击“采下来”按钮后，会弹出采集成功的提示框口，并且指出将该图像采集到什么位置，单击即可跳转到该位置。符合操作与操作结果、意图与期望之间的匹配关系，让用户清楚地明白设计师的意图。并且该采集成功的提示框会在持续几秒后自动关闭，不会影响用户对页面其他内容的浏览。

5．利用自然和人为的限制性因素

要利用各种限制因素，使用户只能看到一种可能的操作方法，即正确的操作方法。

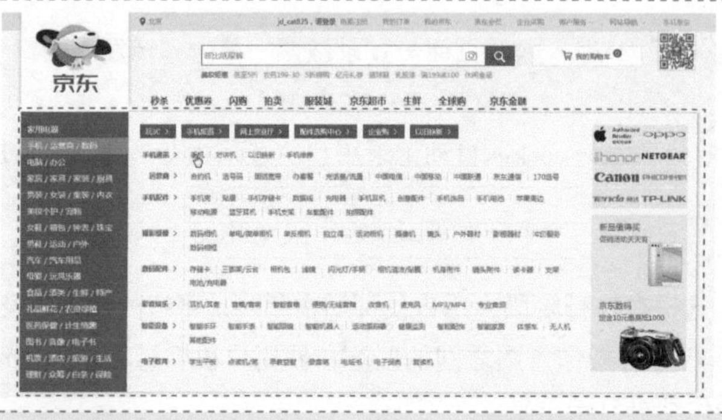

这样的商品分类菜单设置，用户只能从左至右选择相应的商品类别，既简单又不会让用户产生困惑，也降低了误操作的可能性。

大多数电商网站都采用了从左至右来选择商品分类的形式，在这种设计中，用户基本不会选错商品类别。因为最开始在网页上显示的仅仅是最左侧的顶级商品分类列表，用户只有选择了其中某一大类后，才会在右侧显示该类别中的次级类别，并且使用分行以及分隔线的形式进行区别。在这种设计中，用户别无选择，只能是逐级选择商品分类，从而降低了产生错误的可能性。

6．考虑可能出现的人为差错

互联网作为蓬勃发展的行业，每天都有新的产品和应用诞生，每天也有新的用户学习和尝试使用互联网，因而不可避免地会有很多错误操作。有些操作很可能会给系统带来不可逆转的灾难，也有可能会给用户带来不愉快的体验。

设计师应该考虑用户可能出现的所有操作错误，并针对各种可能的误操作采取相应的预防和处理措施。

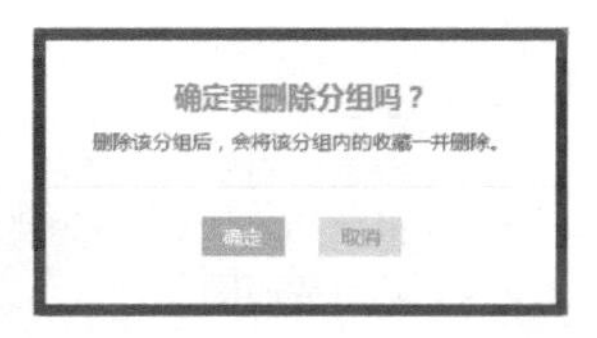

最常见的就是当用户出现一些可能导致危险的操作时给予相应的警告提示，征询用户是否确认继续操作。例如在网站中，当用户需要删除自己所收藏的内容或对某个已关注内容取消关注时，通常都会弹出询问提示对话框，询问用户是否继续操作。当然，这样的提示并不适用于所有的应用，不可逆转的并有不好结果时才会使用。

6.2 心流体验

心流（Flow）由心理学家米哈里·齐克森米哈里（Mihaly Csikszentmihalyi）在 1975 年首次提出，并已系统科学地建立了一套完整的理论。目前，心流的概念已经被广泛地应用在设计领域，尤其是交互式设计中，成为衡量用户情感体验的重要标准之一。

6.2.1 什么是心流体验

许多人在从事某些活动时，会有一种行云流水般的体验发生，这种体验指的就是一个人深深地融入某个活动或事件时的心理状态。一般而言，当这种体验发生时，人们会因为太融入其中而出现忘我或忽略其他周围事物的情况；而当这种体验结束后，人们通常会觉得时间过得很快，并产生情感的满足感，这就是通常所说的心流体验。

专家提示

心流是人们在从事某项活动时暂时的、主观的体验，也是人们乐于继续从事某种活动的原因，例如很多人乐于长时间玩网络游戏。但是，心流并不是一种静止的状态，会随着技能和挑战难度的变化而变化。

心流体验的 9 个特征被概括如下。

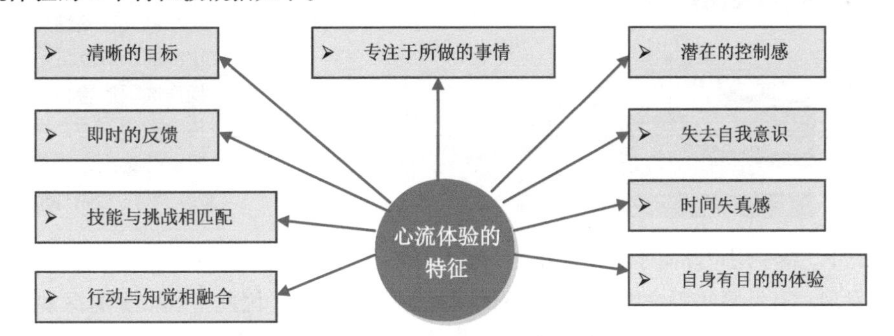

根据心流体验产生的过程，这 9 个特征又被归纳为 3 类因素。

- 条件因素：包括个体感知的清晰目标、即时反馈、技能与挑战的匹配。只有具备了这 3 个条件，才会激发心流体验的产生。
- 体验因素：指个体处于心流体验状态的感觉，包括行动与知觉的融合、注意力的集中和潜在的控制感。
- 结果因素：指个体处于心流体验时内心体验的结果，包括失去自我意识、时间失真和体验本身的目的性。

造成心流体验的一个重要因素是技能与挑战的平衡，也就是解决问题的能力与问题难度的匹配度。当技能不足以解决困难时就会引发用户的焦虑，而太多技能遇到低难度的问题时又会让用户感觉无聊。心流体验发生在技能和挑战平衡的时候，界于焦虑和无聊的感受之间。

专家提示

心流是由对解决问题的能力的评估以及对即将到来的挑战的认知所决定的。随着技能级别的提升，也需要更高难度的挑战来达到“心流”状态。这就是为什么游戏要设计递增的难度级别，而且有些玩家在通关后就不想再从头开始玩的原因。

6.2.2　两种不同的心流体验类型

在交互网站中可以将心流体验分为两种类型：体验型和目标导向型。

体验型强调的是将网站交互当作一种娱乐方式，例如在网站中听音乐、看电影等；目标导向型则是将网站作为一种工具来完成某个目标，例如在线购物、搜索等。

这是一个品牌汽车的宣传网站，属于典型的体验型网站。在该网站设计中，充分运用视频等多媒体资源，给浏览者带来一种强烈的视觉体验，并且应用了较多的交互效果，能够让浏览者参与到网站互动中来，将网站的交互作为一种娱乐方式。

这是一个连锁酒店的官方网站，属于目标导向型的网站。在该网站页面中，采用了图文相结合的方式对酒店的环境、配套、美食等优势进行介绍，考虑到用户进入该网站可能需要预订房间的，所以将房间预定功能操作选项放置在了页面顶部宣传大图的下方，并使用黄色背景进行突出，非常显眼，便于用户顺利地预订酒店房间。

通常情况下，新手用户倾向于将网络作为一处娱乐的平台，在网站交互中，他们喜欢更少的挑战、更多的探索发现。有经验的用户则希望利用网络来完成某项任务，因此喜欢较少的探索发现和较多的挑战。

针对这两种不同类型的心流体验需求，交互设计应该突出不同的表现特征。

体验型	大多数的宣传展示类网站都属于体验型的心流类型。这种类型的网站需要给用户一种身临其境的感受，使用户在网站浏览过程中能够集中注意力，忽视时间感，积极在网站中进行探索和发现。
目标导向型	例如搜索、在线购物等网站都属于目标导向型的心流类型。这种类型的网站需要能够充分展示内容的重要性以及用户对于网站的操作控制。目标导向型着重于用户在网站完成任务所需要的活动体验。一般来说，心流体验更容易在目标导向的交互中产生。

6.2.3　心流体验设计方法

一个好的用户体验产品，必定会使用户产生心流体验，一个产品的用户体验值越高，用户产生的心流就越高，因为用户会持续努力以继续获得这种感受，就会对产品产生巨大的依赖度和黏性，产品的用户体验就容易取得巨大的成功。

以下5个方法可以帮助设计师培养用户的心流体验。

1．平衡挑战与用户技能

平衡挑战与用户技能之间的差异是激发心流体验的最重要的设计原则。根据用户技能水平的差异以及两种不同类型心流体验的特点，交互设计应该采用不同的原则和方法。网站交互带来的挑战可以是视觉、内容和交互方式上的。简单来说，一个网站的一切，包括内容、信息架构、视觉设计等都对心流体验有所影响。

以娱乐为导向的心流体验设计，应该满足用户以创造性的思维来浏览和探索网站的需求，很少或根本不建立挑战，避免引起用户的焦虑。因此，网站设计主要通过视觉元素如亮丽的颜色和高对比度引起浏览者感官刺激和内心的愉悦。

在该电影网站的设计中，充分运用电影场景与人物和道具设置，给浏览者带来一种身临其境的感受。在页面中通过丰富的视觉表现，在带给用户娱乐享受的同时，也吸引用户去探索电影的内容。

专家提示

体验型网站的心流设计，应该通过在网站页面中使用更多的视觉元素来吸引浏览者的注意力从而达到心流体验。

在目标导向型的心流体验中，完成任务的难度越大就会给用户带来越多的激励，但是也会让用户感到焦虑并且在遇到困难时较少地进行创造性的思考。所以对目标导向型的心流设计来说，应该尽量减少不必要的干扰因素，为用户完成任务提供方便，包括使用较少的视觉元素、即时地提供明确的反馈，也就是说要提高互动设计的可用性。除此之外，对于目标导向型的互动设计，加入适当的娱乐元素比单纯的目标导向操作更能够激发心流体验，例如定制个性化的界面。

“百度”就是一个典型的目标导向型网站，其页面采用极简化的设计使其功能突出，减少对用户操作的干扰。同时它也提供了个性化的页面风格，当用户通过所注册的账号登录以后，可以看到在其主体搜索功能的下方显示了相应的推荐信息，并且页面背景显示了个性化的背景图片，增强了搜索页面的个性与趣味性。

用户成功登录后，“百度”网站首页中主体搜索功能下方的推荐内容不仅可以让用户自定义感兴趣的内容，而且也可以自定义隐藏该部分内容。并且在网站左上角位置提供了多种个性化定制功能，例如可以定制天气预报，根据自己的喜好选择不同的背景图片等。个性化的设计增加了用户对“百度”网站的访问率和忠诚度。

技巧点拨

当网站的交互操作特别困难或者无聊时，用户通常很难有足够的动力去完成它。这个时候，故事性的描述通常能够有效地激励用户，吸引用户的浏览。

2．提供探索的可能

心流的定义告诉我们，当用户的技能超过网站交互操作带来的挑战时，用户就不会全身心地投入到网站体验中，甚至会觉得无聊。为了避免这种情况的出现，交互设计必须提供探索更多功能和任务的可能性。

对于以内容诉求为主的交互设计，例如新闻类网站，需要及时更新内容并通过适当的方式吸引用户的注意。

例如“凤凰网”的社会新闻频道首页，在页面右侧的广告图片下方提供了热门的社会新闻资讯排行，按照3种方式组织排序，分别是“即时排行”“24小时排行”和“评论排行”。即使这些新闻的选择不是基于每个用户，但也反映了多数用户的关注点，因此能够抓住用户的注意力。

以功能诉求为主的交互设计，例如在线购物网站等，可以通过扩展交互功能的方式帮助用户进行探索。

例如“京东”网站的商品页面中，不仅为用户提供了商品分享、商品收藏、用户评论、在线咨询等交互操作。还为用户提供了商品对比的功能，单击商品图片下方的“对比”选项，即可将该商品加入到页面底部的对比栏中，帮助用户探索页面中更多的交互功能。

3．吸引用户注意并避免干扰

将用户的注意力集中到正在执行的任务上，是实现心流体验的基本要素之一。网站交互应该通过合理的设计，长时间吸引用户的注意力，避免干扰。因此，应该尽量避免使用弹出式对话框，即使一定要出现，也应该采用合适的形式和语气。很多网站在设计时就试图把对话框的出现频率降到最低。

大小不一的矩阵图片展示方式打破重复带来的密集感，为用户的浏览带来乐趣。并且这样的表现方式使得页面表现更具有活力。

这是某品牌的男装网站，页面的设计非常简洁，通过矩形块拼接的方式突出商品的展示。虽然网站导航位于页面顶部，但是并没有使用背景颜色来突出表现，所以页面中的商品图片的视觉重量明显高于顶部导航。并且在页面中的每个商品图片都添加了相应的交互效果，当鼠标指针移至图片上方时，会显示背景色块以及相应的介绍文字，这样既突出了各商品的表现，又不会影响商品信息的展示。

另外一个避免干扰的方法是通过交互动画效果来实现两个屏幕显示的切换。尽管动画在交互设计中可以以很多方式出现，但是这样的方式会让用户明白页面是怎样发生变化的，避免用户需要花费精力去搞清楚这两个页面是如何进行切换的，也有助于将用户的注意力集中在交互操作上。

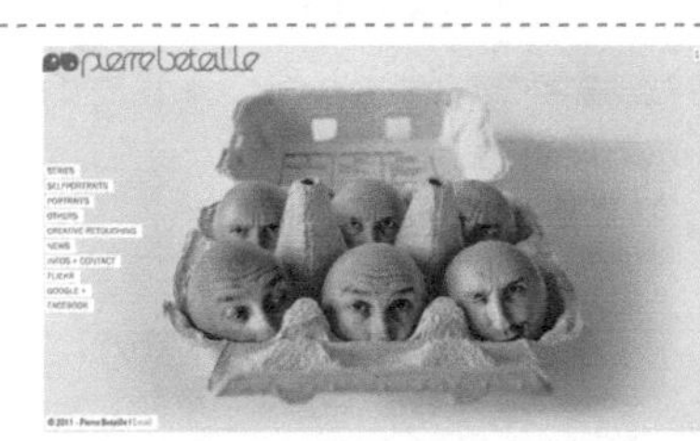

例如该个性化的图片摄影网站。当用户单击左侧导航菜单中的任意一个选项后，即会以交互动画的方式在页面中呈现相应的内容，但是页面的大小、导航位置、背景等均不会发现任何变化，保证了页面切换的连续性，也使得用户在网站的交互操作中能够获得愉悦感。

专家提示

在网站中，具有联系的页面之间使用交互动画的方式来显示页面的过渡和切换效果，不仅不会干扰用户在网站中的操作，而且有助于其保持心流状态。

4．给用户控制感

心流体验要求建立用户对网站交互的控制感。目前交互设计中常用的适应性界面，即交互产品自动根据用户的行为调整界面设计，尽管从某种程度上让互动产品看起来非常人性化和智能化，但是剥夺了用户对界面的控制权，实际上有损用户的心流体验。合理的解决方案就是不要让交互设计决定界面该怎么变化，而是全权交给用户来决定。

这是一个设计网站页面，页面中的信息内容较少。在首页，通过交互操作的方式来展示最新的项目作品，但是其并没有采用自动轮换展示的方式，而是将控制权交给用户。用户可以通过鼠标滚动页面的方式或者单击页面下方具有引导提示的向下箭头，也可以单击页面右侧的小圆点在各项目展示之间进行切换，选择需要查看的项目。用户掌握了交互操作的控制权，使用户更有兴趣去探索网站中的内容。

5．合理利用用户对时间的失真感

处于心流状态时，用户常常感觉不到时间的流逝。但是，如果交互过程被中断，用户会认为他们花费了比实际长的时间进行操作，这种现象被称为相对主观时间持续感。除此之外，如果让用户执行一系列复杂的网站任务，并给予相应的帮助，然后要求用户估计他执行每个任务的时间，通常的结果是，任务越困难用户越认为他们花了比实际长的时间去处理。尽管这个发现不能转化为直接的交互设计原则，但是相对主观时间持续感可以用来测试干扰和任务设计的难度和复杂度，有助于设计决策。

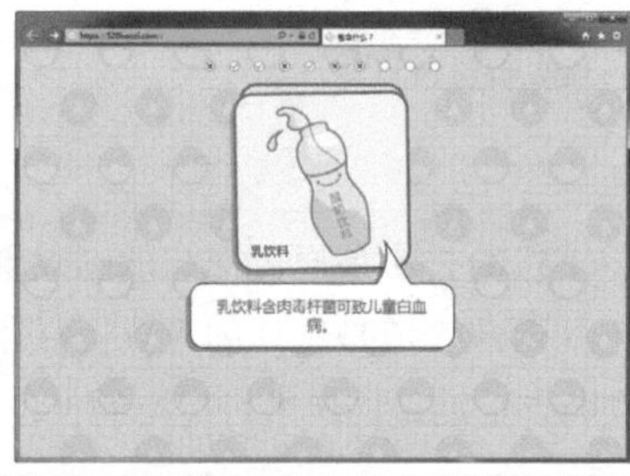

这是一个有关食品安全的交互网站。该网站打破了以往用户被动接受知识的方式，而是采用交互小游戏的方式，使用户沉浸在网站页面的交互操作中，从而主动地接受网站中所宣传的相关食品安全知识。用户在网站的交互操作中，往往会忘记时间的存在。交互方式便捷且很容易理解，能够有效地激发用户的心流体验。

6.2.4 用户体验的经验设计

心流体验理论是用户情感体验的重要内容，用户的心流体验能显著地影响网站用户黏性。根据以上的分析，在用户体验设计中，要让网站给用户带来心流体验，应该从以下 4 个方面入手。

（1）故事化：让用户从事的浏览活动具有一定的故事情节，吸引用户融入其中。

（2）目标化：让所开发的网站有一个明确的行为目标，而且让用户较容易地产生目标。

（3）步骤化：让用户在实现自己目标的过程中分出明确的步骤，让其对整个过程有可控性。

（4）可对话：给用户充足的反馈，在合适的时候给出合适的结果提示，让用户明确自己的位置。

6.3 沉浸感设计

在网站设计中，既包含丰富的感官经验，又包含丰富的认知体验的活动才能创造最令人投入的心流。沉浸式设计要尽可能排除用户关注内容之外的所有干扰，让用户能够顺利地集中注意力去执行其预期的行为，并且可能会利用用户高度集中的注意力来引导其产生某些情感与体验。

6.3.1 什么是沉浸感

沉浸感也称为临场感，最早用于虚拟现实，指用户感觉其作为主角存在于模拟环境中的真实程度。在网站设计中，良好的沉浸感可以使用户被网站深深地吸引，从而获得更好的用户情感体验。

在某些资料中，沉浸感被认为和存在感是同一概念，但实际上，两者有很大的区别。存在感强调对虚拟环境的感官知觉，主要用于描述现实技术带来的感知仿真性。沉浸感则强调对虚拟存在的心理感受，不一定是在虚拟的环境中，也可以用来描述任何置身非现实世界的体验，如对文学世界的沉浸等。

沉浸感经常被认为是游戏中用户体验的重要维度。游戏中的沉浸感可以分为两个层次：一是由叙事所构建的游戏世界；二是玩家对互动参与游戏策略的兴趣。这两者在一定程度上是互斥的，因为游戏中的叙事目前主要是通过线性视频来实现的，不需要玩家的参与，所以，强调叙事就会增加视频而减少玩家的互动参与；反之亦然。

6.3.2 沉浸感设计原则

网站设计需要实现用户的沉浸感，通过沉浸在网站所营造的世界中，用户更加容易体验心流，从而享受网站设计所带来的心理和精神上的愉悦体验。实现沉浸感的设计原则如下。

1．多感知体验设计

多感知指除了一般计算机所具有的视觉能力外，网站设计还应该具有听觉、触觉，甚至味觉和嗅觉等感知能力，这些主要是通过多媒体技术来实现的。

专家提示

现代多媒体技术是将声音、视频、图像、动画等各种媒体表现方式集于一体的信息处理技术，它可以把外部的媒体信息，通过计算机加工处理后，以图片、文字、声音、动画、影像等多种方式输出，以实现丰富的动态表现。通过多媒体技术激发用户的多感知体验。

理想的网站设计应该能够激发用户的一切感知，但是由于目前基于网络的互动设备一般是由显示器、音响、鼠标和键盘等组成的，因此用户经常体验的是视觉和听觉。但是由于人的各种感知相互连通、相互作用，因此对视觉和听觉信息的巧妙设计有时也会引起用户其他的感知体验。

这是一个牛奶产品的活动宣传网站。在网站页面中，大自然的背景与音乐搭配自然的场景设计，给浏览者带来一种舒适、自然的心理感受，而不会对该产品广告感到厌烦。页面中的元素也都采用了交互设计的方式进行呈现，当浏览者单击页面中的某个元素，则会在弹出窗口中以音频故事的方式来阐述每个普通人的梦想和心愿，很容易激发浏览者的情感共鸣，使浏览者沉浸于网站中。

在网站设计中，色彩和构图是实现用户感知的重要途径，每种颜色都会反映一定的情感，这些情感会触发用户的其他感知。反过来，在进行网站设计时，也可以通过其他的感知来指导网页的配色。

在该网站的页面设计中，使用高清晰的通栏美食图片作为页面的背景，在页面中占据绝对大的视觉比重，并且当鼠标指针移至图片上方时，还会出现相应的交互效果。简单的构图和大尺寸的图片突出了美食的诱惑力，也在一定程度上引起了用户的味觉体验。

2．直接操作的交互设计

用户在生活中与产品的互动不会通过点击按钮去触发，而是直接操作。营造沉浸感的交互设计，不应该通过对话框或者命令来实现某项功能，而应该通过直接操作。例如用户看见门上的把手，就会采取推或者拉的行为将门直接打开。因此，合理的设计应该打破界面的限制，将直接操作作为理想的互动方式。

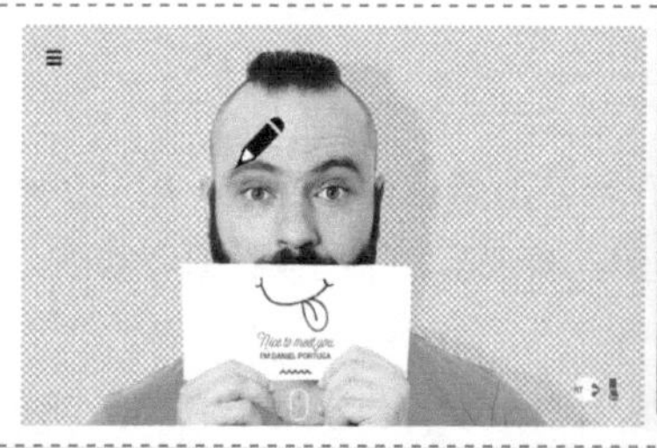

这是一个非常个性的设计类网站，当打开该网站页面时，页面中的光标会显示为铅笔形状，可以模拟现实生活中的使用方法绘制任何你想要的图形，增强了页面的趣味性。并且在网站右下角还设置了一个开关按钮，单击该开关按钮，结合动画与声音的表现实现页面背景的切换。该开关按钮的图形与交互表现都是完全模拟现实生活中的表现，具有很强的个性。

3．超越界面的设计

界面设计的终极目标就是让人们根本感觉不到物理界面的存在，使交互操作更加自然，类似于现实世界中人与物的互动方式。随着技术的发展，这一天一定会到来。在目前浏览器和鼠标为主的互动条件下，设计师也采用一些方式来打破“界”的限制，将互动空间和互动方式进行扩展，其中一个趋势就是三维界面。

三维界面是将用户界面及界面元素以三维的形式显示，从而在浏览器中创造一个虚拟的三维世界。三维界面具有丰富的多媒体表现力、很强的娱乐性和互动性。三维界面使用虚拟现实技术模仿真实世界，因此，声音、影像和动画元素是必不可少的。

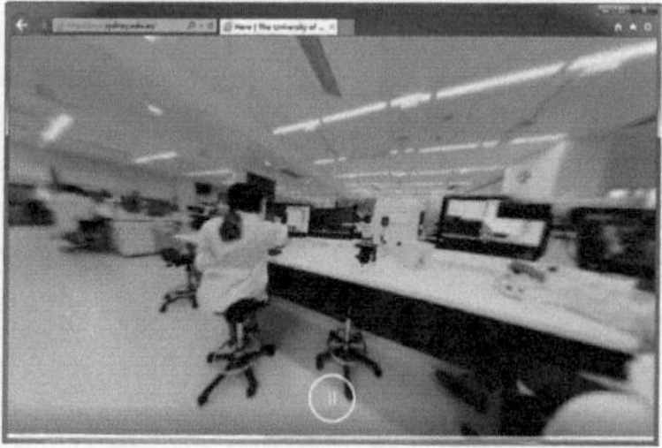

该学校介绍网站就是利用影像来塑造沉浸空间的，它将实景拍摄的校园影像与网页结合，营造了一个真实的校园概貌。在网页中，通过鼠标的拖动控制，浏览者行走在计算机数据所建构的虚拟世界中，感觉就像真的行走在校园中的各个角落，或仰视，或俯视，完全是一种身临其境的感觉。

技巧点拨

目前网页中的三维效果主要是通过全景视频来实现的，通过拍摄真实世界，然后利用拼接柱形或球形的全景图来实现。全景视频是连续的全景图片展示形式，可以在任意一点展示 360o 全景图片，突破了点与点断连接的方式。

专家提示

与二维界面相比，除了视觉元素呈现三维立体感之外，三维界面中的音效也是立体、富有真实感的。在三维界面中，动态视频影像仍然是不可或缺的媒体要素，并且是实时渲染的，增强了界面的互动能力。

与二维网页相比，三维网页具有更强的娱乐性和交互性，比较适合虚拟博物馆、景点宣传、网上商店以及网络游戏等领域。

6.3.3　沉浸感在游戏网站中的应用

1．尽可能打造一个偏真实的场景

用户往往对真实的场景有一种亲近感。因此，如果能够将真实场景融入网站设计中，很容易让用户产生一种愿意自我代入情境的感觉，有利于引起他们对网站中其他内容的兴趣。

昏暗的背景，质感的纹理表现，配合场景动画的渲染，使用户仿佛置身其中

逼真的游戏场景配合视频、动画、音效的效果表现，浏览者打开网站就能够被精美的视听感受所吸引，仿佛置身于虚幻的游戏世界当中，从而对该游戏产生兴趣，并能够逐渐沉浸其中。

2．通过讲故事来带动用户的情绪

生动有趣的情节能够将用户吸引到整个故事中，这对引起用户情感上的共鸣很有效果。故事情节不仅可以带动用户的情绪，也能够让用户顺势展开想象，逐渐沉浸在网站中。

在该游戏网站的设计中，在首页通过游戏场景搭配简洁的故事介绍情节，并没有过多的其他内容，用户可以通过左右箭头按钮来浏览故事情节，容易沉浸到游戏故事当中。

3．利用小的交互设计让用户充分参与到网站中

用户长时间观看容易进入疲劳阶段，此时，如果出现一个非常适宜的小交互操作，让用户亲自操作去得到相应的效果，无疑可以将用户的情绪重新唤醒至兴奋状态。

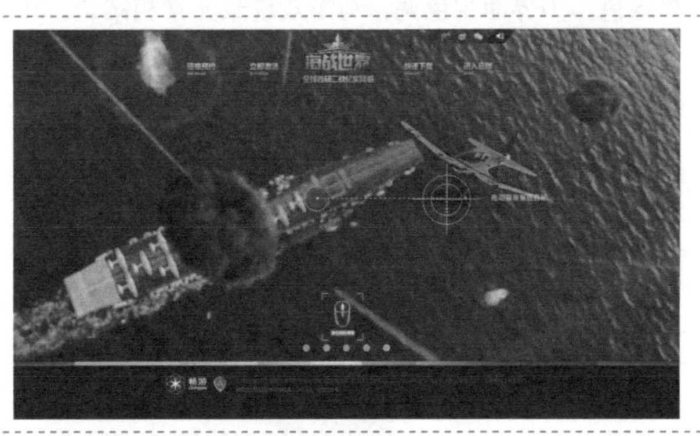

这是一款游戏的宣传介绍页面，为了使用户能够参与到游戏中来，在网页中设计了简单的互动操作，只需要通过鼠标的操作就能够模拟表现出游戏的场景，从而更加地吸引用户。

4．尝试唤醒用户内心潜在的情绪

这方面其实在目前朋友圈里广泛传播的一些 HTML5 页面中有很好的体现，我们可以想象一下当我们体验完一个 HTML 页面准备分享的那一刻，除了对创意、执行、技术方面的赞叹以外，是不是还有别的原因？我想，一定还触发了你内心的情绪，从而使你看完后会心甘情愿地帮忙去推广。

这是“必胜客”在移动端的一个新品宣传推广活动页面设计，精美的设计风格、简洁的构图、引人入胜的文案综合在一起，带领用户逐步了解该新产品的原料以及创作手法，最后再通过优惠券来诱惑用户，怎能不唤醒用户蠢蠢欲动的心呢。

6.3.4 实战分析：设计休闲游戏网站

在游戏网站界面中，经常会使用一些游戏中的虚拟人物和卡通场景或一些卡通插图来对页面进行装饰和设计，从而使页面的整体氛围具有沉浸感。本案例设计一款休闲游戏网站页面，将游戏场景与网站页面相结合，多处使用游戏场景中的元素，使浏览者仿佛置身于该游戏中。

1．色彩分析

本案例的游戏网站页面使用蓝色和绿色作为界面主色调，与游戏场景元素相结合，在网页界面中构成一幅完美的场景。在页面中，部分区域使用黄色和橙色进行点缀，使得页面中的色彩鲜艳、丰富，给人一种活泼、富有乐趣的感觉。

2．用户体验分析

本案例所设计的游戏网站页面使用上、中、下的布局形式，在页面顶部放置网页导航，中间部分为网页的正文内容区域，底部为页面的版底信息。其中，在中间部分又可以分为左右两个部分，左侧为游戏按钮和登录框。在页面设计过程中，多处使用游戏中的场景元素，将页面中各部分有机地联系在一起，从而使用户仿佛置身于游戏的虚幻场景中，给用户带来沉浸感。整个网站页面与该款游戏的风格统一，结构清晰。

3．设计步骤解析

（1）在 Photoshop 中新建文档，将页面尺寸设置为 1003 像素 ×1110 像素。在页面顶部绘制矩形，再拖入网站 Logo 并输入相应的文字，制作出该综合网站的顶部链接选项。

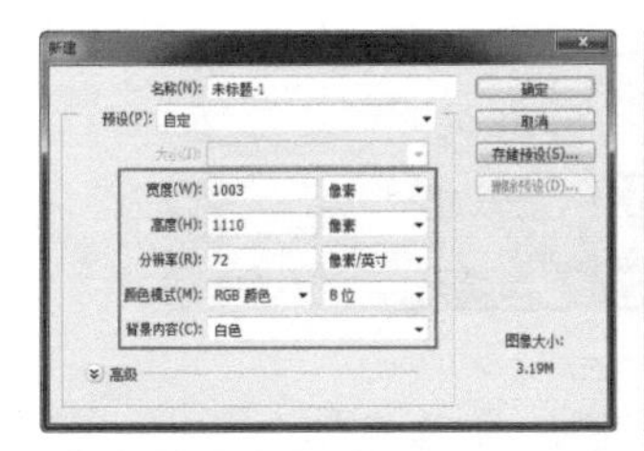
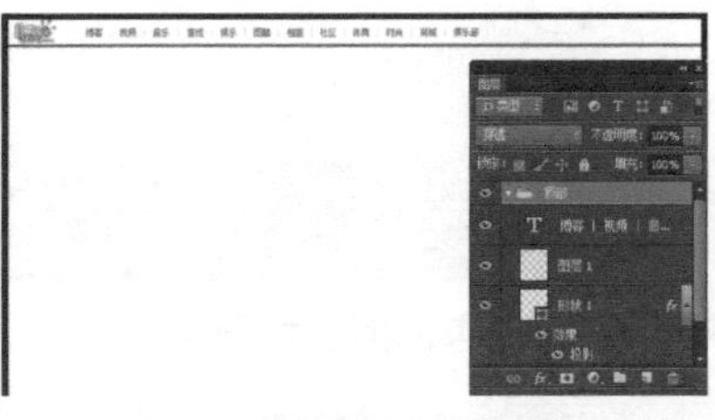

（2）拖入各种游戏场景中的素材进行处理来丰富页面的背景效果，使得页面背景的表现与游戏场景相一致，体现出游戏的特点。在页面左上角位置放置该游戏的 Logo，右上角设计该网站的导航菜单，通过图层样式的添加突出导航菜单的质感。

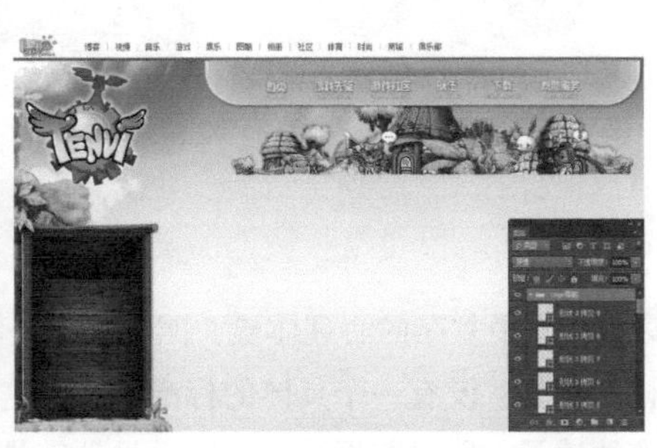

（3）在页面左侧 Logo 的下方设计开始游戏的按钮，通过游戏元素与文字相结合进行表现，后期还可以制作成交互动画的效果，从而使页面的表现更富有乐趣。在开始游戏按钮的下方设计网站登录框，通过背景色块来突出登录元素，简洁的表单元素、清晰的设计，都为用户的登录操作提供了方便。

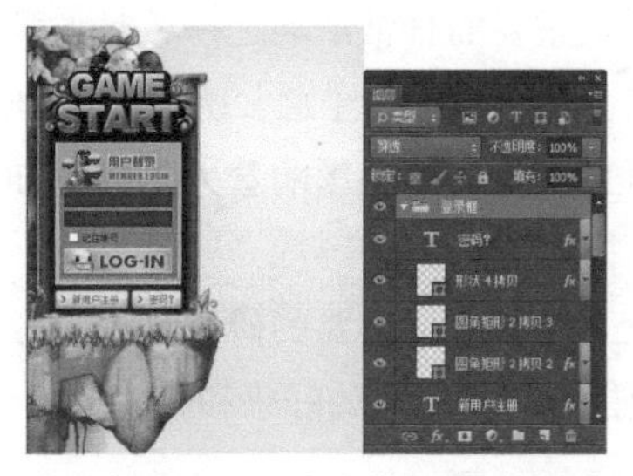

（4）在页面正文内容的上方设计一个最新活动的轮换图，并为其添加红橙色的圆角边框，突出最新活动的表现，并丰富页面的表现效果。通过图文相结合的方式来表现页面中其他栏目的内容，并与游戏相关的元素相结合。

（5）在页面版底部分添加相应的版底信息，并在版底部分添加游戏中相应的角色元素，丰富页面的表现效果。

（6）完成该休闲游戏网站页面的设计制作。

6.4 情感化设计

情感是人类最敏感、最复杂的心理体验。网页设计经常讲到要简洁、要大气，这些都过于宽泛，什么是简洁？怎样算大气？没有一个具体的标准。所有这些都是靠网页设计师主观去判断，主观的东西就往往会带有情感了。所以归根结底，网页设计就是将情感融入里面的一种设计，也就是我们今天要讲的情感化设计。

6.4.1 什么是情感化设计

传达情感是人类最重要的日常活动之一，是人类适应生存的心理工具，也是人际交流的重要手段。情感化设计是指旨在引起用户注意、诱发用户的情绪反应（有意识的和无意识的），从而提高执行特定行为的可能性的设计。情感影响着人类的感知、行为和思维方式，进而影响了人类与一切事物及其他个体的互动行为。

人性化是人机交互学科中很重要的研究，充分考虑到用户的心理感受，将产品化身成一个有个性、有脾气的人，更能够得到用户的好感和共鸣。

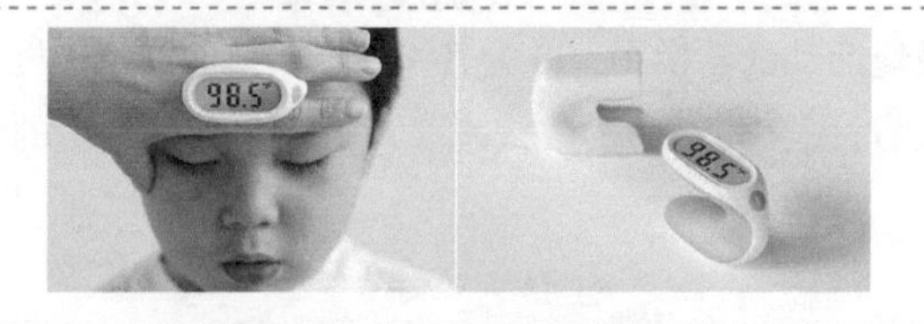

该温度计产品设计将充满距离感的温度计和手结合在一起，让我们用最自然的方式来给孩子量体温。这样的设计是不是更加人性化，更加能够引起用户的情感共鸣呢？

产品真正的价值是可以满人们的情感需要，最重要的一个需要是建立其自我形象和其在社会中的位置。当产品触及用户的内心，使用户产生情感的变化，产品便不再冷冰冰，用户通过眼前的产品，看到的是设计师为了用户的使用体验，对每一个细节的用心琢磨，即便是批量生产也依然有量身定制的感觉。

6.4.2 网站情感化设计的 3 个层次

从设计角度来看，没有情感因素的网站会让人感觉非常冰冷，无法与用户建立起良好的情感联系。通常，用户在与网站进行交互时会产生 3 种不同层次的情感体验，分别是本能体验、行为体验和反思体验。根据这 3 个层次的不同特点，网站交互设计也应该遵循不同的设计原则，从而建立起网站与用户之间的情感纽带。

1．本能体验

本能体验是指在交互操作发生之前，用户对网站的视觉、听觉、触觉等感官感觉的本能反应，也被称为直觉反应。简单来说，本能体验就是指网站设计给用户带来的感官刺激，一般指用户界面、专题、视觉风格等设计对用户的刺激。

> **专家提示**
>
> 本能体验通常是由网站的视觉表现所激发的，形成了用户对网站的第一印象，可以很快帮助用户做出什么好、什么不好、是否安全等判断。

本能体验设计的基本要求是符合人类的本能。本能体验是用户情感体验的基础，也是网站能否引起用户的兴趣，进而产生后续两个体验过程的决定因素。

流畅的满屏动画背景，给用户带来很强的沉浸感

这是某休闲游戏的宣传网站页面，页面使用精美的满屏动画作为页面，充分展现出该游戏的场景及娱乐性，引起浏览者关注并产生好奇心。页面中的信息内容较少，叠加在动画上方表现，并且为相应的按钮添加交互效果，从而使页面表现出很强的娱乐性，给用户带来愉悦和轻松感。

> **技巧点拨**
>
> 本能体验的设计超越了文化和地域的限制，好的本能体验设计会在不同文化和地域的用户中达成共识。在网站设计中，本能体验设计更加关注网站内容的直观性和感性设计，使用户的视觉、听觉甚至是触觉处于支配地位。

2．行为体验

行为体验是情感体验的中间层，发生在用户与网站的交互操作过程中。在行为体验中，用户开始真正使用网站，与网站进行互动，超越了感官的视觉层面，开始在网站中有了实际的操作行为。

行为体验的设计讲解的是效用和性能。行为体验的设计原则应该包含 4 个方面：功能、易懂性、可用性和物理感觉。以往的交互设计基本都考虑了这个水平上的用户体验，尤其是对可用性的强调，已经成为交互设计的首要关注点。

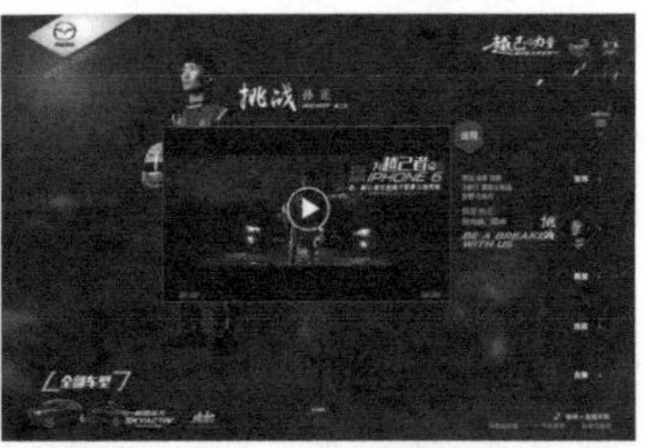

该汽车活动宣传网站内容较少，整个网站以交互的方式展现，能够给浏览者带来很强的交互体验感。页面使用明度非常低的图片作为背景，搭配高饱和度的红色汽车以及白色与红色搭配的主题文字，产品与主题信息非常突出。其他每个页面都以一段视频的方式来表现产品，搭配动感的背景音乐，更加能够渲染整体的氛围。

> **专家提示**
>
> 行为体验的设计以理解用户的需求和期望为起点，强调以用户为中心。用户的行为体验可以增强和约束较低层的本能体验和较高层的反思体验。反之，行为体验也受到本能体验和反思体验的制约。

3. 反思体验

反思体验设计位于用户情感体验的最高层，是由于本能体验和行为体验的作用而在用户内心中产生的更深层的情感体验。反思体验的设计注重信息、文化以及网站功能的意义。

反思体验建立在行为体验的基础之上，和本能体验没有很直接的联系。因为反思体验主要依靠加强记忆和重新评估认知过程，而不是通过直接的视觉感官产生。但这并不是说，本能体验的好坏不影响用户的反思体验，而是反思体验更加注重用户在网站的交互体验与网站设计的内在联系，随着时间的推移，将网站的意义和价值与网站本身联系起来，决定了用户对网站的总体印象。

激发用户情感体验的有效方法之一就是增加设计的趣味性。例如该饮料的节日活动页面，将传统节日元素与产品形象巧妙地结合起来，并通过动画的方式展示给用户，增加了设计的趣味性，吸引了用户的参与。在用户与网站互动的过程中，品牌与产品自然会被用户关注和接受。

专家提示

反思体验不仅仅是互动过程中的一种体验，更是互动之后用户对网站意义和价值的体会，从而建立起长期的用户与产品的关系。因此，反思体验设计关注的文化意义和带给用户的感受和想法，超越网站可用、易用的特性，让用户得到情感上的升华与反思。

6.4.3 网站情感化设计方法

根据产品设计的不同层次对应产品设计的不同环境，互联网产品情感化设计的着力点也有所差异。互联网产品的情感化设计，主要针对产品的界面和视觉表现效果。

1. 别出心裁的创意

创意是设计的灵魂。设计的基本概念是人为了实现意图的创造性活动，它有两个基本要素：一是人的目的性，二是活动的创造性。人们最初设计出一些东西，往往只是为了方便自己的生活，注重实用性。但是日子一长，人们往往会觉得这些作品变得枯燥乏味，于是开始探寻一条新的设计之路，将感性的情感和抽象的创意思维融入设计中去，于是便有了与众不同的设计理念，将设计变成了一件有意义的事情。

该设计公司的网站非常特别，网站页面的设计非常简洁，在页面中间位置使用各种符号图形与字母相结合来表现网站的主题，主题表现具有很强的个性和设计感。当用户滚动鼠标时，页面会通过非常自然的交互动画切换到下一个需要显示的页面内容中，无论是页面的构图还是流畅的交互动画效果，都给浏览者留下了深刻的印象，也表现出了该设计企业的独特创意。

2. 打动人心的色彩

通常当用户浏览网页的时候，留下的第一印象就是网页的色彩设计。网页中色彩要素的设计主要包括网页的主色调、文字的颜色和图片的色调等。

该产品宣传网站使用绿色作为页面的主色调，搭配同色系的黄绿色，使整个页面表现出清新、自然的氛围。页面中木纹素材的运用，强化了整个网站所需要表现的自然、纯净、健康的理念。网站的色彩搭配特别能够打动人心，给人留下舒适、自然的印象。

3．合理统一的布局

一个网页布局的成功与否在于它的元素编排是否能够有利于信息传达以及是否能让用户产生视觉记忆。网页的布局是指在一个有限的网页界面中，将图形、文字、色彩等多种元素进行有机的组合、合理的编排，构成整个画面的和谐统一、均衡调和。以人为本的情感化设计也正是网页布局中应该重视的内容。合理的布局，以易操作性为主导思想，使用户在使用过程中觉得便捷、高效，并能够产生情感依赖是一个网页设计成功的标志。

在该旅游网站中，在页面首屏使用该旅游目的地的全景图片充分展示该旅游目的地的风景，从而有效地引起关注。向下拖动页面，则通过相应的布局方式分别介绍了该旅游目的地的景点、酒店、美食等内容。简洁而统一的布局方式带来一种简洁、舒适的感受。

4．方便易用的功能

设计的最初目的是使生产生活工具变得简单易用，所以在网页设计中，设计师应该以易操作性为设计的前提，方便易用的功能能够帮助用户更快地接受这个应用，更好地进行操作。

5．和谐统一的交互

交互设计是一种如何让产品易用、有效，并且可以让人产生愉悦心情的技术，是决定网页设计是否成功的一项重要环节。一个好的应用，是可以进行交互，活生生地动起来，完成用户的需求和情感表达的。网页应用界面中的人机交互则需要设计师灵活运用各种设计方法，让人机信息交互顺利地进行，使设计的产品更加打动人心。

这是微软公司一款产品的交互网站设计。在页面的首屏位置，对相关的产品使用交互的方式进行展示，并且不同的产品采用了不同的背景颜色进行区别，非常容易辨识。该部分内容能够间隔一定时间自动进行切换，用户也可以通过右侧的垂直菜单选项来进行控制。流畅的交互效果与便捷的用户控制，给用户带来强烈的心理满足感，并且页面内容简洁，主题明确，交互操作统一，这些都能够提升用户浏览网站时的愉悦感。

6.5 美感设计

设计的目的之一就是传达美感，交互设计应该在交互过程中为用户创造出一种美感体验。

6.5.1 什么是美感设计

我们通常所说的美感是狭义上的，也叫审美感受，是审美主体在审美活动中由具体的审美对象所激起的兴奋愉悦等情感状态。广义上的美感叫作审美意识，是审美活动的各个方面和各种表现形态，包括审美感受、审美体验、审美观点、审美理想等共同组成的审美意识系统。

不管是狭义的还是广义的定义，美感体验都是多维的，并且对不同的审美客体有不同的评价标准。美学可用性的研究表明，那些审美上令人愉悦的界面设计更容易被用户接受，而那些不吸引人的界面则不容易被用户接受。

该果汁饮料宣传网站页面运用倾斜的分割方式对页面内容进行分割处理，使页面表现出现代感；将产品图片与该饮料的原材料素材叠加在内容上方进行放置，有效突出产品的表现；三维空间感、对比的配色有效突出橙色果汁饮品的表现效果。页面整体给人的感觉清爽而醒目。

该轮胎品牌的宣传网站首页使用该产品在不同场景的图片进行倾斜拼接，构成页面的主体图像，明确表现该轮胎产品的使用场景；并且倾斜拼接的方式能够表现出运动感与速度感，与该产品形象相符。在该网站的二级页面中，在页面底部以年代的方式突出表现其品牌发展的历程，而每个页面都采用了该年代产品图片加上简单介绍文字的方式，非常清晰、直观。

6.5.2 交互设计中的美感体验

网络交互的发展冲破了技术的牢笼，为交互设计带来了更多的可能性和创造性。同时，新的互动形式拓展了美感的内涵，信息技术放大旧有的美感价值并创造出新式的美感体验。交互设计中的美观体验不仅来自产品的静态造型和功能性、可用性，更是一种潜在的用户和产品在交互过程中所产生的“交互美感”。

交互美感包含外观、活动及角色的丰富性，我们可以将交互美感总结为以下 5 个必要条件。

- 产品功能的合适性及性能；
- 使用者的欲望、需求、兴趣及技能（感知、认识及情感的）；
- 一般的背景；

- 所有感觉的丰富性；
- 创造故事及习惯的可能性。

具体来说，这些美感要素包括了无障碍的基本沟通、用户生活经验的嵌入、与环境背景的关系、感知的多元化以及经验个人化的创造及保留。

由此可见，美感体验是一种涉及感官、心理认知和情感的综合体验。激发美感体验的交互设计不仅包括用户对过去经验的回顾和总结，也构成了用户改变未来，创造更深层次感官、认知和情感体验的基础和核心。

这是一个汽车宣传网站，页面使用偏灰暗的色调作为背景，能够有效突出汽车产品的表现效果，并且汽车产品采用了倾斜的构图方式，表现出很强的运动感。该网站页面采用了交互操作的方式表现页面内容，在网站首页面的中心位置，用图标来提示用户，可以在页面中通过拖动页面的交互方式来浏览页面内容。网站中每个页面的内容都较少，通过大图与简单的文字介绍方式来介绍汽车产品。网站中交互操作的运用使页面的表现效果更加富有科技感和动感，给人完美的感官体验。

6.6 善用色彩情感

世界上任何东西，其形象和色彩都会影响我们的感情。某一种色彩或色调的出现，往往会引起人们对生活的美妙联想和情感上的共鸣。这就是色彩视觉通过形象思维而产生的心理作用。而当用户体验遇上色彩情感，我们又该如何选择呢？

6.6.1 色彩属性

在运用和使用色彩前，必须掌握色彩的原色和组成要素，但最主要的还是对属性的掌握。自然界中的色彩都是通过光谱七色光产生的，因此，色相能够表现红、蓝、绿等色彩，明度可以表现色彩的明亮度，纯度可以表现色彩的鲜艳程度。

1. 色相

色相是指色彩的相貌，是区分色彩种类的名称，是色彩的最大特征。各种色相是由射入人眼的光线的光谱成分决定的。

在可见光谱中，红、橙、黄、绿、蓝、紫每一种色相都有自己的波长，它们从长到短按顺序排列，就像音乐中的音阶，有序而和谐。光谱中的色相发射着色彩的原始光，它们构成了色彩体系中的基本色相。

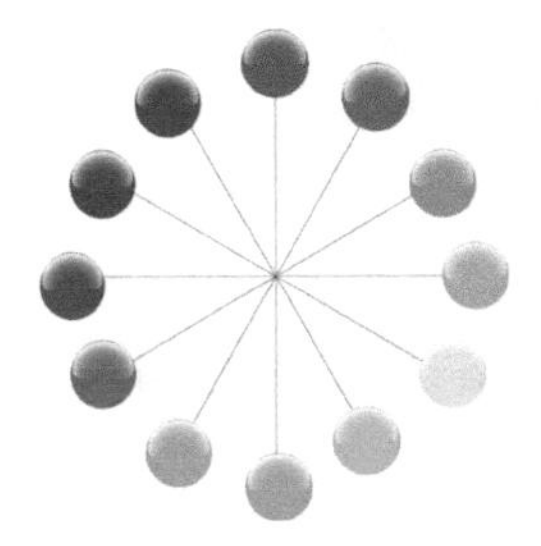

色相可以按照光谱的顺序划分为：红、红橙、黄橙、黄、黄绿、绿、绿蓝、蓝绿、蓝、蓝紫、紫、红紫 12 个基本色相。

2．明度

明度是眼睛对光源和物体表面的明暗程度的感觉，主要是由光线强弱决定的一种视觉经验。

色彩的明亮程度就是常说的明度。明亮的颜色明度高，暗淡的颜色明度低。明度最高的颜色是白色，明度最低的颜色是黑色。

3．纯度

纯度也称为饱和度，是指色彩的鲜艳程度，表示色彩中所含色彩成分的比例。色彩成分的比例越大，则色彩的纯度越高；含有色彩的成分比例越小，则色彩的纯度越低。从科学的角度看，一种颜色的鲜艳度取决于这一色相发射光的单一程度。不同的色相不仅明度不同，纯度也不相同。

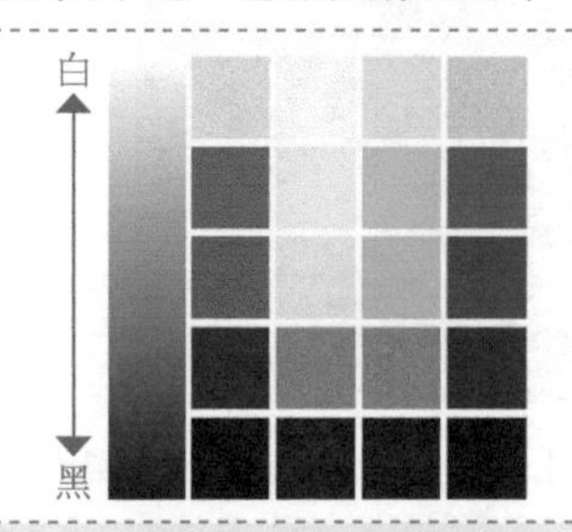

色彩的明度变化，越往上的色彩明度越高，越往下的色彩明度越低。

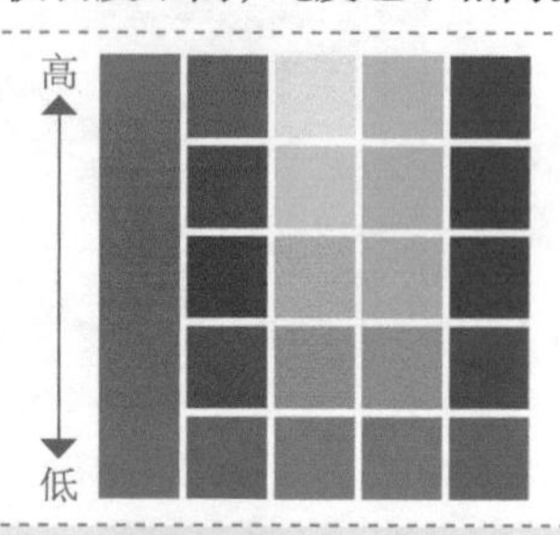

从上至下色彩纯度逐渐降低，上面是不含杂色的纯色，下面则接近了灰色。

6.6.2　网页的基本配色方法

在网站设计中，经常能够看到有着华丽、强烈色彩感的设计。大多数设计师都希望能够摆脱各种限制，表现出华丽的色彩搭配效果。但是，想要把几种色彩搭配得华丽绝对没有想象的那么简单。想要在数万种色彩中挑选合适的色彩，这就需要设计师具备出色的色彩感。

配色就是搭配几种色彩，配色方法不同，色彩感觉也不同。色彩搭配可以分为单色、类似色、补色、邻近补色、无彩色等。下面向读者介绍一些基本的配色方法。

1．单色

单色配色是指选取单一的色彩，通过在单一色彩中加入白色或黑色，从而改变该色彩明度进行配色的方法。

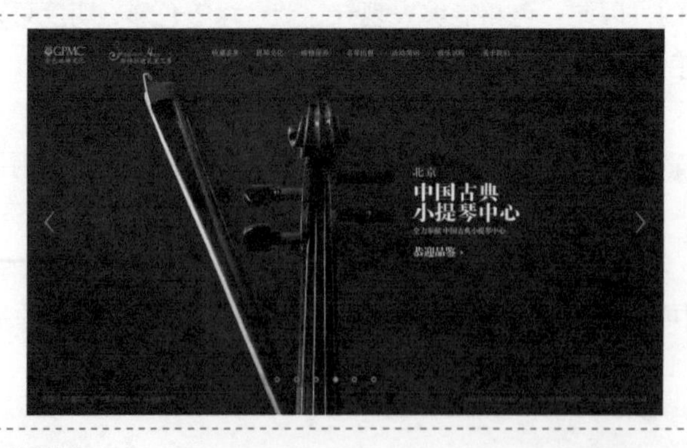

该网站页面使用中等明度的红色作为页面背景，给人一种雍容华贵的印象，很好地体现出古典的文化韵味。

2．类似色

类似色又称为邻近色，是指色相环中最邻近的色彩，色相差别较小。在 12 色相环中，凡夹角在 60° 范围之内的颜色为类似色关系。类似色配色是比较容易的一种色彩搭配方法。

该网站页面使用暖色系相邻的红色、橙色和黄色进行搭配处理，整个页面给人一种欢乐、温馨、热烈的感觉。

3．补色

补色与相似色正好相反。色相环中相对的色彩，另一面所对立的色彩就是补色。补色配色可以表现出强烈、醒目、鲜明的效果。例如，黄色是蓝紫色的补色，它可以使蓝紫色更蓝，而蓝紫色也有效衬托了黄色的表现效果。

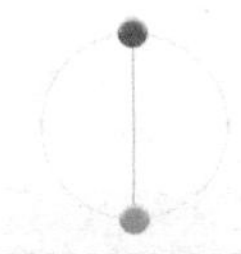

该汽车宣传网页中绿色的草地和背景与红色的汽车形成非常强烈的对比，给人很强的视觉刺激，使产品的表现醒目、强烈。

4．邻近补色

邻近补色可有两种或三种颜色构成。选择一种颜色，在色相环的另一边找到它的补色，然后使用与该补色相邻的一种或两种颜色，便构成了邻近补色。

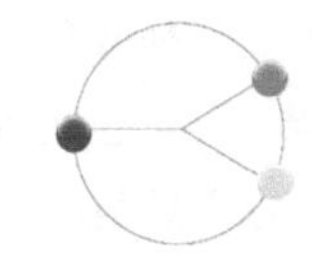

在该网页设计中，使用浅蓝色作为页面的背景色，搭配与其互为补色的红橙色和黄橙色，使页面的表现效果突出而强烈。

5．无彩色

无彩色系是指黑色和白色，以及由黑白两色相混而成的各种深浅不同的灰色系列。其中的黑色和白色是单纯的色彩，而由黑色、白色混合形成的灰色，却有着深浅意义上的不同。无彩色系的颜色只有一种基本属性，那就是“明度”。

该设计网站页面，使用无彩色的黑、白、灰进行色彩搭配，包括页面中的图片也进行了黑白去色处理，整个页面的色调表现效果统一，给人一种纯粹、简练、干净的视觉印象。为了避免页面过于沉闷，在页面局部使用红色进行点缀，使页面变得生动起来，并有效突出重点信息的表现。

6.6.3 色彩的情感意义

色彩有各种各样的心理效果和情感效果，会引起各种各样的感受和遐想。比如看见绿色的时候会联想到树叶、草地；看到蓝色时，会联想到海洋、水。不管是看见某种色彩还是听见某种色彩的名称，心里都会自动描绘出这种色彩带给我们的或喜欢、或讨厌、或开心、或悲伤的情绪。

任何网页设计师都希望能够正确地利用色彩情感含义，因为正确的颜色能为网站创造合适的情绪和气氛。

色相	色彩感受	传递情感
红色	血气、热情、主动、节庆、愤怒	力量、青春、重要性
橙色	欢乐、信任、活力、新鲜、秋天	友好、能量、独一无二
黄色	温暖、透明、快乐、希望、智慧、辉煌	幸福、热情、复古（深色调）
绿色	健康、生命、和平、宁静、安全感	增长、稳定、环保主题
蓝色	可靠、力量、冷静、信用、永恒、清爽、专业	平静、安全、开放、可靠性
紫色	智慧、想象、神秘、高尚、优雅	奢华、浪漫、女性化
黑色	深沉、黑暗、现代感	力量、柔顺、复杂
白色	朴素、纯洁、清爽、干净	简洁、简单、纯净
灰色	冷静、中立	形式、忧郁

1. 红色

红色是一种激奋的色彩，传达了兴奋、激情、奔放和欢乐的情感，能使人产生冲动、愤怒、热情、活力的感觉，对人眼刺激较大，容易造成视觉疲劳，使用时需要慎重考虑。一般不在网页中使用大面积的红色，红色常用于 Logo、导航等位置。

2. 橙色

橙色也是一种激奋的色彩，通常表现出激情、欢乐、健康等情感，具有轻快、欢欣、热烈、温馨、时尚的效果，与红色类似，也容易造成视觉疲劳。作为原色，它有吸引和激励的效果，作为次要的颜色，它也以不显眼的方式保留这些属性。橙色也有助于创造运动和能量的感觉。

在该知名饮料的活动宣传网站，页面中使用与该品牌形象统一的红色作为页面主色调，表现出喜庆与欢乐的氛围。并且为页面背景应用了皮质的纹理，使得页面背景的质感表现强烈。页面中采用卡通手绘的设计风格，使得整个页面的表现更加个性、欢乐。

该运动相关的网站页面使用橙色作为页面的主色调，给人以动感与富有活力的印象。页面中橙色的色块与背景的蓝天形成对比，有效突出橙色色块中的主体内容，并且不规则的几何状的橙色色块与运动人物相互叠加，又能够表现出页面的空间立体感。页面整体让人感觉充满活力与动感。

3. 黄色

黄色具有快乐、希望、智慧和轻快的个性，它的明度最高，有扩张的视觉效果，因此采用黄色作为主色调的网站也往往呈现出活力和快乐的情感体验。黄色还容易让人联想到黄金、宫殿等，因此也代表着高贵和富有。不同的黄色会带来不同的效果，在设计时需要注意细节的差别。

4．绿色

绿色介于冷暖两种色系之间，是一种中性的色彩。绿色能够表现出和睦、健康、安全的情感，能够创造出平衡和稳定的页面氛围。它和金黄、白色搭配，可以营造优雅、舒适的气氛，常用于表现富饶、健康、生态、医疗等行业的网站。

该耳机产品的定位为时尚年轻用户，所以其宣传网站使用了黄色作为页面的主色调，突出表现活力与时尚的个性，搭配黑色的产品以及白色的文字，表现效果清晰、简洁，使浏览者感受到活力与轻快。

该洗护产品的宣传网站，使用不同明度和纯度的绿色作为页面主色调，搭配浅灰色。纯净的绿色可视度不高，刺激性不大，使人精神放松不易疲劳，同时也表现出该产品的自然、纯粹与健康。

5．蓝色

蓝色的色感较冷，是最具凉爽、清新、专业的色彩，通常传递出冷静、沉思、智慧和自信的情感，就如同天空和海洋一样，深不可测。它和白色混合，能体现柔顺、淡雅、浪漫的气氛。同时，蓝色也是现代科技的象征色，很多科技公司都采用蓝色作为公司网站的主色调。

蓝色是一种科技感的色彩。该汽车宣传网站使用蓝色作为页面的主色调，与页面中的汽车产品本身的色彩相呼应。在页面中，通过蓝色色块对页面进行不规则的分割处理，表现出很强的动感与现代感，同时蓝色的主色调也表现出该汽车产品的科技感。

6．紫色

紫色的明度较低，给人以高贵、优雅、浪漫和神秘的情感体验。较淡的色调如薰衣草（带粉红色的色调）被认为是浪漫的，而较深的色调似乎更加豪华和神秘。但眼睛对紫色光的细微变化的分辨力很弱，容易引起疲劳。

紫色是一种非常女性化的颜色，很适合表现与女性相关的内容。该时尚女装网站页面使用紫色作为页面的主色调，通过紫色明度的变化，充分表现出女性的优雅与高贵气质；在页面中搭配高饱和度的黄色，使页面表现出活力与时尚感。

7．黑色

黑色往往代表着严肃、恐怖、冷静，具有深沉、神秘、寂静、悲哀、压抑的情感表现。它本身是无光无色的，当作为背景色时，能够很好地衬托出其他颜色，尤其与白色对比时，对比非常鲜明，白底黑字或黑底白色的可视度最高。

该洋酒宣传活动网站使用黑色作为页面的背景主色调，在背景中搭配灰色的图片素材，页面背景给人以简洁而高档的感觉。在版面中间位置搭配红色的大幅主题文字内容，与背景形成强烈的对比效果，使得主题文字的表现非常突出，表现出富有激情与梦想的情感。

8．白色

白色是全部可见光均匀混合而成的，称为全色光，具有洁白、明快、纯真、清洁与和平的情感体验。白色很少单独使用，通常都与其他颜色混合，纯粹的白色背景对于网页内容的干扰最小。

9．灰色

灰色具有平庸、平凡、谦让、中立的情感表现，它不容易产生视觉疲劳，但是也容易让人感到沉闷。当然灰色运用得当也会给人高雅、精致、含蓄的印象。

白色是最常用的网页背景颜色，能够有效地突出表现网页内容。该手机品牌宣传网站使用白色和近似白色的浅灰色作为页面主色调，使得页面表现非常纯净、简洁；为页面中不同的栏目分别点缀蓝色和红色，有效区分不同的栏目，并且为页面带来活力。

该汽车宣传网站使用浅灰色作为页面的背景主色调，与黑色的汽车产品相搭配，给人一种尊贵、高档的感觉。并且页面采用了中国风的设计风格，在页面设计中融入了水墨和毛笔字的元素，使得页面整体更加富有内涵和文化底蕴。

专家提示

在人类历史上，大师级画家和其他艺术家操控色彩的能力得到了广泛的认可。现如今，色彩的这种艺术形式在商业中得到了广泛应用，一开始是在广告行业，现在是被用于网页设计。色彩，对于人类而言，始终属于自然界最神奇的奥妙之一，永远都在激发着我们的好奇心和创造力。

6.6.4 色彩情感在网站设计中的应用

色彩是我们接触事物时首先感受到的，也是印象最深刻的。打开网站，最先感受到的并不是网站所提供的内容，而是网页中的色彩搭配所呈现出来的一种效果，各种色彩争先恐后地沿着视网膜进入在我们脑海中，色彩在无意识中影响着我们的体验和每一次点击。

1．不同性别的色彩喜好

色彩带给人的感受存在着客观上的代表性意义，但是在不同人的眼中所实际感受到的色彩存在着大大小小的差异。设计者如果想在网站设计中通过色彩恰当地传递情感，就要从多个方面考虑色彩的实用性。首先，在设计网页之前必须要确定目标群体，根据其特性找出目标群体对色彩的喜好以及可运用的素材，做好充分的选择，这对网页设计者来说是十分有帮助的。

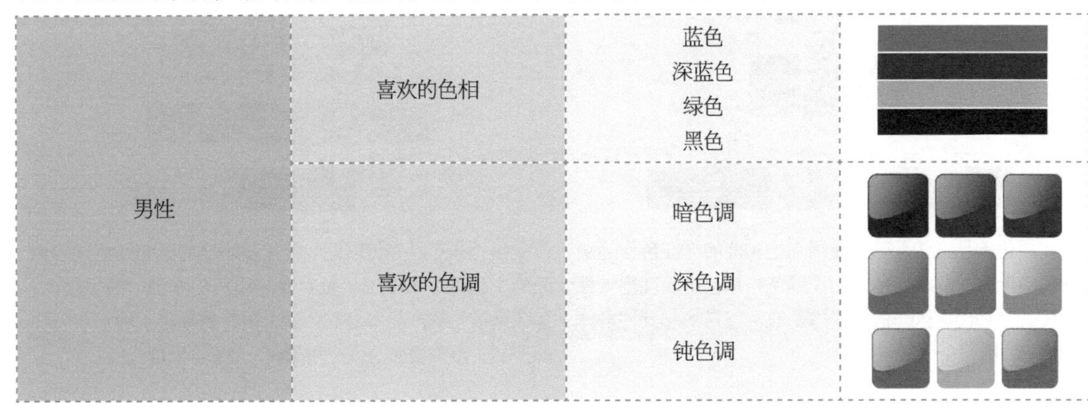

男性	喜欢的色相	蓝色 深蓝色 绿色 黑色
	喜欢的色调	暗色调
		深色调
		钝色调

该功能型运动饮料产品的宣传网站页面，使用黑色作为页面的背景主色调，搭配黑白处理的运动人物作为页面的背景，很好地体现出产品的特点。在页面中搭配中等明度的棕色和绿色，表现出该产品的活力。页面整体让人感觉富有力量与活力。

该运动健身网站使用接近黑色的深蓝色作为页面的背景主色调，搭配深暗的灰蓝色，并且与运动人物素材相结合，表现出力量与品质感。在页面局部点缀高饱和度的橙色，表现出活力，同时也有效突出页面中的重点信息。

女性	喜欢的色相	红色 粉红色 紫色 紫红色 浅蓝色
	喜欢的色调	淡色调 明亮色调 粉色调

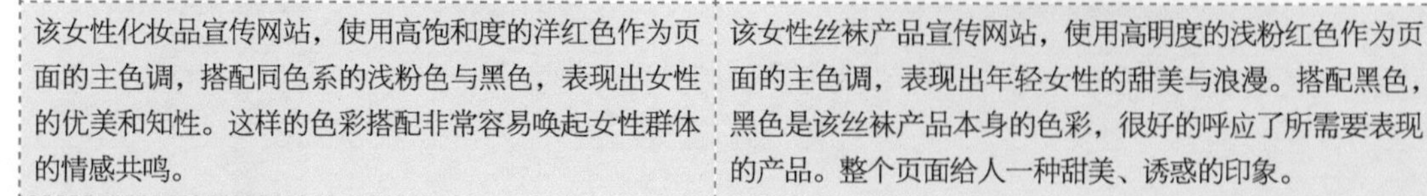

该女性化妆品宣传网站，使用高饱和度的洋红色作为页面的主色调，搭配同色系的浅粉色与黑色，表现出女性的优美和知性。这样的色彩搭配非常容易唤起女性群体的情感共鸣。

该女性丝袜产品宣传网站，使用高明度的浅粉红色作为页面的主色调，表现出年轻女性的甜美与浪漫。搭配黑色，黑色是该丝袜产品本身的色彩，很好的呼应了所需要表现的产品。整个页面给人一种甜美、诱惑的印象。

2．不同年龄段的色彩喜好

不同年龄段的人对颜色的喜好有所不同，比如老人通常偏爱灰色、棕色等，儿童通常喜爱红色、黄色等。

年龄层次	年龄	喜欢的颜色	
儿童	0~12 岁	红色、橙色、黄色等偏暖色系的纯色	
青少年	13~20 岁	以纯色为主，也会喜欢其他的亮色系或淡色	
青年	21~40 岁	红、蓝、绿等鲜艳的纯色	
中老年	41 岁以上	稳重、严肃的暗色系或暗灰色系、灰色系、冷色系	

该儿童食品网站页面采用了卡通绘画的表现风格。页面使用高饱和度的黄色作为背景主色调，给人一种明亮、欢乐的印象，搭配同属于暖色调的橙色，使得页面的表现更加活泼而愉快，局部点缀少量绿色，体现出食品的天然与健康。

该旅游景区宣传网站页面使用高饱和度的土黄色作为主色调，搭配具有传统文化韵味的人物和图形，使整个页面稳重、宁静。并且页面中多处运用富有中国传统文化特色的元素，能够满足中老年人对传统文化的情感渴求。

3．不同的色彩转化率

通过测试我们可以发现，不同的颜色对于用户点击率也会有所影响。

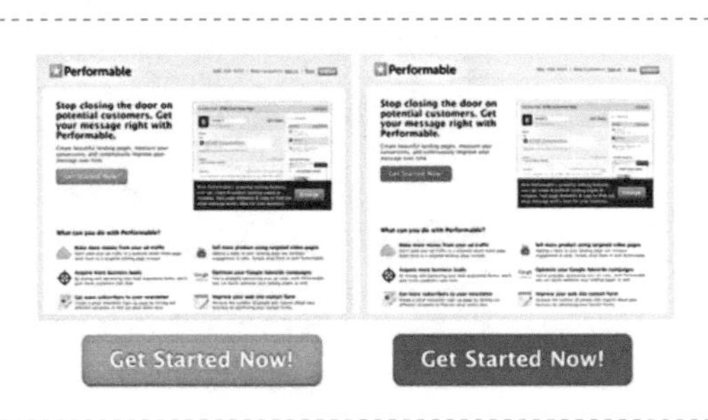

左右两个测试页面在内容上完全一致，唯一不同的是按钮的颜色。在超过 2000 人次的样本测试中，最终绿色方案的点击率超过红色方案的点击率足足 21%。因为就直觉而言，绿色代表着通行、准许通过的意思，而红色则更倾向于警告、阻止意味。

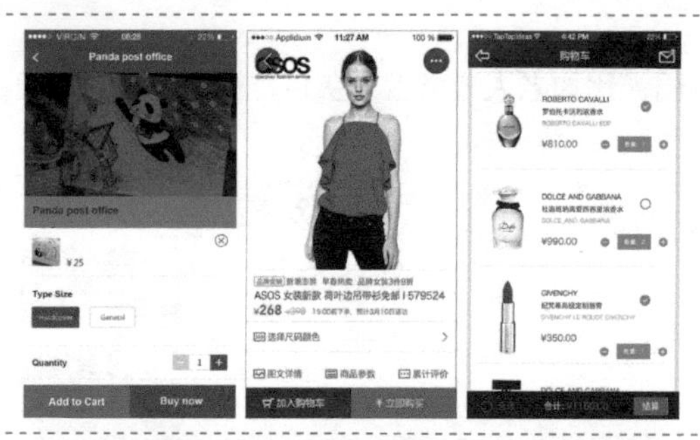

因为红色具有刺激心血的紧迫感，常出现在清仓场景，而橙色的呼叫意味浓厚，用于创建下订单、购买、出售的行动，所以红色和橙色一般用于购物网站或 App 的购买和支付按钮。另外还会用于一些错误提示页面，表示警示和提醒。

因为绿色代表着安全、通行、准许的意思，可以让人感到轻松，缓解压力。所以绿色通常用于开始按钮和下载按钮，还有成功提示的页面。

技巧点拨

当然色彩的运用不是固定死板的，并非说购买按钮一定要使用红色或橙色，而下载按钮一定要使用绿色。具体的色彩风格需要认真地了解设计需求，确定好网站的定位与给人的情感印象，例如：稳重、可信赖、活泼、简洁、科技感等。确定了网站的定位，我们就可以确定如何选择合适的色彩方向来进行设计。

6.6.5 网页配色的常见问题

在设计网页的过程中，尽管在初期掌握了一定的色彩理论，但是在实际进行配色时，难免会出现一些问题，总是觉得配色不够完善。下面对网页配色中经常遇到的问题进行总结和归纳，为读者提供参考。

1．如何培养色彩的敏感度

希望能够对色彩运用自如，不单单只靠敏锐的审美。即使没有任何美术的底子，只要做到常收集和记录，一样能够培养出敏锐的色彩感。

可以尽量多收集生活中喜欢的色彩，无论是数码的、平面的、各式各样的材质，然后将所收集的素材，依照红、橙、黄、绿、蓝、靛、紫、黑、白、灰、金、银等不同的色系分门别类，这就是最好的色彩资料库。以后在需要配色时，就可以从色彩资料库中找到适当的色彩与质感。

也要训练自己对色彩明暗的敏感度，色相的协调虽然重要，但是没有明暗度的差异，配色也不会美。在收集色彩素材时，可以同时测量一下它的亮度，或者制作从白色到黑色的亮度标尺，记录该素材最接近的亮度值。

使用明度和纯度都较高的橙色作为页面背景色，表现出激情与活力，搭配同样高纯度的绿色与红色等色彩，使整个页面表现年轻，富有激情与活力。	该网站使用绿色作为页面的主色调，并且主要是通过不同明度和饱和度的绿色相搭配，使整个页面的色调统一。在页面中，可以看到通过色调的明暗变化，有效地划分了页面中不同的内容区域。页面整体给人一种自然、和谐、统一的印象。

运用以上提供的两种方法，日积月累，对色彩的敏锐度就会越来越强。

2．通用配色理论是否适用

在浏览各种不同的网页设计时，会发现很多设计已经不能使用原先的配色原则去套用，特立独行的风格、形象、主题更令人印象深刻。

不为传统配色理论所束缚，去尝试风格新鲜的网页配色，这是时代变迁所带给人们思想观念的转变。将完全不符合原则的色彩搭配在一起，就能够创造出与众不同的视觉感。

但不是说完全摆脱传统的配色模式，而是在了解了美的范畴的原则后，能够跳出过去配色方式的局限。

该游戏网站使用高饱和度的橙色与蓝色将板面分为左右两个部分，形成对比效果，有效地突出了该页面的视觉表现效果，并且在页面中间位置将游戏人物同样运用拼接处理，给人一种非常独特的视觉效果。页面整体给人较强的视觉刺激，欢乐、富有活力。

该纯净水产品的宣传网站使用了该产品包装的蓝色作为页面的主色调，蓝色能够给人一种清爽、自然的感觉，页面顶部的蓝色导航背景与底部的蓝色背景相呼应，中间使用浅灰色背景，表现出产品的纯净。网页整体配色与产品的形象相统一，给人一种统一的视觉形象。

技巧点拨

传统配色的网站能在视觉上直接传达它所要表达的主题，含义明确，留给人的印象和带给人的感受往往是比较鲜明的。

3．配色时应该选择双色还是多色组合

单个颜色的明暗度组合，给人的统一感会很强，容易让人产生印象；双色组合会使颜色层次明显，让人一目了然，产生新鲜感。多色组合会让人产生愉悦感，丰富的色彩也会使人更容易接受，在色彩的排列上，也会因顺序的变化，给人截然不同的感觉。

该食品网站使用黄绿色作为页面的背景主色调，给人一种清新、自然的印象。在页面中搭配高饱和度的红橙色，并且采用了自由的交互版式设计，使得页面的表现更加富有青春活力。	该美容护肤产品的宣传网站页面，使用了多种色彩进行搭配，使用浅蓝色与浅黄色的渐变过渡作为该页面的背景主色调，给人一种柔和、明亮的印象，搭配绿色的植物，表现出产品的自然与健康。页面整体配色给人一种丰富、绚丽的视觉印象。

技巧点拨

如果想让人产生新奇感、科技感和时尚感，那么采用特殊色，如金色、银色，就能够产生吸引人的效果。

4．尽可能使用两至三种颜色进行搭配

虽然在网页配色时多色的组合能让人产生愉悦感，但是考虑到人的眼睛和记忆只能存储两到三种颜色，过多的色彩可能会使页面显得较为复杂、分散。相反，较少的色彩搭配更能在视觉上让人产生印象，也便于设计者的合理搭配，更容易让人们接受。

该旅游网站页面运用了该网站 Logo 的两种色彩进行搭配，紫色作为页面的主色调，给人一种优雅、浪漫的印象，点缀高饱和度的黄色，为页面增添活力。整体给人一种和谐、优雅的印象。	该饮料宣传网站使用蓝色作为页面的背景主色调，给人一种纯净、自然的感觉。在页面中搭配高饱和度的橙色和绿色，使得页面表现出欢乐、活泼的氛围。

5．如何快速实现完美的配色

（1）在进行网页配色时，可以试着联想某个具体物体的色彩印象，从物体色彩出发。例如想表现出一种清凉舒适的感觉，可以联想到水、植物以及其他有生机的东西，这样在你的脑中浮现的代表颜色就有蓝色、绿色、白色，就可以把这些颜色挑选出来加以运用。

（2）选定色彩时，确定一个页面的主色调，再配一两个合适的辅助色。如果想要呈现一种沉着、冷静的感觉，应以冷色调中的蓝色为主。

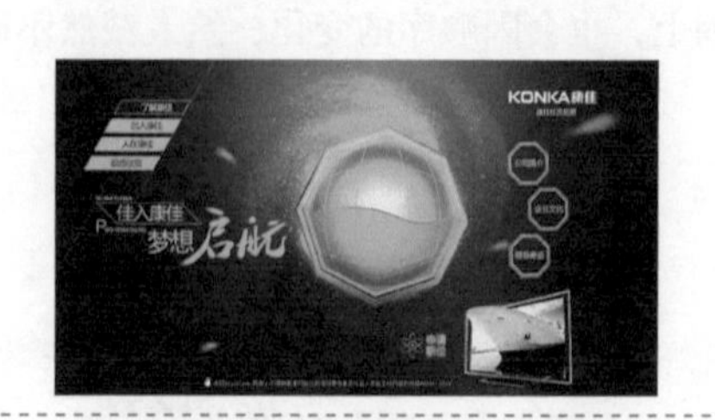

该牛奶产品宣传网站页面使用大自然的色彩进行搭配。蓝天、白云、草地这些都是大自然中的色彩，将其应用到网页配色中，可以给人自然、清新和舒适的感受。	蓝色给人冷静、悠远、沉着的印象，使用同色系的蓝色进行色彩搭配，非常适合科技企业。该网站页面就是使用不同明度的蓝色进行搭配，使页面表现出很强的科技感。

（3）同样的配色在面积、比例和位置上稍有不同时，带给人们的感觉也会不同。在制作时可以考虑多种配色组合，挑选效果最佳的配色。

6.6.6　实战分析：设计数码产品宣传网站

色彩能够有效传达出网站页面所要表达的情感含义。本案例所设计的数码产品宣传网站，页面采用满屏布局方式，页面中的文字内容很少，重点在于突出产品的视觉表现。通过无彩色系的色彩搭配以及各种几何形状图形的应用，表现出产品的科技和时尚感。

1．色彩分析

本案例设计的是数码产品网站页面，运用无彩色系进行配色，给人很强的科技感和时尚感。使用浅灰色作为网站页面的背景主色调，搭配深灰色的栏目和文字，色调统一。为产品部分应用少量的有彩色系进行点缀，整个网页给人带来很强烈的时尚感和潮流感。

2．用户体验分析

该数码产品宣传网站采用了满屏布局方式。在该网站页面的设计中，使用灰色纹理素材作为页面的背景，搭配线条和立体几何图形，表现出网站页面的空间感，有助于更好地表现产品。网页中其他元素的设计同样采用不规则的几何形状图形，页面中大量运用留白、统一的表现形式，给浏览者一种很强的科技感和空间感。

3．设计步骤解析

（1）在 Photoshop 中新建文档，将页面尺寸设置为 1328 像素 ×780 像素。拖入浅灰色的纹理素材背景，并绘制相应的直线，丰富页面背景的表现效果。

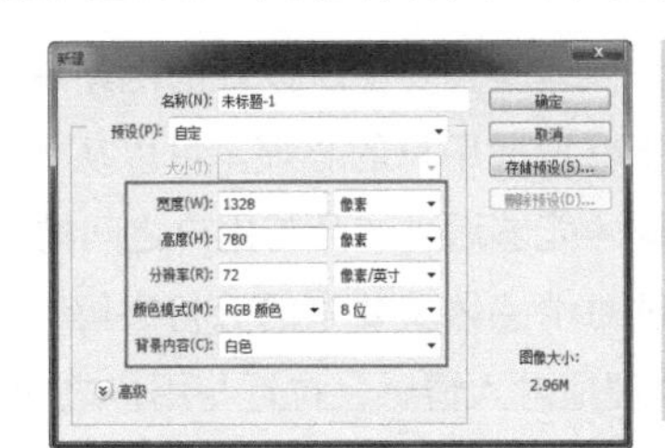

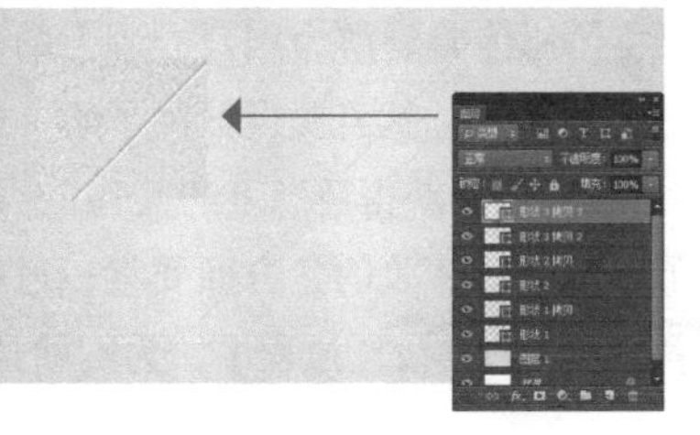

（2）拖入产品图像，将其放置在页面的中间位置。使用“画笔工具”，在相机产品镜头的位置绘制多个不同颜色的光晕图形，并分别设置混合模式，使产品的表现效果更加突出。

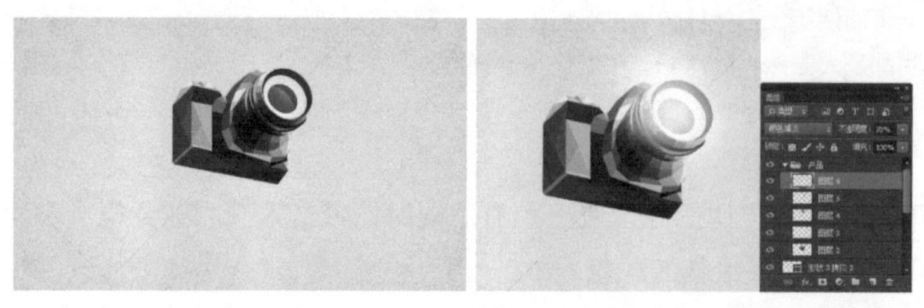

（3）在页面左上角位置放置产品的 Logo，在左侧中间位置绘制矩形并对其进行变形处理，制作出网站中各导航栏目。目前页面显示过于空旷，接下来在页面中绘制多种不同形状、不同大小的几何形状图形来丰富页面的表现效果，同时也能够有效增强页面的空间感与科技感。

（4）在产品图像的下方，使用深灰色文字表现该产品的主题宣传内容，并且对文字进行倾斜处理，表现出页面的动感。在页面底部，使用深灰色背景来表现版底信息内容，页面内容的层次非常清晰。

（5）完成该数码产品宣传网站的设计制作，页面的整体色调统一，采用无彩色的设计，搭配各种几何形状图形的处理，页面表现出很强的科技感与现代感。

6.7 本章小结

我们通常可以将情感体验理解为用户心理上的一种体验，要使所设计的网站或其他产品能够获得用户在心理情感上的共鸣，就需要设计师了解并能够把握用户的心理。可以从色彩、交互方式等多个方面着手，尽可能使用户获得情感上的共鸣，这样才能够增进产品与用户之间的感情。在本章中，详细向读者介绍了网站情感体验的各方面要素，通过对情感体验要素的分析讲解，力求使读者能够更轻松地理解并掌握。在网站设计过程中，为网站合理地融入情感，拉近与用户之间的距离。

第 7 章 移动端用户体验

移动设备和无线网络正改变着当今世界的大部分数字体验，也正是这种移动设备在逐渐改变用户的行为，颠覆传统互联网的交互方式。随着科技的发展，移动设备已经成为人们生活的必需品之一，移动设备的用户界面及体验受到用户越来越多的关注。在本章中，将向读者介绍有关移动端用户体验的相关知识，使读者对移动端的用户体验设计有更加深入的了解和认识。

7.1 了解移动端用户体验

随着智能手机和平板电脑等移动设备的普及，移动设备成为与用户交互最直接的体现，移动设备已经成为人们日常生活中不可缺少的一部分，各种类型的移动端应用层出不穷。移动端用户不仅期望移动设备的软、硬件拥有强大的功能，更注重操作界面的直观性、便捷性，能够提供轻松愉快的操作体验。

7.1.1 移动端与PC端的区别

移动端和PC端的界面设计都非常重要，两者之间存在着许多共通之处，因为我们的受众没有变，基本的设计方法和理念都是一样的。移动端与PC端设计的主要区别主要在于硬件设备提供的人机交互方式不同，不同平台现阶段的技术制约也会影响到移动端和PC端的设计。下面从几个方面向读者介绍移动端界面设计与PC端界面设计的区别。

1．界面尺寸不同

移动端与PC端的输出区域尺寸不同。目前主流显示器的屏幕尺寸通常在19至24英寸，而主流手机的屏幕尺寸只有4至5.5英寸，平板电脑的屏幕尺寸也仅仅7至10英寸。

由于输出区域尺寸不同，在移动端界面与PC端界面设计中不能在同一屏中放入同样多的内容。

通常情况下，一个应用的信息量是固定的。在PC端的界面设计中，需要把尽量多的内容放到首页中，避免出现过多的层级；而移动端界面设计中，由于屏幕的限制，不能将内容都放到第一屏的界面中，因此需要更多的层级，以及一个非常清晰的操作流程，让用户可以知道自己在整个应用中的位置，并能够很容易地到达自己想去的页面或步骤。

2．侧重点不同

在过去，PC端界面设计的侧重点是“看”，即通过完美的视觉效果表现出网站中的内容和产品，给浏览者留下深刻的印象。而移动端界面设计的侧重点是“用”，即在界面视觉效果的基础上充分体现移动应用的易用性，能够让用户更便捷、更方便地使用。但是，随着技术水平的不断发展，PC端界面设计也越来越多地体现出“用”的功能，使得PC端界面设计与移动端界面设计在这方面的界限越来越不明显了。

这是一个适宜用不同设备进行浏览的适应性网站页面设计，可以看出该网站页面在PC端的显示效果和在不同的移动设备中的显示效果。在使用不同的设备浏览该网站页面时，网站页面会自动对页面的布局和内容进行适当的调整，从而保持页面内容的正常显示和便于用户浏览，为用户提供良好的用户体验。

这是一个为移动端用户设计的订餐App的界面。可以看到该界面中的信息内容清晰、明确，通过不同颜色的按钮来区分不同的功能，并且为食品类型设计了不同的图标，用户在使用时非常地方便。

3．精确度不同

PC端的操作媒介是鼠标，鼠标的精确度是相当高的，哪怕是再小的按钮，对于鼠标来说也可以接受，单击的错误率很低。

而移动端的操作媒介是手，手的准确度没有鼠标那么高。因此，移动端界面中的按钮需要一个较大的范围，以减少操作错误率。

4．操作习惯不同

鼠标通常可以实现单击、双击、右键操作，在 PC 端界面中也可以设计右键菜单、双击等操作。而在移动端中，通常可以通过单击、长按、滑动进行控制，因此可以设计长按呼出菜单、滑动翻页或切换、双指的放大缩小以及双指的旋转等。

色块是移动端界面设计中常用的一种内容表现方式，通过色块，用户可以在移动端屏幕中更容易区分不同的内容。在该移动端的界面设计中，使用不同色相的鲜艳色块来突出不同功能内容的表现，使界面的信息更加突出，并且大色块更容易使用手进行触摸操作。

移动界面的交互方式都是通过人们的手指来完成的。例如在该移动端应用界面中，当用户用手指在界面中从右至左进行滑动操作，就可以实现翻页的功能，并且以交互动画的形式呈现翻页过程，能够带来良好的用户体验。

5．按钮状态不同

PC 端界面中的按钮通常有 4 种状态：默认状态、鼠标经过状态、鼠标单击状态和已访问状态。而在移动端界面中的按钮通常只有 3 种状态：默认状态、单击状态和不可用状态。因此，在移动端界面设计中，按钮需要更加明确，可以让用户一眼就知道什么地方有按钮，当用户单击后，就会触发相应的操作。

专家提示

在同一个界面中，PC 端界面比移动端界面可以显示更多的信息和内容。例如，淘宝、京东等网站，在网站中可以呈现很多的信息版块，而在移动端的应用界面中则相对比较简洁，呈现信息的方式也完全不同。

7.1.2　常见移动设备尺寸标准

在设计移动端界面之前，首先需要清楚所设计的移动端界面是适用于何种操作系统的，不同的操作系统对界面设计有着不同的要求。

1．iPhone 界面尺寸

iPhone 手机界面尺寸如下表所示。

设备	尺寸	分辨率	状态栏高度	导航栏高度	标签栏高度
iPhone & iPod Touch 一代 / 二代 / 三代	320 × 480 px	163PPI	20px	44px	49px

续表

设备	尺寸	分辨率	状态栏高度	导航栏高度	标签栏高度
iPhone4 / 4s	640 × 960 px	326PPI	40px	88px	98px
iPhone5 /5c / 5s	640 × 1136 px	326PPI	40px	88px	98px
iPhone6	750 × 1334 px	326PPI	40px	88px	98px
iPhone6 plus 物理版	1080 × 1920 px	401PPI	54px	132px	146px
iPhone6 plus 设计版	1242 × 2208 px	401PPI	60px	132px	146px

iPhone 手机界面尺寸示意图如下图所示。

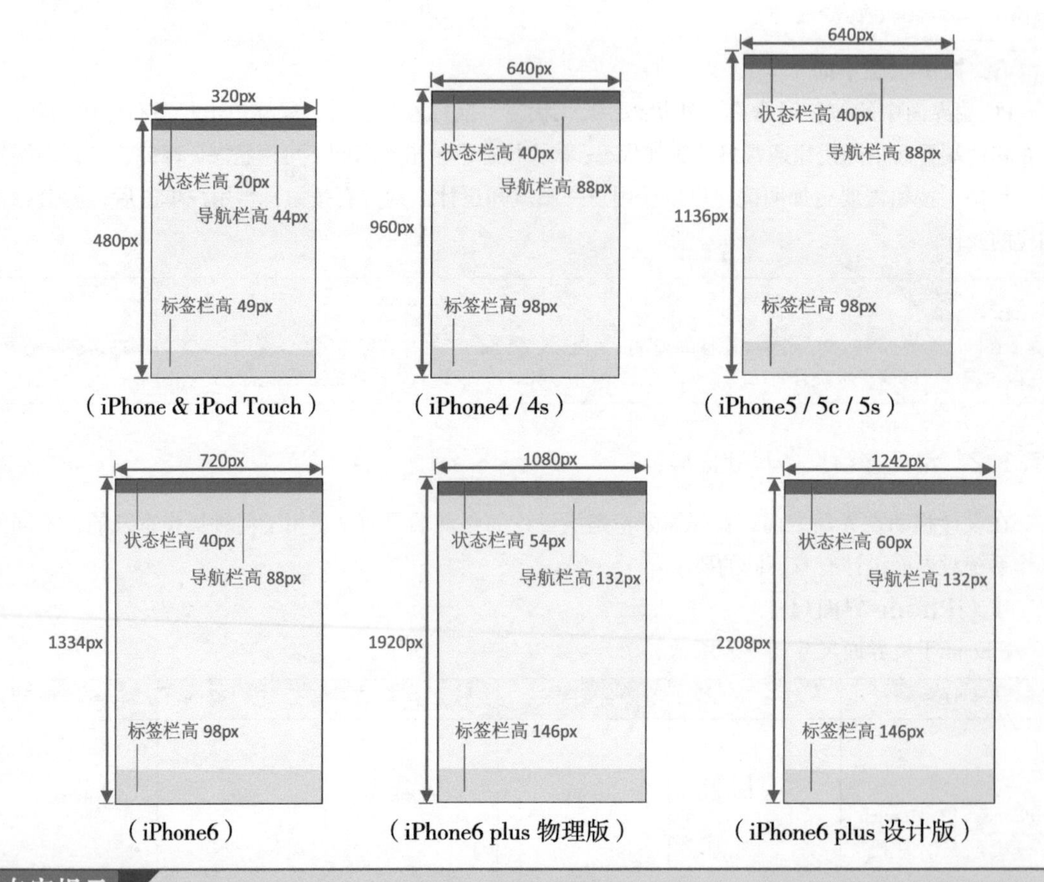

专家提示

iPhone7 与 iPhone7 plus 手机的界面尺寸标准，与 iPhone6 和 iPhone6 plus 手机的界面尺寸标准完全相同。

2. iPad 界面尺寸

iPad 平板电脑界面尺寸如下表所示。

设备	尺寸	分辨率	状态栏高度	导航栏高度	标签栏高度
iPad Mini	1024×768 px	163PPI	20px	44px	49px
iPad 1 /2	1024×768 px	132PPI	20px	44px	49px
iPad 3 /4 /5 /6 /Air /Air2 /mini2	2048×1536 px	264PPI	40px	88px	98px

iPad 平板电脑界面尺寸示意图如下图所示。

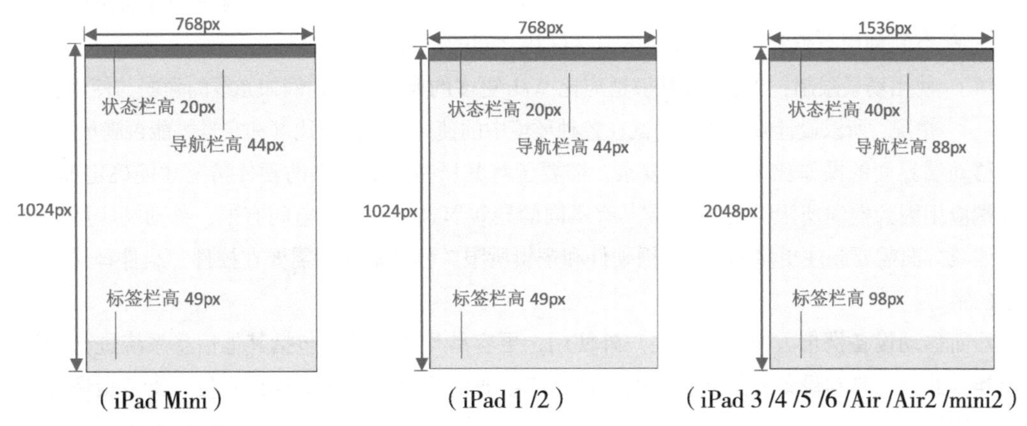

（iPad Mini）　（iPad 1 /2）　（iPad 3 /4 /5 /6 /Air /Air2 /mini2）

3. Android 系统的设计尺寸

目前除苹果公司 iPhone 和 iPad 等智能设备以外，大多数智能手机都使用 Android 系统。Android 系统涉及的手机种类非常多，屏幕的尺寸很难有一个相对固定的参数。所以我们只能按照手机屏幕的横向分辨率将它们大致分为 4 类：低密度（LDPI）、中等密度（MDPI）、高密度（HDPI）和超高密度（XHDPI）。常见屏幕尺寸如下表所示。

屏幕大小	低密度 LDPI（120dpi）	中等密度 MDPI（160dpi）	高密度 HDPI（240dpi）	超高密度 XHDPI（320dpi）
小屏幕	240×320 px		480×640 px	
普通屏幕	240×400 px 240×432 px	320×480 px	480×800 px 480×845 px 600×1024 px	640×960 px
大屏幕	480×800 px 480×854 px	480×800 px 480×854 px 600×1024 px		
超大屏幕	600×1024 px	768×1024 px 768×1280 px 800×1280 px	1152×1536 px 1152×1920 px 1200×1920 px	1536×2048 px 1536×2560 px 1600×2560 px

7.1.3 移动端与PC端不同的交互方式

移动设备一般屏幕受限、输入受限，且在移动场所中使用也会带来一些设计上的限制，因此与基于PC端的互联网产品在交互设计上有很大的区别。下表所示为移动端与PC端交互设计的区别。

	PC	移动设备
输入	鼠标 / 键盘操作	拇指 / 食指 / 触摸操作
输出	取决于显示器	相对明显更小的屏幕
风格	受到浏览器和网络性能限制	受到硬件和操作平台限制
使用场景	家中、办公室等室内场所	室内、户外、车中、单手、横竖屏等多种场景

与普通PC相比，移动设备的交互设计有以下几种限制。

- 输入限制：按键需要焦点和方向键、OK键以及左右软键、删除键等硬件之间的配合；移动端的触摸设备尤其需要注意区分可否点击，并且可点击的部分需要能够准确地释义，因为缺少Web界面中的悬停提示。
- 输出限制：移动端屏幕无法显示足够多的内容，没有足够空间放置全局导航条，没有足够空间利用空隙和各种辅助线来表达区块之间的关系。
- 使用场景限制：界面需要能够适应比Web更多的典型场景，例如光线的强弱与使用者走动等情况，所以设计师需要去尝试在各种环境中的使用，包括对比度和字号等能否满足使用需求。

移动端界面的操作比Web页面复杂，需要了解其所基于的机型的硬件情况才能确定如何控制；移动端应用因为空间所限需要与Web具有不同的导航形式。因屏幕空间有限，移动端应用在操作步骤的缩减方面需要倾注更多的精力；因硬件和逻辑所限，移动端应用需要在控件、组件释义方面倾注更多的精力。

然而移动设备携带方便，可以在户外使用，更容易与外部环境包括其他信息系统进行交互和信息交换。此外，移动设备一般有特殊的硬件功能或通信功能，如支持GPS定位、支持摄像头、支持移动通信等。

这是一款天气类移动端界面设计。使用城市风景图像作为界面背景，在界面正中间位置使用大图标与文字结合表现当前的天气情况。在界面底部介绍未来几天的天气情况。界面效果非常简洁、直观。

这是一款移动端的出行应用界面设计，其使用了移动端特有的地理位置定位功能，能够随时随地查看用户当前所处的位置，并且为用户提供了公交、地铁、出租等多种出行方式的选择，非常方便。

7.1.4 移动端用户体验发展趋势

触摸屏、多点触控、卫星定位、摄像头、重力感应，这些几乎都成为当前智能移动通信设备的标准配置，这些标准配置极大地改变了移动端的用户体验。

触摸拆掉了人与数字世界之间的障碍，操控行为从间接变成了直接，触摸屏是更为自然的与数字世界的交互方式，而且在不断演变。孩子从小就可能是通过父母的触摸式移动设备来体验数字世界的，这也将决定其未来的交互方式。

随着用户以触摸的方式来与数字服务互动，我们目前所熟悉的 UI（按钮、图标、菜单）将会退出舞台，内容本身（文件、图片、视频等）正成为新的用户交互方式。内容本身将逐渐占据移动设备屏幕，成为主流的审美观念，对用户的手指行为产生反应。

卫星定位使得随时随地告知系统用户身处何处成为可能，从而可以设计出各种借助于地理位置的信息推送或本地化社会交互，增强在特定时空的用户个性化服务体验。

移动互联网设备上的摄像头可以随时随地便于用户捕获影像信息，大大丰富了影像的信息源头。双向摄像头的大规模应用还广泛用于面对面的交流与交互，这大大改善了非现场的人们借助于通信设施进行情感沟通的体验。视频电话和视频会议相关的应用场景设计中，增强用户面对面的真实现场体验感一直是用户体验设计追求的最高目标。

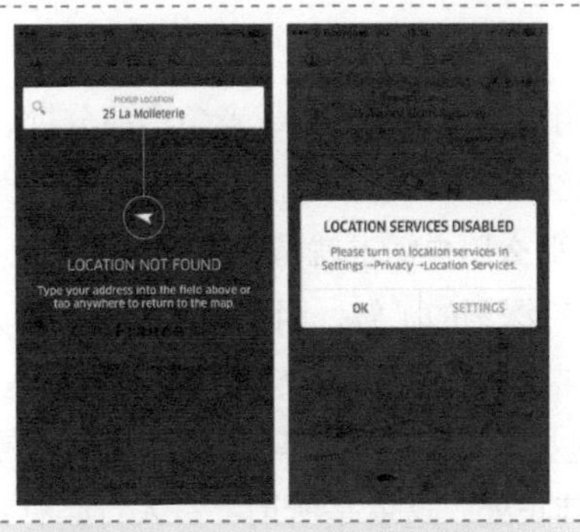

地理位置定位是移动端应用中非常突出的功能之一，在移动端中最突出的应用就是地图。通过该功能可以定位出用户当前所在的位置，并且可以计算出从当前位置到某地的出行路线、耗时等，为用户带来极大的便利。

使用不同颜色、同一设计风格的图标为用户提供了多种交流与沟通的形式，其中就包括语音、视频等，极大的提升了移动端的用户体验。

移动端的许多社交应用中，除了提供了 PC 端常规的文字、图片等传统沟通交流方式外，还根据移动端的特点，加入了语音、视频、位置等功能。这些功能都极大地丰富了移动端的用户情感体验，也是传统 PC 端无法比拟的。

专家提示

移动设备也有其局限性，例如体积小、电能有限，无线网络不稳定，而且每个用户所能下载的数据量也有限制，用户在移动设备上的耐心是很低的。这些局限的改变需要多年的技术和经济发展才能解决，因此，如今移动端设计面临在用户体验和无线网络限制之间寻求一个平衡。

另一个发展趋势就是：单个设备控制多个屏幕，这个趋势有着两个发展方向。第一，屏幕耗电在减少，这样在单一设备上会出现多个屏幕。第二，就是把内容从手机上转移至其他设备，例如无线连接到 PC、TV 等。这一发展趋势所带来的变化就是“1+1>2”，多个数字接入点的结合大于各个数字设备的综合。

这些趋势对于目前的用户体验设计都是挑战，所以用户体验设计师必须不停地学习，从而为多屏幕多用户时代的设计做好准备。

7.1.5　移动端设计流程

可以将移动端应用设计流程总结为 1 个出发点，4 个阶段，如下图所示。

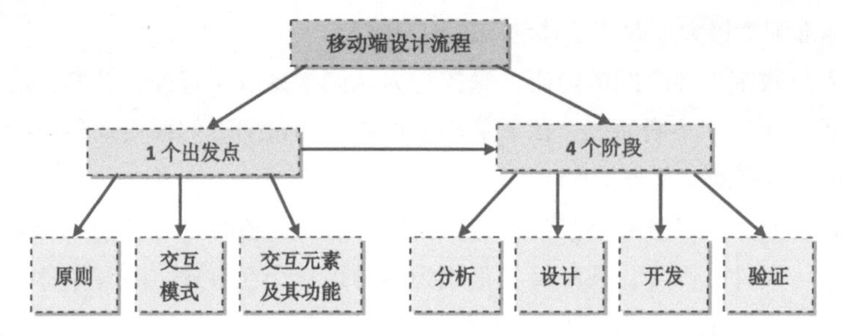

1．出发点

◆ 了解设计的原则

没有原则，就丧失了移动应用设计的立足点。

◆ 了解交互模式

在做移动端应用设计时，不了解产品的交互模式会对设计原则的实施产生影响。

◆ 了解交互元素及其功能

如果对于基本的交互元素和功能都不了解，如何进行设计？

2．分析

“分析”阶段包括 3 个方面，分别是用户需求分析、用户交互场景分析、竞争产品分析。

出发点与分析阶段可以说是相辅相成的。对于一个比较正规的移动应用项目来说，必然会对用户的需求进行分析。如果说设计原则是设计中的出发点，那么用户需求就是本次设计的出发点。

如果要设计出优秀的移动端应用界面，必须对用户进行深刻的了解，因此用户交互场景分析很重要。对于大部分项目组来说，也许没有时间和精力去实际勘察用户的现有交互，进行完善的交互模型考察，但是设计人员在分析的时候一定要站在用户的角度进行思考：如果我是用户，这里我会需要什么。

竞争产品能够上市并且被广大用户所熟知，必然有其长处。这就是所谓“三人行必有我师”的意思。每个设计师的思维都有局限性，多看别人的设计会有触类旁通的好处。当然有时候可以参考的并不一定局限于竞争产品。

3．设计

采用面向场景、面向事件和面向对象的设计方法。

移动端应用设计着重于交互，因此必然要对最终用户的交互场景进行设计。

移动端应用是交互产品，用户所做的是对软件事件的响应以及触发软件内置的事件，因此要面向事件进行设计。

面向对象设计可以有效地体现面向场景和面向事件的特点。

4．开发

通过“用户交互图（说明用户和系统之间的联系）”“用户交互流程图（说明交互和事件之间的联系）”“交互功能设计图（说明功能和交互的对应关系）”，最终得到设计产品。

5．验证

对于产品的验证主要可以从以下两个方面入手。

◆ 功能性对照

移动应用界面设计得再好，和需求不一致也不行。

◆ 实用性内部测试

移动应用界面设计的重点是实用性。

通过以上 1 个出发点和 4 个阶段的设计，就可以设计出完美的、符合用户需要的移动端应用产品。

7.2 移动端用户体验设计

在一个成熟且高效的移动应用产品团队中，用户体验设计师会在前期加入到项目中，针对所设计的产品的分析、定位等多方面的问题进行探讨。在本节中将向读者介绍移动端用户体验设计的要点，可以有效帮助用户体验设计师。

7.2.1 移动端用户体验设计的要点

在确定移动端的交互设计之前，需要先对移动端的用户使用习惯有一些基本的了解，需要对移动端的用户体验信息做一些收集整理。收集用户体验信息首先需要解决两个问题：一是确定目标用户群体；二是确定信息收集的方法和途径。

在收集用户体验信息时，应该首先考虑所设计的产品的用户或是有过类似产品使用经验的用户。在理想的情况下，当用户体验产品的交互时，设计师可以通过某种技术或是研究方法获得用户的全部感官印象，掌握他们的情感体验。然而这些主观的体验信息很难用实验室的方法收集或是客观的科学描述表达出来。因此我们只能寻求贴近实际的近距离接触用户体验的方法，就是深入访谈和现场观察。

需要调研的信息可以分为硬件部分、软件部分、积极的和消极的用户体验。

硬件部分	移动设备的持机模式（右手操作、左手操作、双手操作）；手机的操作模式（手指触控、按键、滚动、长按）；两种操作模式下的输入方式（全键盘、九键、触屏键盘、手写）；信息反馈形式（屏幕信息输出、声音、振动、灯光）对用户的影响
软件部分	用户对屏幕信息结构的认识（空间位置、信息排列顺序、信息的分类）；用户对信息导航的使用（菜单、文件夹管理、搜寻特定文件）；用户对信息传达的理解（图形信息、文字信息）；用户对交互反馈的获知（每个操作是否有明确的反馈）
积极的用户体验	特殊交互模式带来的新奇感受——有趣；简洁的操作步骤和有效的信息提醒方式——信任感；软件运行速度，信息处理过程——操纵感和成就感；允许误操作，有效引导——安全感；交互过程中的完美感官体验（视觉、听觉）；类似于计算机操作过程中的交互——熟悉感和成就感；品牌元素在交互上的延续性——熟悉感和优越感
消极的用户体验	系统出错、没有提示信息——压力、紧张和茫然；缺少操作的补求机制——挫败感、压力；交互步骤的繁复难记——挫败感；提示信息的不明确——茫然；过程处理时间过长——焦虑

根据调研的用户需求和体验信息，可以把用户分为以下两类。

1．过程为主的用户

过程为主的用户的典型例子是电玩族，他们追求的终极目标是视觉听觉的冲击和享受，最终游戏的结果反而变得不是那么重要了。此类设计对视觉和创意的要求是极为挑剔的，需要界面拥有突出的视觉表现效果。

这是一款移动端的益智游戏界面设计，先通过为文字添加图层样式，使文字具有立体感；其次对文字变形，从而达成可爱效果；通过绘制简单图形，添加纹理素材，使图标更有质感，使界面更加生动形象，具有强烈的真实感。通过出色的视觉效果设计，有效吸引用户的关注。

2．结果为主的用户

结果为主的用户不在乎用什么样的方式完成任务，但是任务必须以最短的时间、以最简洁的方式、最精确的运算结果来完成。对于此类用户的交互设计人员来讲，更重要的是设计更合理的任务逻辑流程，以期最大限度地符合人们的思考方式和认知过程。

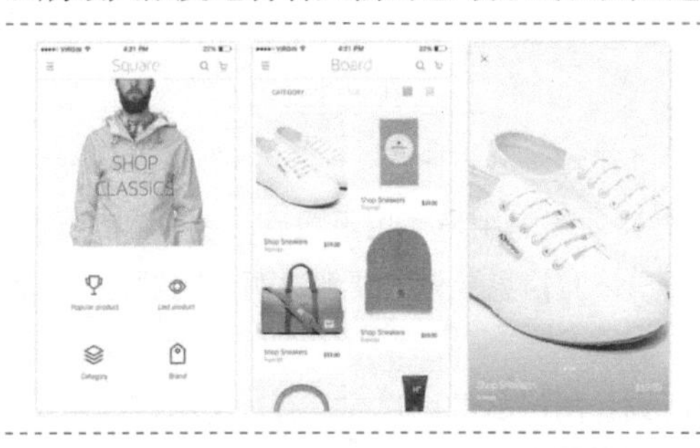

这是一款设计风格非常简洁的移动端电商 App 界面设计，使用纯白色作为主色调，搭配简约的图形和商品图片，使得商品图片在界面中的效果非常突出。并且其操作步骤也非常简便，在界面中通过图标、说明等方式的结合，有效地引导用户完成商品购买操作。

在对用户需求调研与分类的基础上，移动端交互设计需要遵循以下规范与原则。

在硬件方面，根据人机工程学原理设计按键大小等硬件交互要素，尽可能提供多种输入方式，包括键盘输入和手写输入，键盘包括数字键盘和全键盘。合理设计键盘使其符合用户的使用习惯，考虑到环境对用户操作的影响。

在信息交互设计方面，主要关注信息项目的排布密度要合理，字体排列、图标排列的方式具有可调性，设计合适的方式来突出重点信息；使用用户的语言来传达信息，而非技术的语言。有效地使用“隐喻”，好的隐喻可以起到快捷的说明作用；字体大小、颜色、图标设计等都决定了界面可读性的好与坏。

层叠放置的专辑封面图片，既增强了界面的视觉层次感，也暗示了用户可以通过在该部分滑动来切换当前所播放的专辑

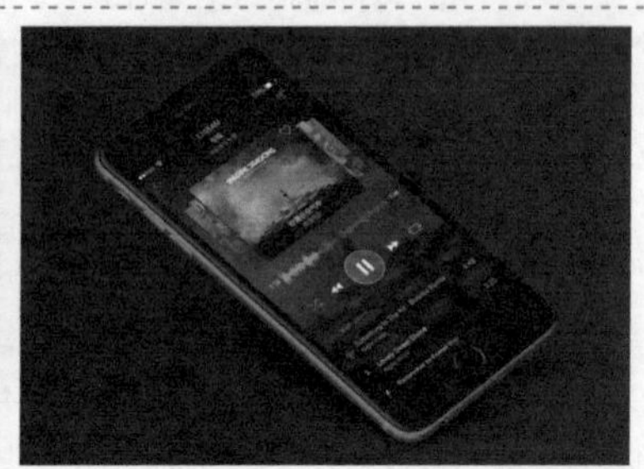

在该移动端音乐播放界面的设计中，顶部放置当前所处的状态和项目信息，便于用户清晰定位；中间放置详细信息，包括专辑封面展示；当前歌曲的播放进度的控制操作按钮；在专辑封面的处理上使用叠加的方法，使界面形成视觉立体感。使用模糊处理的图像作用界面的背景，在界面中主要使用白色的文字和图形来表现信息和功能操作图标，对于播放进度和当前正在播放的歌曲名称则使用黄色进行突出表现，使得界面的信息内容清晰、直观。

需要保持一致性的不仅有每个功能软件或是服务的图标外观，更包括细节元素和无形框架的一致，这些都需要贴合用户行为习惯进行设计；尽量避免同一个元素包含太多的信息，例如，颜色的使用不要包含太多信息暗示，因为用户不一定会注意到或是理解某种颜色所包含的暗示。

应用中的多个界面，无论是配色、功能布局，还是界面的布局框架都保持了一致性，从而给用户统一的操作使用感受

保持界面一致性可以让用户继续使用那些之前已经掌握的知识和技能。例如该移动端的应用界面设计，无论是界面的设计风格还是界面中功能区域的布局，都遵循了一致性原则，用户在使用的过程中，可以很方便地进行操作。

在软件方面，移动端交互设计的关键在于导航和随时转移功能，要方便从一个应用场景跳转到另外一个应用，从一个功能跳转到另外一个功能；应该为用户提供良好的防错机制，误操作后，系统提供有针对性的清晰提示。即使发生错误操作，也能够帮助用户保存好之前的操作记录，避免用户重新再来；通过缩短操作距离和增加目标尺寸来加速目标交互操作。

对于用户容易出错的操作都应该给予相应的提示信息，特别是一些提交后就无法进行修改的信息内容。例如转账、在线购票等，必须给予确认提示，从而尽可能避免用户输入错误导致的麻烦和损失。

例如在移动端电商应用的商品详情界面中，通常都是在界面底部使用色彩鲜艳的大色块来突出表现交易按钮，使用户能够轻易地点击购买。

在体验交互设计方面，让用户控制交互过程。预设置的默认状态应该具有一定的共通性和智能性，并对用户操作起到协助或提示作用。此外，还应该留给用户修改和设置默认状态的权限。多方面考虑用户信息的私密性，为用户提供有效的保护机制。

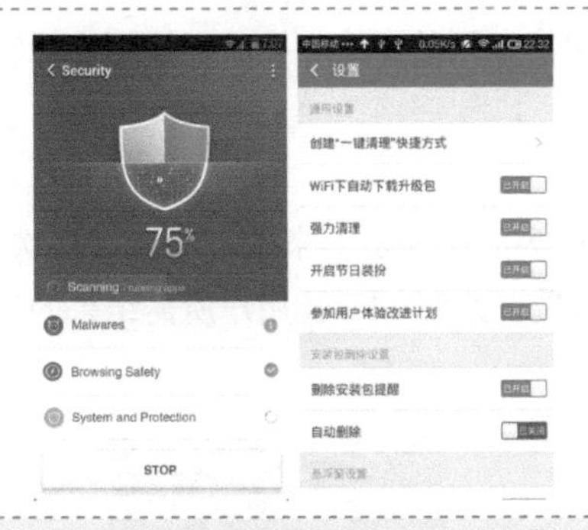

这是移动端某系统清理软件界面，使用不同颜色的小图标与简短的文字描述相应内容。在设置界面中，各功能选项的开关按钮使用不同的背景色和简短的单词描述该选项的不同状态。

这是“支付宝”移动端的付款界面，当我们想对付款界面进行截图时，系统会对不安全行为进行警告，并阻止用户截屏，杜绝不安全因素。

技巧点拨

在移动端界面设计中，应该注意界面的视觉设计，例如开关机动画、界面显示效果等。界面中的图标、多媒体设计、细节设计和附加功能设计为体验增值，有效提升体验度。

7.2.2　如何提升移动端应用的用户体验

移动端应用的界面设计各异。移动设备用户在众多的应用产品使用过程中，最终会选择界面视觉效果良好，并且具有良好用户体验的应用产品。那么怎样的移动应用设计才能够给用户带来好的视觉效果和良好的用户体验呢？接下来，向读者介绍一些提升移动端用户体验的设计技巧。

1．第一眼体验很重要

当用户首次启动移动应用程序时，在脑海中首先想到的问题是：我在哪里？我可以在这里做什么？接下来还可以做什么？要尽力做到应用程序在刚打开的时候就能够回答出用户的这些问题。如果一个应用程序能够在开始数秒的时间里告诉手机用户这是一款适合他的产品，那么他一定会更加深层次地进行发掘。

在该移动端界面设计中，通过色彩来区分不同的内容区域，层次结构非常清晰。通过图标与文字相结合，清晰地展现用户可以进行的操作，非常直观、便捷。

该移动端界面的设计简洁、直观，在顶部的标题栏中可以清楚地看到用户当前所处的位置。界面内容区域中，使用特殊的背景颜色来突出表现当前选择的选项。在菜单界面中，通过图标与菜单选项相结合，更加清晰、直观地表明用户可以进行的操作。

2．输入方式要尽可能便捷

多数时候，人们只使用一个拇指来操作移动端应用的导航，因此在设计时不要执着于多点触摸以及复杂精密的流程，只需让用户可以迅速地完成屏幕和信息间的切换和导航，让用户能够快速地获得所需要的信息。珍惜用户每次的输入操作。

3．呈现用户所需要的内容

用户通常会利用一些时间间隙来做一些小事情，将更多的时间留下来做一些自己喜欢的事情。因此，不要让用户等待应用程序，要尽可能地提升应用表现，改变 UI，让用户所需结果的呈现变得更快。

在该选择界面中，不但可以通过字母进行快速查找，还可以通过搜索的方式快速定位所需要的内容，用户操作起来非常方便。

在该天气界面的设计中，通过图标与文字信息结合的背景图像，非常直观地表现信息内容，使用户看一眼就能够明白。

4．利用好横向呈现方式

对于用户来说，横向呈现带来的体验是完全不同的，利用横向这种更宽的布局，以完全不同的方式呈现新的信息。

左侧截图为同一款 App 应用，分别在手机与平板电脑中采用不同的呈现方式。

平板电脑提供了更大的屏幕空间，可以合理地安排更多的信息内容，而手机屏幕的空间相对较小，适合展示最重要的信息内容。通过横竖屏不同的展示方式，可以为用户带来不同的体验。

5．突出个性

向用户展示一个个性的、与众不同的风格。因为每个人的性格不同，喜欢的应用风格也各不相同。制作一款与众不同的应用，总会有喜欢上它的用户。

6．不忽视任何细节

不要低估一个应用组成中的任何一项。精心撰写的介绍和清晰且设计精美的图标会让所设计的应用显得出类拔萃，用户会察觉到设计师所额外投入的这些精力。

在该移动端界面的设计中，将功能操作按钮使用背景色块排列在界面的左侧，打破传统的布局方式，给用户带来新意，同样也能方便用户的操作。

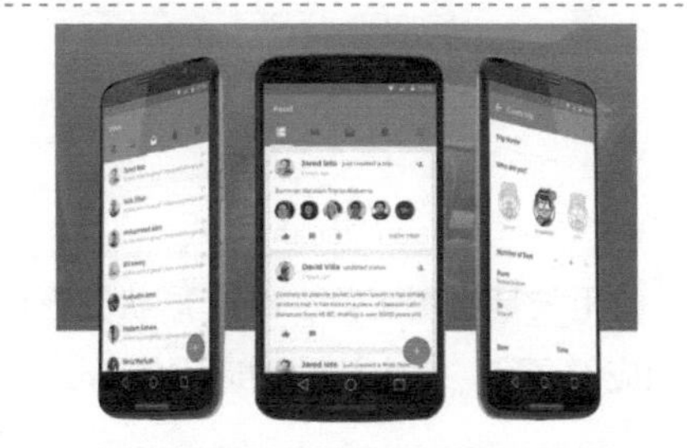

操作界面更重要的是实用，所以通用性一定要强，并且需要注意界面的设计细节，做到操作界面的统一，使用户能够快速了解、熟悉操作界面，促进用户得心应手地运用。

7.2.3　实战分析：设计移动端应用登录界面

本案例设计的是一款移动端应用的登录界面，登录界面是一个功能导向型的界面，重点是为用户提供方便、快捷、直观的登录元素，实现用户的快速登录。在该登录界面的设计中，使用风景素材图像作为界面的背景，在界面中使用各种基本图形来表现表单元素，界面效果简洁、直观、清晰。

1．色彩分析

本案例所设计的移动端应用登录界面，使用深蓝色的素材图像作为背景，丰富界面效果。界面中的信息和图形都使用白色进行搭配，直观、整洁。登录按钮设计为明度较高的蓝色，使界面的色调统一，有效突出功能按钮。

2．用户体验分析

该移动端应用登录界面的布局非常简洁、直观，界面中除了与登录功能相关的元素，几乎没有其他多余的元素。在界面顶部放置该应用的 Logo 图标，让用户清楚当前的应用是什么。在中间位置放置登录表单元素，在文本框中预设填写提示文字，将提交按钮使用高亮的色彩进行突出，突出表现该页面的功能；在登录表单元素的下方还为用户提供了其他 3 种登录方式。功能表现清晰、直观，非常便于用户操作。

3．设计步骤解析

（1）在 Photoshop 中新建文档，将页面尺寸设置为 1080 像素 ×1920 像素。将选择的风景图片处理为比较昏暗的背景，拖入到设计文档中。昏暗的背景能够有效突出界面中高明度信息内容的表现。

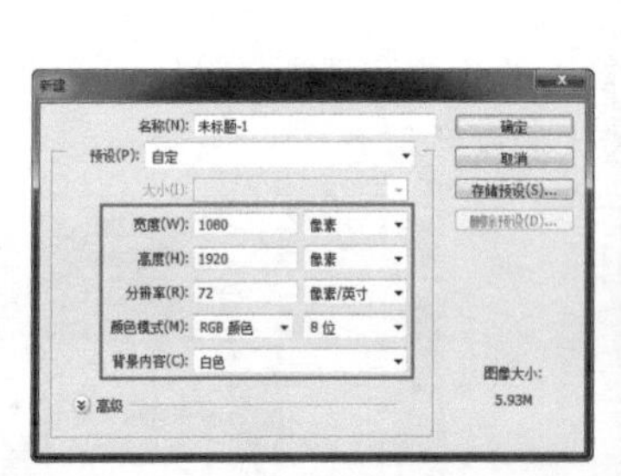

（2）使用矢量绘图工具，结合形状图形的加减操作，可以绘制出界面顶部状态栏中的相关图形，并输入相应的文字。拖入该移动应用的 Logo 图标，将其放置在顶部居中的位置，给用户明确的提示。

（3）使用“矩形工具”在界面中间位置绘制出登录表单元素，文本框元素降低其不透明度，登录按钮元素则使用明亮的蓝色进行突出表现。最后，在界面的最下方拖入其他登录方式的 3 个图标进行排列，为用户提供其他 3 种常用的登录方式，最终效果如下右图所示。

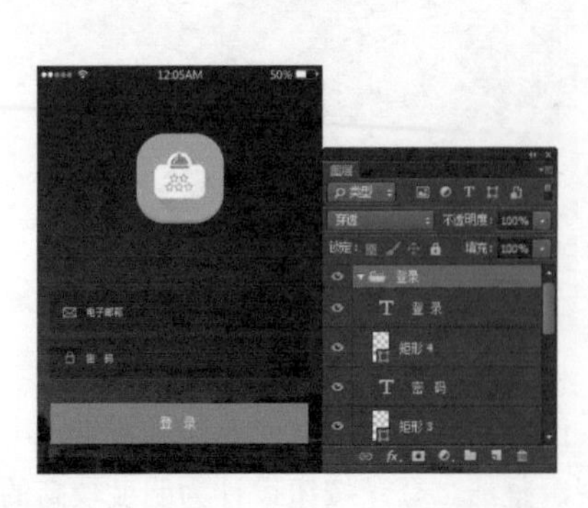

7.3 移动端界面配色

在黑白显示器的年代，设计师是不用考虑设计中色彩的搭配的。今天，界面的色彩搭配可以说是移动端界面设计中的关键。恰当地运用色彩搭配，不但能够美化移动端界面，并且还能够增加用户的兴趣，引导用户顺利完成操作。

7.3.1　色彩在移动端界面设计中的作用

在着手设计移动端应用界面之前，应该首先考虑应用的性质、内容和目标受众，再考虑究竟要表现出什么样的视觉效果，营造出怎样的操作氛围，从而制订出更加科学、合理的配色方案。在任何应用界面设计中，都离不开色彩的表现，可以说色彩是应用界面设计中最基本的元素，色彩在应用界面设计中可以起到以下作用。

1．突出主题

将色彩应用于移动端界面设计中，给应用界面带来鲜活的生命力。它既是界面设计的语言，又是视觉信息传达的手段和方法。

移动端应用界面中，不同的内容需要有不同的色彩来表现，利用不同色彩自身的表现力、情感效应以及审美心理感受，可以使界面中的内容与形式有机地结合起来，以色彩的内在力量来烘托主题、突出主题。

使用不同色相的小面积色彩在界面中表现不同的选项，非常直观，清晰

在该移动端的界面设计中，使用模糊处理的人物运动图像作为界面的背景，背景的明度较低。在界面中使用多种不同色相的鲜艳色彩来表现不同的选项，能够使用户明确区分界面中不同的内容，从而有效突出界面中重要的信息。

2．划分视觉区域

移动端界面的首要功能是传递信息，色彩正是创造有序的视觉信息流程的重要元素。利用不同色彩划分视觉区域，是视觉设计中的常用方法，在移动端界面设计中同样如此。利用色彩进行划分，可以将不同类型的信息分类排布，并利用各种色彩带给人的不同心理效果，很好地区分出主次顺序，从而形成有序的视觉流程。

标题栏和选项卡使用鲜艳的红色进行突出表现，而内容区域则使用深灰蓝色，使得标题栏和选项卡在界面中的视觉效果非常突出

在该移动端的界面设计中，不同的功能选项区域分别使用了不同的背景颜色，有效地划分了界面中不同的区域，使得界面内容的表现和传达更加清晰，创造出有序的视觉信息流。

3．吸引用户

在应用市场中有不计其数的移动端应用软件，即使是那些已经具有一定规模和知名度的应用，也要时刻考虑如何能更好地吸引浏览者的目光。那么如何使所设计的应用能够吸引浏览者呢？这就需要利用色彩的力量，不断设计出各式各样赏心悦目的应用界面，来“讨好”挑剔的用户。

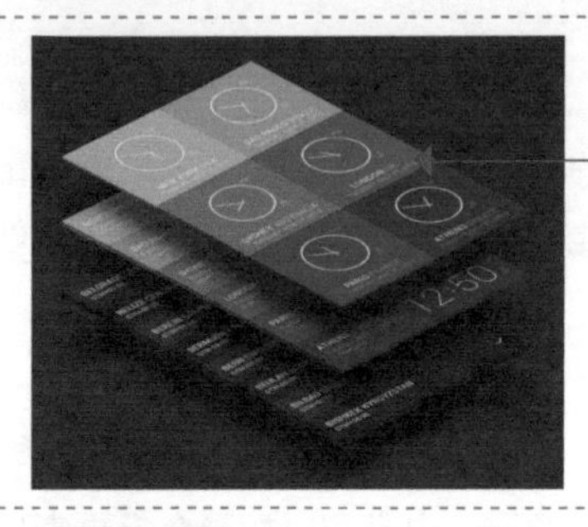

使用不同颜色的矩形色块相互拼接，使得各部分信息内容非常明确、清晰

在该移动端的界面设计中，使用不同的矩形色块拼接作为界面的背景，在界面中形成多个小方块，在每个矩形色块中放置相应的内容，对界面中的内容进行有效区分，使得界面的信息表现非常明确。并且这种色块拼接的色彩搭配也能够给人带来一种新鲜感。

4．增强艺术性

将色彩应用于移动端应用界面设计中，可以给移动端应用带来鲜活的生命力。色彩既是视觉传达的方式，又是艺术设计的语言。好的色彩应用，可以大大增强应用界面的艺术性，也使得应用界面更富有审美情趣。

渐变色彩图形在界面中加以点缀，主题信息非常突出，也使得界面表现富有现代感

在该移动端的界面设计中，应用了非常简洁的设计风格，使用深灰色作为界面的背景主色调，在界面中搭配白色和浅灰色的文字，界面信息非常清晰。界面中间位置的主题内容设计为圆环状图形，并为其搭配从蓝色到紫色的渐变颜色，使其与界面背景形成强烈对比，有效突出主题内容的表现。

7.3.2 移动端界面配色原则

色彩搭配本身并没有一个统一的标准和规范，配色水平也无法在短时间内快速提高。不过，我们在对移动端界面进行设计的过程中，还是需要遵循一定配色原则的。

1．色调要一致

在着手设计移动端界面之前，应该先确定该界面的主色调。主色将占据界面中很大的面积，其他的辅助性颜色都应该以主色调为基准来搭配，这样可以保证应用界面整体色调的统一，突出重点，使设计出的界面更加专业和美观。

2．保守地使用色彩

所谓保守地使用色彩，主要是从大多数用户的角度出发，在界面的设计过程中使用适当的色彩搭配。在移动端界面设计过程中提倡使用一些柔和的、中性的颜色，以便于绝大多数用户能够接受。因为如果在移动端界面设计过程中急于使用色彩突出界面的显示效果，反而会适得其反。

在该移动端应用界面的设计中，使用鲜亮的黄色作为界面主色调，与该移动端应用的启动图标的色调相统一。在每个界面中，都是使用黄色与中性色相搭配，从而使该移动端界面保持整体色调的统一，使界面显得更加专业和美观。

在该移动端应用界面设计中，使用明度和纯度都较低的中灰色调作为界面的配色，使界面给人一种舒适的感觉，大多数人都能够接受。

3．要有重点色

配色时，可以将一种颜色作为整个界面的重点色，这个颜色可以被运用到焦点图、按钮、图标或其他相对重要的元素中，使之成为整个界面的焦点。这是一种非常有效的构建信息层级关系的方法。

4．色彩的选择尽可能符合人们的习惯用法

对于一些具有很强针对性的软件，在对界面进行配色设计时，需要充分考虑用户对颜色的喜爱。例如明亮的红色、绿色和黄色适合用于为儿童设计的应用程序。一般来说，红色表示错误，黄色表示警告，绿色表示运行正常等。

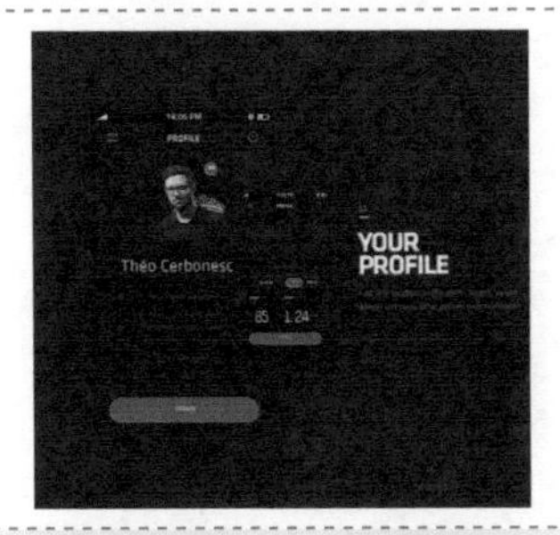

在该移动端应用界面的设计中，使用红色作为界面的重点色，在深灰色的界面中非常显眼，有效地突出重点内容和功能。

在该针对儿童娱乐的移动端应用界面设计中，使用鲜艳的黄色、红色等色彩进行搭配，能够营造出欢乐的氛围。

5．色彩搭配要便于阅读

要确保移动端界面的可读性，就需要注意界面设计中色彩的搭配，有效的方法就是遵循色彩对比的法则。在浅色背景上使用深色文字，在深色的背景上使用浅色文字等。通常情况下，在界面设计中，动态对象应该使用比较鲜明的色彩，而静态对象则应该使用较暗淡的色彩，做到重点突出，层次分明。

6．控制色彩的使用数量

在移动端的界面设计中，不宜使用过多的色彩，建议在单个应用界面设计中最多使用不超过 4 种色彩进行搭配，在整个应用程序系统中，色彩的使用数量也应该控制在 7 种左右。

该应用的每个界面的设计都遵循了对比的原则，使得界面中的信息内容非常清晰、易读

在该移动端应用界面的设计中，界面内容遵循了对比的原则。在深色的背景上搭配浅色的文字，在浅色的背景上搭配深色的文字，使得界面中的信息内容非常清晰，便于用户的阅读。

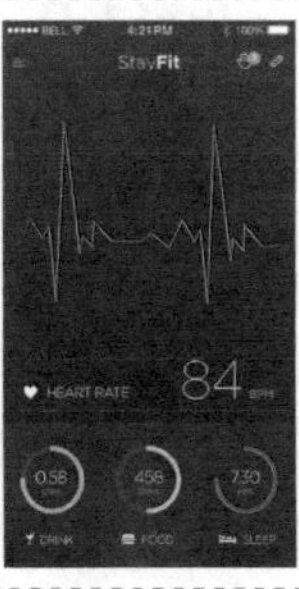

在该有关健康的移动端应用界面设计中，使用深蓝紫色作为界面的主色调，在界面中为不同的选项点缀了蓝色、绿色和红色，有效突出各选项的表现。多个界面采用统一的配色和布局方式，使用户感觉到整体的统一。

7.4 移动端界面设计

目前，智能移动设备的界面设计在视觉效果上已经达到了一个相当高的水平，如何让用户使用时感到舒适、方便已经成为设计师在设计时需要考虑的问题，一切必须以人的需求为前提，这也是人本主义设计关注的焦点之一。可以预见，未来一段时间移动设备界面的设计在视觉效果上会更加突出，人机交互性也会是设计师关注的重点。优秀的人性化的设计，才是用户真正想要得到的。

成功的移动应用界面设计必须进行人机方面的可用性研究，了解人在感觉和认知方面的需求。在设计的时候，必须充分考虑各视觉元素的样式和在不同操作状态下的视觉效果。

7.4.1 视觉设计

在移动端应用原型完成之后，就可以进行视觉设计了。通过视觉的直观感觉，还可以对原型设计进行加工，例如，可以在某些元素上进行加工，如文本、按钮的背景等。

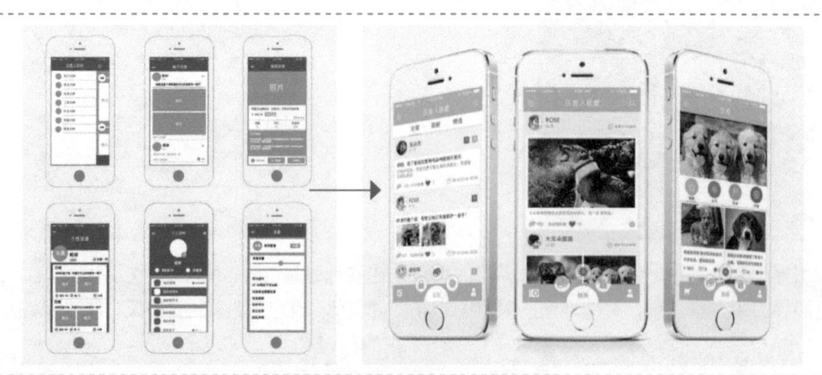

移动应用界面的视觉设计其实也是一种信息的表达，充满美感的应用界面会让用户从潜意识中青睐它，甚至于忘记时间成本和它“相处”，同时加深用户对品牌的再度认知。而由于每个人的审美观不太相同，因此必须面向目标用户去设计界面的视觉效果。

如果需要满足传达信息的要求，移动端应用界面的视觉设计就必须基于以下 3 个条件进行。

1．确定设计风格

在对移动端应用界面进行视觉设计之前，首先需要清楚该应用产品的目标用户群体，设计风格也需要根据目标用户的认识度进行调整。其实就是要先根据目标人群确定设计风格。所以，设计的风格要去迎合使用者的喜好。

2．还原内容本身

美观的内容形式与富有真实感的界面设计会使用户在体验时感到自然。移动端应用的界面是用户了解信息和产品的主要途径，因此在设计时，要还原产品本身。当产品的界面越接近真实世界，用户的学习成本就越低，产品的易用性就会越高。

3．制定设计规范

大多数用户都有自己的使用习惯，如何才能让界面的设计符合用户的喜好，就需要制定一个视觉规范。视觉设计也可以说是一种宣传，以最直观的方式传达出品牌风格信息。移动应用交互界面也是同样的，在有限的屏幕上通过视觉设计，将操作线索、过程和结果，清晰地传达给用户。

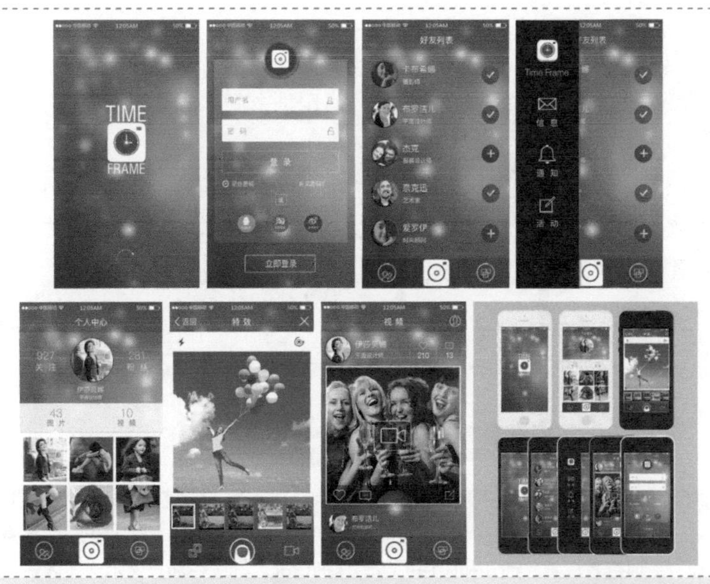

这是一款移动端照片分享应用界面的设计，重点是突出表现用户所分享的照片，而界面中的功能按钮等都是为此服务的。所以界面的构成要尽可能地简约，使用简约图标来体现各部分功能按钮。而在用户所分享的照片中，通过相互叠加和图层样式的应用，体现出层次感和立体感，使界面的整体表现更加丰富多彩。使用明度和纯度较高的洋红色和蓝色作为界面的主体颜色，给人眼前一亮的感觉，再搭配白色的图标和文字，直观清晰，使界面能够表现出一种华丽的视觉效果。

7.4.2　版式设计

移动端界面的版式设计与报刊杂志等平面媒体的版式设计有很多共同之处，它在界面设计中占据着重要的地位。即在有限的屏幕空间上将视听多媒体元素进行有机的排列组合，将理性思维个性化地表现出来，是一种具有个人风格和艺术特色的视听传达方式。它在传达信息的同时，也给人带来美感和精神上的享受。

1．布局原则

合理布局对于移动端界面的版式设计尤为重要。一般来说，移动设备显示屏的尺寸有限，布局合理、流畅能使视线“融会贯通”，也可间接帮助用户找到自己关注的对象。根据视觉注意的分布可知，人的视觉对左上角比较敏感，占 40%，明显高于其他区域。因此，设计师应该考虑将重要信息或视觉流程的停留点安排在注目价值高的最佳视域，使整个界面的设计主题一目了然。

iOS 系统和 Android 系统是目前在移动端设备中使用最多的两种操作系统。下面我们分别简单介绍这两种系统中应用界面的布局方式。

基于 iOS 系统的应用界面布局元素分为状态栏、导航栏（含标题）、工具栏 / 标签栏 3 个部分。状态栏显示应用程序运行状态；导航栏显示当前应用的标题名称，左侧为后退按钮，右侧为当前应用操作按钮；工具栏与标签栏共用一个位置，在界面的最下方，因此必须根据应用的要求选择其一，工具栏按钮不超过 5 个。

基于 Android 系统的应用界面布局元素一般分为 4 个部分，分别是状态栏、标题栏、标签栏和工具栏。状态栏位于界面最上方，当有短信、通知、应用更新、连接状态变更时，会在左侧显示；而右侧则是电量、信息、时间等常规手机信息；按住状态栏下拉，可以查看信息、通知和应用更新等详细情况。标题栏部分显示当前 App 应用的名称或者功能选项。标签栏放置的是 App 的导航菜单，标签栏既可以在 App 主体的上方也可以在主体的下方，但标签项目数不宜超过 5 个。针对当前应用界面，是否有相应的操作菜单，如果有，则放置在工具栏中；那么，在单击手机上的“详细菜单”键时，屏幕底部就会出现工具栏。

专家提示

iOS 与 Android 是目前智能移动设备使用最多的两种操作系统。从界面设计上来说，两种系统中许多设计都是通用的，特别是 Android 系统，几乎可以实现所有的效果。iOS 系统的设计风格相对比较稳定，而 Android 系统一直在寻找合适的设计语言。最新的 Material Design，和以前相比又有很大的转变。

2．交互原则

设计要与人进行交流的，操作的便捷性和多样性也是设计师在移动端界面版式设计中需要考虑的一个重要问题。

和普通手机不同，智能手机最大的特点是可以使用手触击屏幕而产生不同的操作，而非单击某个特定的按钮。在此基础上，触屏界面的交互方式呈现出多样性，可以点击，可以滑动，可以拖曳，可以多点滑动，也可以将一系列动作组合起来形成一个个特殊的“手势”。设计师必须通过一个特定的版式设计一些视觉元素排列，使之清晰明确地告诉用户有效的操作信息，即让用户明确知道该如何操作，而不是让用户一点点地去尝试。

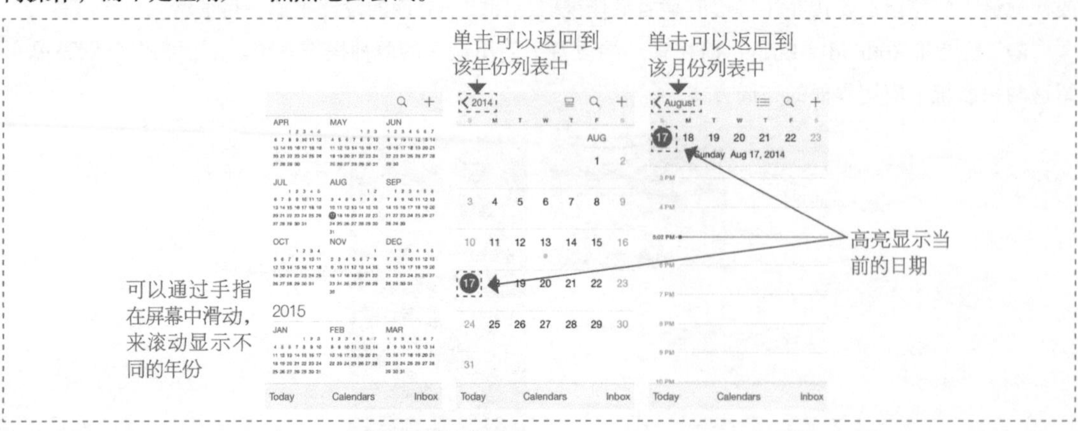

日历具有较深的层级，当用户在翻阅年、月、日时，增强的转场动画效果能够给用户一种层级纵深感。在滚动年份视图时，用户可以即时看到今天的日期以及其他日历任务，如左侧截图所示。当用户选择了某个月份，年份视图会局部放大该月份，过渡到月份视图。今天的日期依然处于高亮状态，年份会显示在返回按钮处，这样用户可以清楚地知道当前的位置，从哪里进来以及如何返回，如中间截图所示。类似的过渡动画还出现在用户选择某个日期时，月份视图从所选位置分开，将所在的周日期推出内容区顶部并显示以小时为单位的当天时间轴视图，如右侧截图所示。这些交互动画都增强了年、月、日之间的层级关系以及用户的感知。

3．色彩原则

设计不仅是在造物，其实也是抒情的过程。色彩影响着人的情绪，一些餐厅或饭馆把自己的招牌设置成橙黄色，这是因为橙黄色比较容易激起人们的食欲。移动端界面版式的色彩设计也是如此，其总体色彩应该和自己相对应的页面主题相协调。例如，蓝色背景的界面上搭配白色的按钮图标就会产生一种醒目的效果，可以提示用户该按钮图标可以点击。而如果搭配红色的按钮图标就会产生一种不舒服的感觉，让用户想要远离它，这就违背了设计的初衷。

在该移动端电商应用的界面设计中，使用浅灰色作为界面主色调，在界面中搭配蓝色，作为功能的区分，在局部点缀红色块来突出表现促销商品，信息层次非常显眼。并且该应用中的多个界面保持了统一的配色和风格，给人一种简洁、直观、统一的感受。

同时，在色彩设计中，也应该注意主题的鲜明，操作区域和非操作区域一定要通过不同的颜色有效地区分开来，从而达到吸引用户注意力的目的。

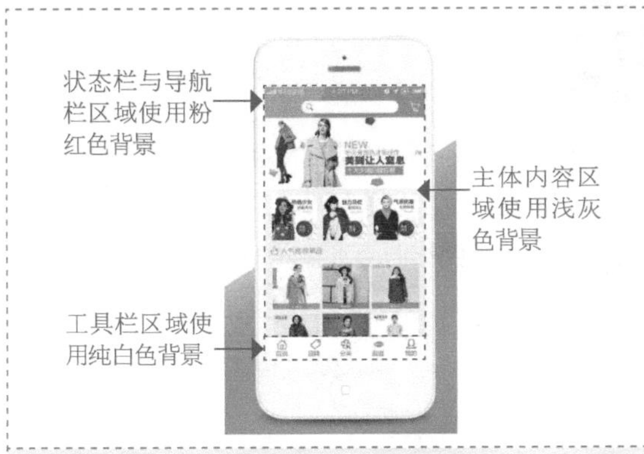

该移动端电商应用以年轻女性为主要目标用户，所以在该界面的设计中，使用粉红色作为主色调，搭配白色与浅灰色，表现出年轻女性的甜美、可爱。在界面中可以明显看出，不同的功能区域使用了不同的背景色，有效区分各部分内容。

在该蔬菜水果类的电商应用界面设计中，使用绿色作为界面的设计主色调，突出表现产品的健康与绿色。在该界面的设计中，同样是使用不同的背景颜色来划分页面中不同的功能区域，使界面中的内容与层次结构非常清晰，便于用户操作。

7.4.3　界面元素设计

移动端的界面元素与 PC 端类似，主要包括文本、图标、图像、表格、导航工具等界面构成元素。

无论是文本、图标，还是图像、表格、导航工具，设计师需要考虑的是，如何把它们放进移动设备的屏幕中才能达到很好的效果。

因为手机的尺寸有限，所以在有限的尺寸中合理的布局是关键。根据不同型号手机的大小，考虑图片和界面元素的大小位置，通过合理的布局，达到想要的效果，从而给用户带来便捷舒适的感觉。

1．图标设计

手机界面最大的特点就是屏幕尺寸小，传统的用户界面、窗口界面技术不适用，因此，让手机视听元素一目了然是非常重要的。

以移动端界面中的图标设计为例，很强的辨识性是图标设计的首要原则，即设计的图标要能够准确地表达相应的操作，让用户一眼就能明白该图标要表达的意思。例如道路上的图标，可识别性强、直观、简单，即使不认识字的人，也可以立即了解图标的含义。

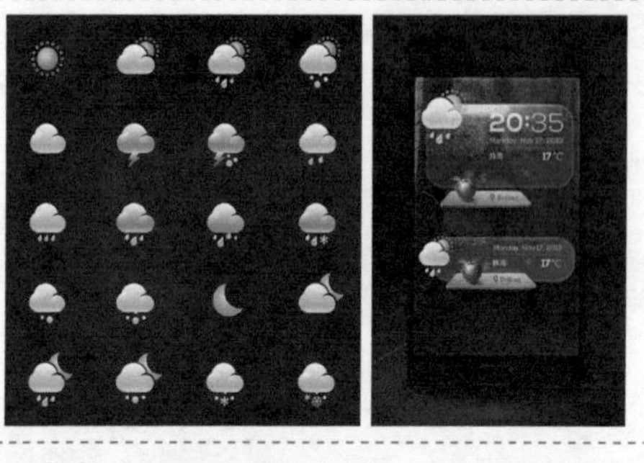

天气图标也是在各种界面中非常常见的一种图标类型，具有很高的可识别性，用户看到图标就能够明白天气情况，这就是图标辨识性的一种重要表现。

在移动端界面设计中，很多图标都表示一个目标动作，它应该具有很强的表意性，帮助用户识别。同时，由于移动设备屏幕有尺寸限制，图标不宜过大，否则会产生比例失调。当然，由于移动设备上图标的可点击性，图标的设计也不能过小，否则用户使用手指操作时会产生困难。

图标在设计中，一般是提供单击功能或者与文字相结合描述功能选项的，了解其功能后要在其易辨认性上下功夫，不要将图标设计得太花哨，否则用户不容易看出它的功能。好的图标设计是只要用户看一眼外形就知道其功能，并且移动应用界面中所有图标的风格需要统一。

图标的颜色也要保证可识别性，例如，在暗色的背景上，图标颜色的设计就应该以白色、黄色、草绿等亮色为主色调。为了确保图标显示效果的清晰，尽可以简化图标的设计风格，例如目前流行的扁平化设计风格就非常适合移动端界面设计。

在移动端应用界面中的图标设计不能过于复杂，需要考虑到在各种不同的背景中的显示效果。例如左侧两个移动端应用界面中的图标，分别应用了简约的纯色和线框设计风格进行表现，并且为每个图标都添加了功能说明文字，简洁、直观，无论在什么背景颜色下都具有很好的视觉效果。

技巧点拨

在图标颜色的选择上，图标的色彩不宜过多，过多的颜色出现在一个小的区域中，会产生一种杂乱的感觉。

设计的每一个或每一组图标，最终都是需要应用到相应的界面中才能够发挥图标的作用。在设计图标时，需要注意图标的应用环境，根据环境和主题风格的不同设计不同规格和风格的图标。

任何图标或设计都不可能脱离环境而独立存在。因此，图标的设计要考虑图标所处的环境，这样的图标才能更好地为设计服务。

这是一组智能手机系统的功能图标设计，应用了微渐变的扁平化设计风格。所有功能图标都保持了统一的圆角风格，但每个图标又根据其具体的功能提取了关键性的图形元素和色彩进行表现，使得整组图标的风格统一，但每个图标都有其独特的视觉表现效果。在将这一组图标应用到界面中时，既能够使界面保持统一的设计风格，又能突出每个功能应用的特点。

专家提示

图标在移动 App 设计中无处不在，是移动 App 设计中非常关键的部分。随着科技的发展、社会的进步，人们对美、时尚、趣味和质感的不断追求，图标设计呈现出百花齐放的局面，越来越多精致、新颖、富有创造性和人性化的图标涌入浏览者的视野。

2．文本设计

和传统按键式手机不同，触屏智能手机上的文本大多是可以触摸操作的。要在用户操作的同时，保证文字的可识别性和减少用户误操作的概率，这就对文本图形的设计提出了更高的要求。

（1）大小反差

在桌面端，我们可能会采用字号差异较大的文字组合；移动端屏幕较小，容纳的文字也较少，同等的字号差异在小屏幕上的感受会被放大。原因是我们在使用这两种设备时的观看距离不同，桌面端我们的眼睛离屏幕较远，而在移动端则相反，因此我们应该在移动端使用较小的字号反差。

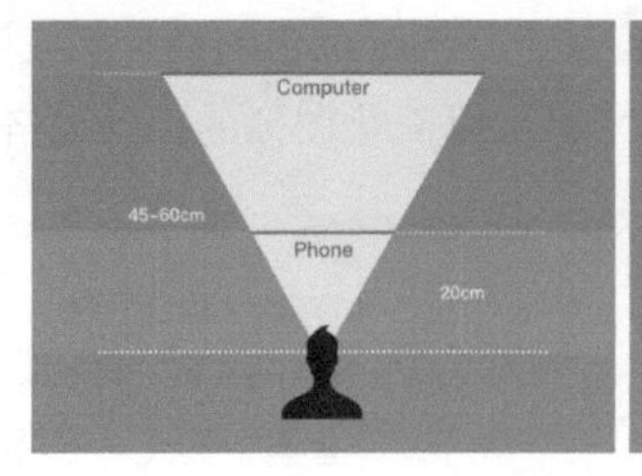

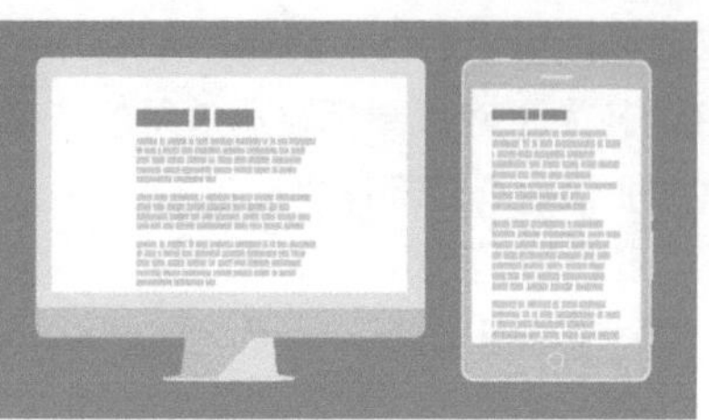

（2）字重

在移动端界面设计中，不要使用Photoshop中的字体加粗功能，它不仅会破坏字体本身的美感，还改变了文字原本的字宽从而影响段落内文字的对齐。合理的方式是使用字体本身的字重来控制，例如移动端界面中常用的苹方、STHeiti、Helvetica Neue等字体本身就提供了Light、Regular、Medium 3种甚至更多的字重选择。

最美中文 Helvetica Neue
最美中文 Helvetica Neue
最美中文 **Helvetica Neue**
最美中文 **Helvetica Neue**

（3）字间距

在移动端界面设计中，不要轻易改变字体默认的字间距。因为字体在设计过程中已经充分考虑了这款字体所适合的字间距，如果不满意可以更换使用其他的字体。

（4）颜色反差

移动设备的使用环境复杂多变，而且不局限在室内，有可能在室外，甚至暴露在强烈的阳光下。这就需要设计师确保所设计的界面中的文字内容在任何环境中都能够轻松地识别，即使是色弱者也可以正常阅读，这样才能够为用户带来良好的用户体验。

（5）栅格系统

移动设备的屏幕尺寸较小，一些在PC端无伤大雅的文字排列、间距等问题，在小屏幕的移动端中会变得非常突出。

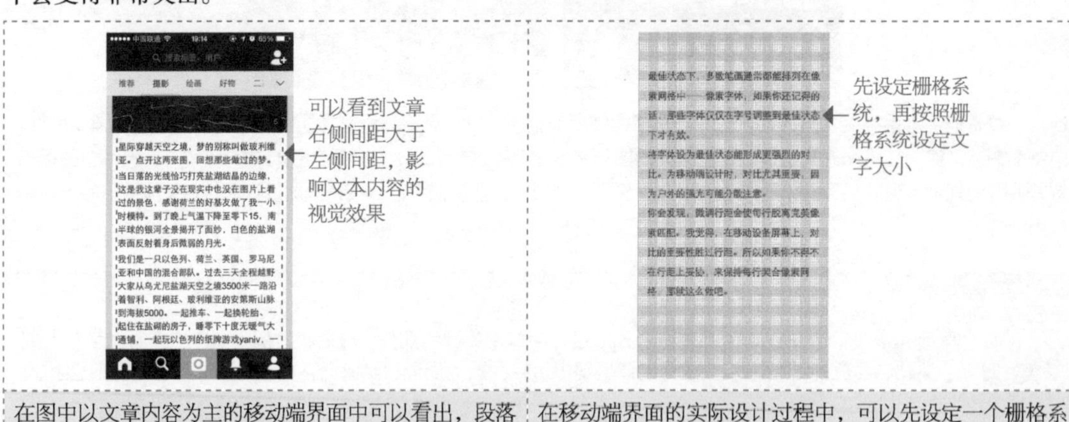

在图中以文章内容为主的移动端界面中可以看出，段落右侧与卡片的间距明显大于左侧。造成这个问题的原因是设计时对文本框的宽度与文字大小之间的关系考虑不周全，导致文字并不能完美地填满文本框。

在移动端界面的实际设计过程中，可以先设定一个栅格系统，例如定义最小栅格为8px×8px的话，可以得到上面的栅格图。以8为基本单位，把所有字号、文本框宽度设定为8的倍数，这样我们就可以确保汉字始终保持对齐。

（6）对齐

在移动端界面设计中，文本内容的对齐对于内容的呈现、界面的整洁以及给用户的印象方面都同样重要。在英文段落排版中，通常都是采用左侧对齐的排版方式，让右侧自然形成起伏边缘。中文段落的排版与阅读习惯则相反，段落文字的头尾对齐尤其重要。

可以看到文章内容采用左侧对齐方式，但段落的右侧参差不齐，非常难看

这是某移动端新闻内容页面，可以看到在夹杂了数字和英文字母字符的情况下，原本中文的整齐排列被打乱了，文章内容的右侧严重参差不齐，非常难看。

以上两张截图是同一篇文章另外两种板面的呈现效果。两者的处理方式类似，都是通过程序的设置，微调文字的间距以补足文字行右侧存在的空白；区别是当标点出现在行末时，左侧截图是将标点外置，右侧截图是将标点放在了内部。

3．图形设计

图形是组成界面的最基本元素，移动应用界面设计制作也包括在手机程序制作中。衡量一个应用程序是否“美观”的标准是观察其界面与内部程序功能是否相符合，是否能够更方便用户的操作。

一个设计精美的界面，能够在第一时间给用户留下良好的印象。而要为程序制作一个美观的界面，首先需要熟悉各种图形在界面中的用途。

（1）直线

在移动端的应用界面中，当界面中需要选择的选项较多时或要显示的内容较复杂时，就可以使用直线进行分隔，使内容更加清晰、有条理。

使用这种装饰性较低、较简单的形状元素作为分隔线，既保证了界面的整洁，又能够方便用户的浏览。在界面中使用这种形状时，通常不会添加太多的效果，避免复杂的效果给用户的浏览带来干扰。

在不同的移动端应用界面设计中，可以看到多处都使用了直线作为信息内容的分割。这种方式非常简洁，不会破坏界面原有的表现效果，并且能够使界面内容更加清晰、整洁，使用户更容易区分不同的内容。

（2）矩形

矩形是任何移动端应用界面的设计制作中都会或多或少涉及的基本图形，通常会被作为许多琐碎元素或文字的背景元素出现。将所有零散的、杂乱的复杂元素集合在一个矩形上，既规范界面，又整理了零散元素，能够很好地帮助用户浏览并获取有用的信息。矩形是一种最简单、最不可缺少的图形元素。

在不同的移动应用界面设计中可以看出，矩形的应用非常频繁，既可以使用矩形作为按钮的背景，来突出该按钮选项的表现，也可以使用矩形色块作为内容的背景，在界面中划分出不同的内容区域，从而使用户能够更加容易区分。

（3）圆角矩形

圆角矩形不像矩形那样，在任何移动端界面中都能够见到，但这种形状也是一种经常会涉及的基本图形。圆角矩形同样也可以用来将所有零散的、杂乱的复杂元素集合为一个规整的整体，方便用户浏览。

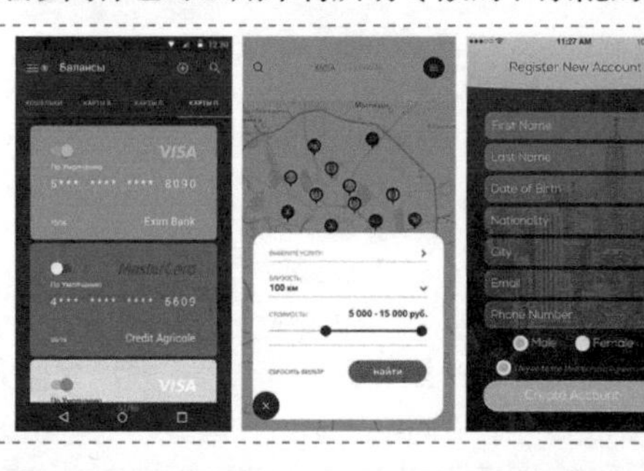

在移动端的界面设计中，经常使用圆角矩形来组织和划分界面不同类型的一组选项或内容，从而使用户更好地区分它们，通过这种方式也能引起用户的注意。

专家提示

在移动端界面设计中，大多数图标的背景都是圆角矩形的，特别是 iOS 和 Android 系统中，各 App 应用的启动图标都是采用圆角矩形设计的。这种形状既具有矩形一样的整齐效果，又不像矩形一样单调、呆板，将许多大小和形状相同的圆角矩形搭配在一起，美观又不失灵动。

（4）圆形

圆形可以分为正圆形和椭圆形两种。在移动端界面的设计中，正圆形图形的应用比较常见。圆形通常是作为装饰性元素或模拟真实世界中的真实事物时出现的，例如在真实世界中，许多闹钟是圆形的，而移动端应用界面中也可以将闹钟的形状设计为圆形。

左侧的第 1 张截图是将界面中的功能操作图标统一设计为圆形的效果。第 2 张截图则是模拟了现实世界中拨号键的圆形按钮。第 3 张截图同样是模拟了现实世界中的表盘的时间界面。这些圆形的设计应用，都是为了使界面中的选项具有更好的可识别性，给用户带来良好的用户体验。

专家提示

另外在移动端界面的设计中，还有许多是由多种规则形状进行组合或变形得到的不规则图形，这些图形也都是用来做装饰和更形象地模拟真实世界中事物用途的。目前，移动端界面的设计越来越向简单化、扁平化方向发展，通过各种基本图形的使用，使用户即使在不认识字的情况下，也能够通过图形了解元素的功能和作用。

4．导航设计

新兴的移动应用界面，因为其受到屏幕尺寸大小的限制，并且还需要在导航中安排大量的数据内容。因此，移动端的导航菜单设计需要更加用心，运用突出的表现形式，使用户能够更加容易操作，并且具有很好的表现效果。

移动端的导航表现形式多种多样，除了目前广泛使用的侧边导航菜单外，还有其他的一些形式。合理的移动端导航设计，不仅可以提高用户体验，还可以增强移动应用的设计感。

（1）顶部导航

顶部导航菜单是传统 PC 端中最常用的一种导航形式，因为用户会最先看到网页的导航，便于用户操作。但是移动端毕竟不是 PC 端，屏幕尺寸较小，顶部导航菜单不符合人机工程学，而且移动端需要用户用手指去操作，因此顶部的导航菜单在移动端的设计中应用比较少。

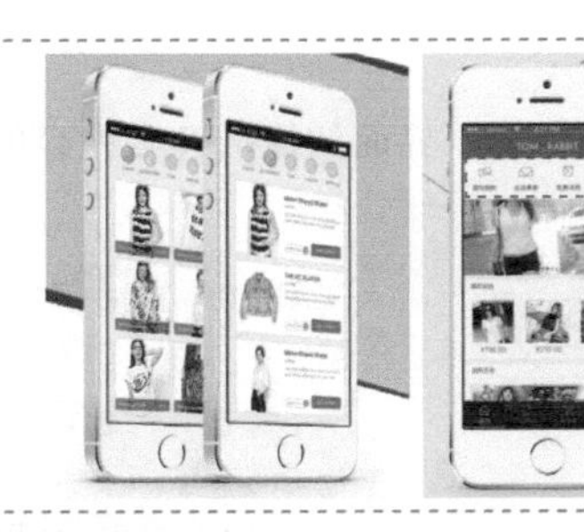

顶部导航与底部导航相结合，更加方便用户的操作

左侧的两个移动端应用界面设计中，将当前页面的相关操作选项放置在页面的顶部，而将应用系统功能导航放置在页面底部。通过顶部导航可以对当前页面中显示的内容进行设置，而通过底部导航可以很方便地跳转到该应用系统的其他操作界面，非常方便。

（2）底部导航

底部导航菜单是移动端非常常见的一种导航菜单形式。对于手机来说，为触摸进行交互设计，主要针对的是拇指，底部导航模式符合拇指热区操作。

在手机操作中，拇指的可控范围有限，缺乏灵活度。尤其是在如今的大屏手机上，拇指的可控范围还不到整个屏幕的三分之一，主要集中在屏幕底部和与拇指相对的另外一边。随着手机屏幕越来越大，内容显示变多了，但是单手操作变难了。这也就是工具栏和导航条一般都在手机界面的下边缘，而将导航放置在屏幕底部即拇指热区的原因，这样的方式为单手持握时拇指操作带来了更大的舒适性。

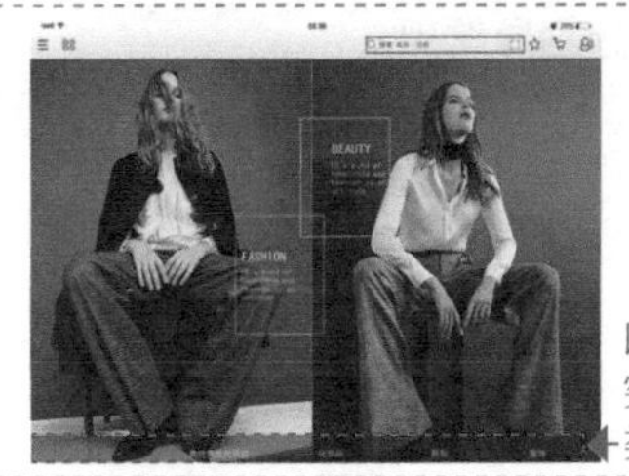

在左侧的两个移动端应用界面中可以看到，都是将应用的核心功能导航放置在界面的底部，使用户能够快速返回首页、访问购物车等。并且使用图标与文字相结合的方式，便于用户识别和访问。

将导航放置在屏幕底部，也不仅关乎拇指操作的舒适性，还关系到另一个问题：如果放在顶部，使用手指操作时，会挡住手机屏幕。如果导航控件在底部，不管手怎么移动，至少不会挡住主要内容，从而给予用户清晰的视角，呈现的内容在屏幕上方，而导航控件在下方。

以半透明背景色突出底部商品分类导航的表现

在该移动端电商应用面的底部设置商品大类的分类导航，使用半透明的背景色来表现，既不会影响到界面中商品的展示，又突出表现了商品分类导航，非常方便用户的操作和使用。

（3）列表式导航

如果说顶部和底部标签式导航是移动端电商应用中最普遍的两种导航形式，那么列表式导航就是最必不可少的一种信息承载模式。这种导航结构简单清晰、易于理解、简便高效，能够帮助用户快速找到需要的内容。

在左侧的移动端界面设计中，就是使用列表导航来展示不同品牌的商品。单击该品牌即可进入该品牌商品列表中，层次清晰、简单，使用列表式导航来架构内容，简单而直接。

（4）平铺式导航

平铺式导航很容易带来高大上的视觉体验，最大程度地保证了界面的简洁性和内容的完整性。并且一般都会结合滑动切换的手势，操作起来也非常地方便。

左侧为移动端手机淘宝中的店铺推荐界面，在该界面中就使用了平铺式导航设计。推荐店铺虽然有 40 个之多，但使用数字表达出了明确位置的同时，也加了手势切换，增加了易用性和趣味性。

（5）矩阵 / 网格式导航

网格式导航非常常见，无论我们使用的是何种操作系统的智能手机，手机的主界面采用的都是网格式导航。

手机系统主界面中，采用网格式导航来排列各 App 应用图标，使用户能够非常方便地进入需要的应用中，但是并不能在各应用之间进行跳转，这也是网格式导航的缺陷。

每一个 App 图标都是一个网格，这些网格聚集在中心页面，用户只能在中心页面进入其中一个应用，如果想要进入另一个应用，必须先回到中心页面，再进入另一个应用。每个网格相互独立，它们的信息间也没有任何交集，无法跳转互通。

网格式导航能够占据整个屏幕，将界面的重点放在导航上，让导航更加清晰明显。当导航项过多的时候，这种方法非常实用，然后通过等距的网格线整齐分割导航项。

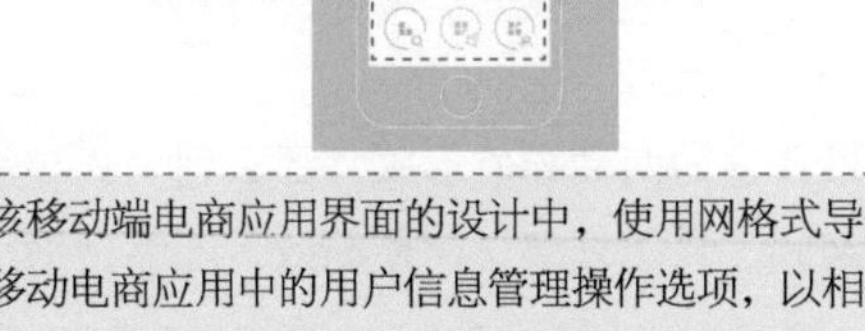

在该移动端电商应用界面的设计中，使用网格式导航展示该移动电商应用中的用户信息管理操作选项，以相同设计风格不同颜色来呈现各选项，非常直观、清晰。

在该移动端电商应用界面设计中，使用网格式导航展示该移动电商应用中的商品分类，并且为每个分类都设计了相应的图标，使用户能够非常清楚地进入所需要的商品分类中。

技巧点拨

用户需要适当的反馈信号来评价操作结果，优秀的导航设计应该提示明确，让用户随时知道自己所处的位置，同时能够迅速跳转到自己想进的目标页面。操作步数也是衡量导航设计的一个重要标准，要尽可能地用最少的操作步数使用户达到目标。当然，在导航简单明了的同时，也需要充分考虑到用户的习惯，减少用户学习的时间。

7.4.4　实战分析：设计移动端音乐 App 界面

本案例设计一款移动端音乐 App 界面，使用音乐相关的素材图像作为界面的背景，使界面具有律动感。并且每个界面都采用了统一的设计风格和配色，使得整个 App 界面具有很强的整体性和一致性。

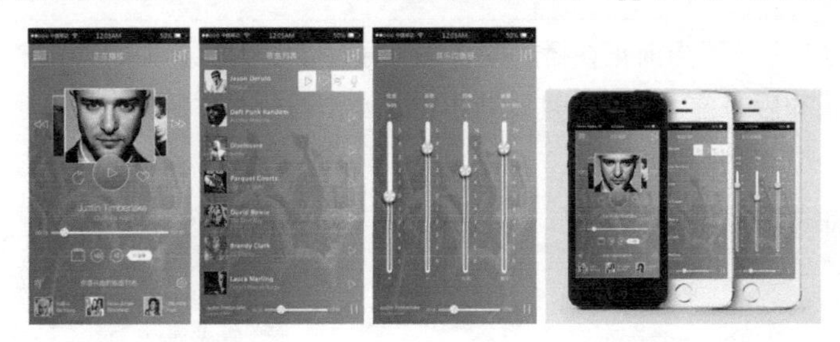

1．色彩分析

本案例所设计的音乐 App 界面使用蓝色作为界面的主体色调，给人一种清澈、舒适、流畅的感觉。使用蓝色的渐变颜色结合素材图像作为界面的背景，在界面中搭配蓝色和白色的图形与文字。界面整体视觉效果统一，内容也很清晰。

2．用户体验分析

该移动端音乐 App 界面使用与音乐相关的图片经过处理后作为该界面的背景，突出表现音乐带给人们的欢乐感。界面顶部和其他 App 一样放置状态栏和标题信息，便于用户查看。通过简单的形状叠加，使界面层次分明，具有强有力的立体结构感；同类信息通过列表或横向排列的方式展示，使得界面整齐有序。

3．设计步骤解析

（1）在 Photoshop 中新建文档，将页面尺寸设置为 640 像素 ×1136 像素。为界面背景填充蓝色的微渐变颜色效果，拖入素材图像并设置该素材图像的“混合模式”和“不透明度”，有效渲染该音乐 App 的氛围。

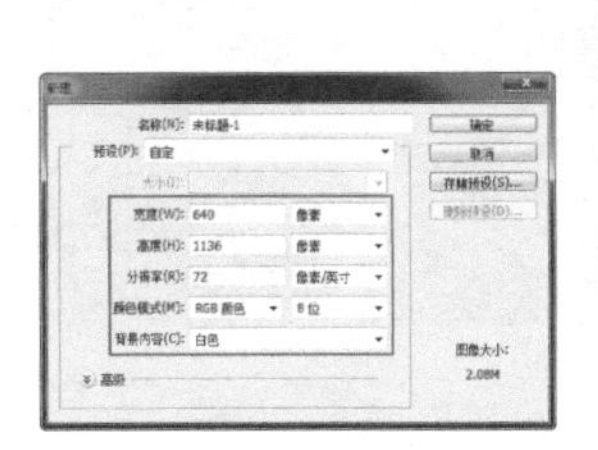

（2）使用矢量绘图工具，接合形状图形的加减操作，可以绘制出界面顶部状态栏中的相关图形，并输入相应的文字。在状态栏的下方设计导航栏，在左右两侧分别绘制功能图标，中间放置标题名称，并且使用细线条进行分隔，功能区分清晰。

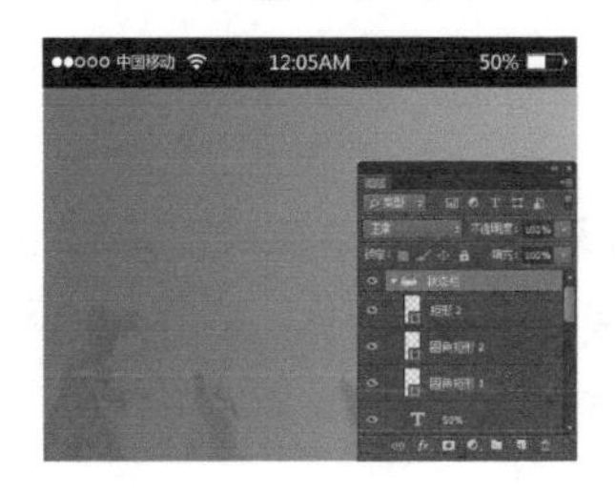

专家提示

在许多移动端的应用界面设计中，为了节省界面空间，常常会将导航菜单选项隐藏，用户在界面中点击相应的图标即可滑出相应的菜单。该应用 App 界面就是默认情况下隐藏的导航菜单，用户可以点击导航栏左侧的图标来滑出菜单选项，而右侧的图标则可以切换到设置界面。

(3)在导航栏的下方放置当前正在播放的音乐，通过音乐图片叠加的方式来表现当前播放的音乐，以及前一首音乐和后一首音乐，并且设计相应的操作图标，方便用户操作。在其下方放置音乐名称以及歌手名称，并设计播放进度条。

统一设计风格的简约功能图标设计，具有很强的识别性，并且各图标放置的位置也具有很好的引导性

(4)在播放进度条的下方，同样以简约的线框图标为用户提供音量调节等的功能操作。根据用户所听的音乐，最后在界面底部还会智能地为用户推荐一些相关的音乐，方便用户快速进行访问。

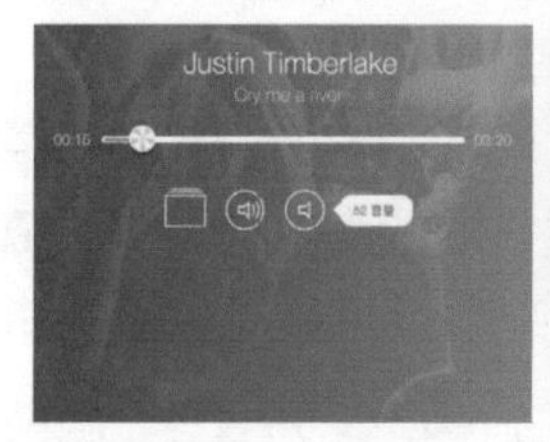

(5)根据该音乐 App 播放界面的设计，还可以设计出该音乐 App 中的其他界面，注意保持整个 App 界面的统一性。

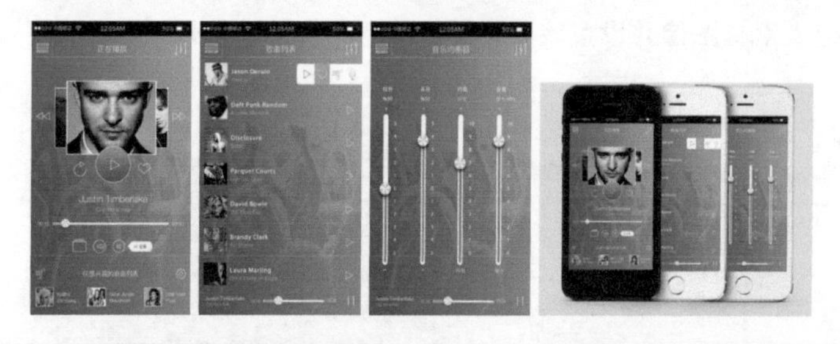

7.5 移动端界面设计原则

移动设备界面设计的人性化不仅体现在硬件的外观，还体现在对应用界面的设计上。人们对应用界面设计的要求越来越高，移动端应用界面设计的规范显得尤其重要。

7.5.1 实用性

移动端应用的实用性是产品应用的根本。在设计移动端应用界面时，应该结合产品的应用范畴，合理地安排版式，以达到美观实用的目的。界面构架的功能操作区、内容显示区、导航控制区都应该统一范畴，不同功能模块的相同操作区域中的元素，风格应该一致，以使用户能迅速掌握对不同模块的操作，从而使整个界面统一在一个特有的整体之中。

这是一个餐饮 App 应用的界面设计，界面中各功能区的划分非常清晰。在界面顶部放置选项卡，通过选项卡，用户可以快速地切换界面中所显示的内容；在界面中间部分的内容区域中，使用精美的美食图片搭配简洁的图标，内容显示非常直观，并且用户可以左右滑动切换；在界面底部放置功能操作按钮，并且当前选项使用白色背景进行突出显示。

这是一款有关汽车使用的移动 App 应用界面设计。该界面使用纯灰色作为界面背景，界面中的信息内容非常简洁。在界面中模拟真实对象的表现形式设计图形效果，给用户一种非常直观的感受，对特殊的功能选项也使用了鲜艳的橙色进行突出表现，使得界面表现出非常好的易用性。

7.5.2　统一的色彩与风格

移动应用界面的色彩及风格应该是统一的。移动应用界面的总体色彩应该接近和类似系统界面的总体色调，一款界面风格和色彩不统一的应用界面会给用户带来不适感。

这是一款移动端收音机 App 的界面设计，通过色彩将界面分割成上下两个部分，上半部分使用图形与文字相结合展示当前所播放的信息，下半部分则显示当前同时在收听的相关用户。在界面设计中，通过各种基本图形的设计表现出很强的操作感，使用户很容易上手操作。使用灰暗的红色作为界面的背景主色调，给人一种高贵、典雅、柔和的印象，底部使用纯白色的背景色，很好地区分不同的功能区域。在界面中搭配白色简约的图形和文字，具有很好的表现效果和辨识性。多个界面保持了统一的配色与设计风格，给用户以整体统一的视觉印象。

7.5.3　合理的配色

色彩会影响一个人的情绪，不同色彩会让人产生不同的心理效应；反之，不同的心理状态所能接受的色彩也是不同的。不断变化的事物更能引起人们的注意，将界面设计的色彩个性化，目的是通过色彩的变换协调用户的心理，让用户对软件产品保持一种新鲜感。

该移动应用界面使用粉红色作为该界面的主色调，粉色给人一种甜美、梦幻和女性化的感觉。该 App 界面使用不同明度的粉红色系进行搭配，整体色调统一、清晰。

该移动端应用界面使用蓝色与白色来分割界面中不同的内容区域，蓝色给人很强的科技感，搭配对比色橙色，很好地突出重点信息内容。界面中的各功能操作图标分别使用了不同的颜色，具有很好的辨识性。

7.5.4 规范的操作流程

手机用户的操作习惯是基于系统的，所以在移动端应用界面设计的操作流程上也要遵循系统的规范性，使用户会使用手机时就会使用该应用，从而简化用户的操作流程。

该移动端音乐 App 界面的设计，界面元素设计、功能布局和操作方式都遵循了常规的方式。采用简约线性风格设计各功能图标，界面中各功能图标的放置位置及操作方法与系统相统一，从而能够使用户快速上手。

7.5.5 视觉元素规范

在移动端应用界面设计中，尽量使用较少的颜色表现色彩丰富的图形图像，以确保数据量小，且确保图形图像的效果完好，从而提高程序的工作效率。

应用界面中的线条与色块后期都会使用程序来实现，这就需要考虑程序部分和图像部分相结合。只有自然结合才能协调界面效果的整体感，所以需要程序开发人员与界面设计人员密切沟通，达成一致。

在该移动端购物 App 应用界面的设计过程中，使用简洁的设计风格，重点突出界面中的商品信息内容，并且为用户提供方便的操作方式。运用扁平化的设计，使整体界面给人一种整洁、清晰的印象。界面的风格和布局相统一，能够使用户快速掌握该 App 的使用。通过不同形状的图形，划分每个 App 界面的区域，使界面风格相统一，整体界面给人一种舒适大方的印象，渲染了一种温暖、浪漫的气氛，符合设计的主题。

7.6 本章小结

本章向读者介绍了有关移动端的用户体验设计。移动端的用户体验与 PC 端的用户体验在很多方面都具有一致性。但由于其屏幕尺寸较小，操控方式也与 PC 端不同，所以移动端又具有其自身的特点，所以了解移动端的用户体验设计非常重要。移动端界面的设计直接影响着用户对该应用程序的体验，设计出色的界面不仅在视觉上给用户带来赏心悦目的体验，而且在操作和使用上更加便捷和高效。